21 世纪普通高等教育基础课系列教材

大学物理（上）

主　编　张　博　邵雅斌
副主编　王　萌　陈　晨　李　想　高　辉
参　编　唐　硕　孟凡荣　尹　婧　桑振远

机械工业出版社

本套书在满足工科专业中少学时大学物理课程教学基本要求下，以少而精的理念进行取材和编排章节内容，着重基本内容的掌握和应用，注重理论与实践的紧密结合，突出内容的实用性。

本套书面向培养应用型人才的高等院校，可作为这些院校工科专业的大学物理课程教材。全套书分上、下两册，上册包括质点运动学、质点动力学、刚体力学、静电场、稳恒磁场、磁场中的磁介质及电磁感应等内容；下册包括气体动理论、热力学基础、振动与波动、电磁波理论、光学（光的干涉、衍射、偏振）、相对论及量子物理学基础等内容。

图书在版编目（CIP）数据

大学物理. 上/张博，邵雅斌主编. —北京：机械工业出版社，2022. 9
21 世纪普通高等教育基础课系列教材
ISBN 978-7-111-70872-8

Ⅰ. ①大… Ⅱ. ①张… ②邵… Ⅲ. ①物理学－高等学校－教材 Ⅳ. ①O4

中国版本图书馆 CIP 数据核字（2022）第 091736 号

机械工业出版社（北京市百万庄大街 22 号 邮政编码 100037）
策划编辑：张金奎 责任编辑：张金奎
责任校对：张 征 王 延 封面设计：张 静
责任印制：任维东
北京圣夫亚美印刷有限公司印刷
2022 年 9 月第 1 版第 1 次印刷
184mm×260mm · 9. 5 印张 · 229 千字
标准书号：ISBN 978-7-111-70872-8
定价：29. 00 元

电话服务 网络服务
客服电话：010-88361066 机 工 官 网：www. cmpbook. com
010-88379833 机 工 官 博：weibo. com/cmp1952
010-68326294 金 书 网：www. golden-book. com
封底无防伪标均为盗版 机工教育服务网：www. cmpedu. com

前 言

“大学物理”是一门重要的通识性基础课程，在为学生系统地打好必要的物理基础、培养学生分析问题和解决问题的能力、增强学生的探索精神和创新意识等方面具有不可替代的作用。本套书面向培养应用型人才的高等院校，可作为机械设计制造及其自动化、土木工程、电气控制、航空航天等工科专业的大学物理课程教材。全套书共16章，分上、下两册，上册内容包括力学和电磁学，下册内容包括热物理学、振动与波动、光学及近代物理学。

本套书在编写中，综合考虑应用型人才的培养目标、大学物理学时普遍减少等因素，在满足工科专业中少学时大学物理课程基本要求下，以少而精的理念进行取材和编排章节内容，着重基本内容的掌握和应用，注重理论与实践的紧密结合，突出内容的实用性。

上册由张博、邵雅斌任主编，王萌、陈晨、李想、高辉任副主编。具体编写分工如下：第1章由黑龙江东方学院张博编写，第2章由黑龙江东方学院王萌编写，第3章由黑龙江东方学院孟凡荣、黑龙江东方学院桑振远、黑龙江东方学院尹婧编写，第4章由黑龙江东方学院陈晨编写，第5章由黑龙江东方学院邵雅斌编写，第6章由黑龙江东方学院唐硕、黑龙江工程学院李想编写，第7章由黑龙江东方学院邵雅斌、哈尔滨石油学院高辉编写。

下册由陈晨、张博任主编，张土前、高姗、于琪、邵雅斌任副主编。具体编写分工如下：第8章由哈尔滨剑桥学院高姗编写，第9章由哈尔滨剑桥学院于琪编写，第10章由黑龙江东方学院唐硕、新疆农业大学张土前编写，第11章由黑龙江东方学院邵雅斌编写，第12章由哈尔滨石油学院曲阳编写，第13章由黑龙江东方学院陈晨编写，第14章由黑龙江东方学院陈晨、黑龙江东方学院邵雅斌编写，第15章由黑龙江东方学院张博编写，第16章由黑龙江东方学院郝素红、黑龙江东方学院郭庆华编写。

由于编者水平有限，书中难免有疏漏和不足之处，敬请广大读者批评指正。

编 者

2022年2月

目 录

第 1 章 质点运动学

物理学是研究最普遍、最基本的物质运动基本规律的一门学科，机械运动是这些运动中最简单、最常见的运动形式。物体在运动过程中，若各点的位置在物体内没有相对变化，各点随物体所移动的路径完全相同，这种运动形式称为平动。这时可用物体上任一点的运动来代表整个物体的运动，从而可研究物体的位置随时间而改变的情况，这部分内容即为质点运动学。

本章主要内容有：位置矢量、位移、速度、加速度、质点的运动方程、切向加速度和法向加速度等。

1.1 描述质点运动的基本概念

1. 参考系

在自然界中，所有的物体都在不停地运动，绝对静止不动的物体是没有的。在观察一个物体的位置及位置的变化时，总要选取其他物体作为标准，选取的标准物不同，对物体运动情况的描述也就不同。这就是运动描述的相对性。

为描述物体的运动而选取的标准物叫作**参考系**，不同的参考系对同一物体运动情况的描述是不同的。因此，在描述物体运动时，必须指明是对什么参考系而言的。参考系的选择是任意的，在讨论地面上物体的运动时，通常选地球作为参考系。

2. 质点

物体都有大小和形状，运动方式也都各不相同。例如，在太阳系中，行星除绕自身的轴线自转外，还绕太阳公转；从枪口射出的子弹，它在空中向前飞行的同时，还绕自身的轴转动。这些事实说明，物体的运动情况是十分复杂的，物体的大小、形状、质量也是千差万别的。但是，如果我们研究某一物体的运动时可以忽略其大小和形状，或者可以只考虑其平动，那么，我们就可以把物体看作一个有一定质量的点，这样的点称为**质点**。

质点是经过科学抽象而形成的理想的物理模型。把物体当作质点是有条件的、相对的，对具体情况要具体分析。例如，研究地球绕太阳公转时，由于地球至太阳的平均距离约为地球半径的 10^4 倍，故地球上各点相对于太阳的运动可以看作是相同的，所以在研究地球公转时可以把地球当作质点；但是，在研究地球上物体的运动情况时，就不能再把地球当作质点处理了。

应当指出，把物体视为质点这种抽象的研究方法，在实践上和理论上都是有重要意义的。当我们所研究的运动物体不能视为质点时，可把整个物体看成是由许多质点组成的，弄清这些质点的运动，就可以弄清整个物体的运动，所以，研究质点的运动是研究物体运动的基础。

在本章及第 2 章中，都是把物体当作质点来处理的。

3. 位置矢量

我们知道，描述物体的运动必须先选定参考系，在参考系选定以后，为定量地描述质点的位置和位置随时间的变化，须在参考系上建立坐标系，坐标系有直角坐标系、极坐标系和自然坐标系等。在如图 1-1 所示的直角坐标系中，在时刻 t，质点 P 在坐标系里的位置可用**位置矢量** $\boldsymbol{r}(t)$ 来表示。位置矢量简称**位矢**，是一个有向线段，其始端位于坐标系的原点 O，末端则与质点 P 在时刻 t 的位置相重合。从图 1-1 中可以看出，位矢 $\boldsymbol{r}$ 在 Ox 轴、Oy 轴和 Oz 轴上的投影（即质点的坐标）分别为 x、y 和 z。所以，质点 P 在 Oxy 的直角坐标系中的位置，既可用位矢 $\boldsymbol{r}$ 来表示，也可用坐标 x、y 和 z 来表示，如取 $\boldsymbol{i}$、$\boldsymbol{j}$ 和 $\boldsymbol{k}$ 分别为沿 Ox 轴、Oy 轴和 Oz 轴的单位矢量，那么位矢 $\boldsymbol{r}$ 可写成

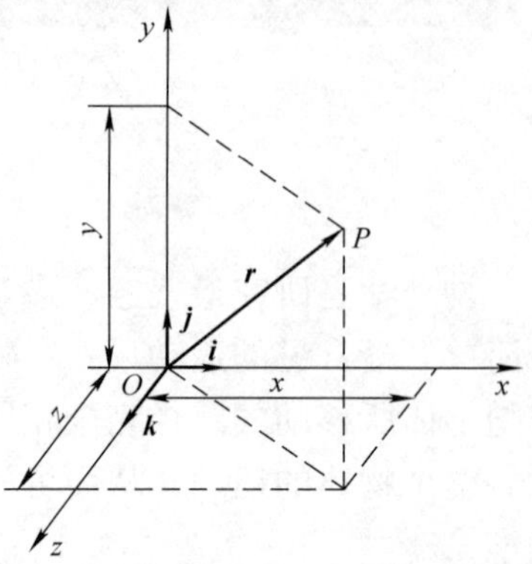

图 1-1　位置矢量

$$\boldsymbol{r} = x\boldsymbol{i} + y\boldsymbol{j} + z\boldsymbol{k} \tag{1-1}$$

其大小为

$$|\boldsymbol{r}| = \sqrt{x^2 + y^2 + z^2}$$

位矢 $\boldsymbol{r}$ 的方向余弦为

$$\cos\alpha = \frac{x}{|\boldsymbol{r}|}, \quad \cos\beta = \frac{y}{|\boldsymbol{r}|}, \quad \cos\gamma = \frac{z}{|\boldsymbol{r}|}$$

式中，α、β、γ 分别是 $\boldsymbol{r}$ 与 Ox 轴、Oy 轴和 Oz 轴之间的夹角。

4. 运动方程

当质点运动时，如图 1-2 所示，它相对坐标原点 O 的位矢 $\boldsymbol{r}$ 是随时间变化的，因此 $\boldsymbol{r}$ 是时间的函数，即

$$\boldsymbol{r} = \boldsymbol{r}(t) = x(t)\boldsymbol{i} + y(t)\boldsymbol{j} + z(t)\boldsymbol{k} \tag{1-2}$$

式（1-2）叫作质点的**运动方程**。其中 $x(t)$、$y(t)$ 和 $z(t)$ 是运动方程的分量式，从中消去参数 t 便可得到质点运动的轨迹方程，所以它们也是轨迹的参数方程。

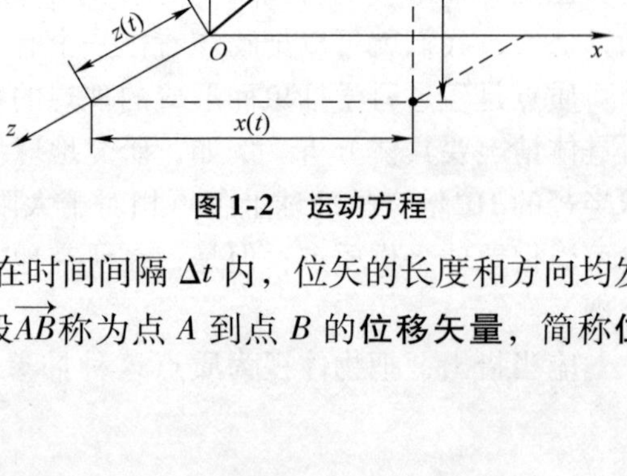

图 1-2　运动方程

5. 位移

在如图 1-3a 所示的平面直角坐标系 Oxy 中，有一质点沿曲线在 t_1 时刻从点 A 运动到在 t_2 时刻的点 B，质点相对原点 O 的位矢由 $\boldsymbol{r}_A$ 变化到 $\boldsymbol{r}_B$。在时间间隔 Δt 内，位矢的长度和方向均发生了变化。我们将由起点 A 指向终点 B 的有向线段 $\overrightarrow{AB}$ 称为点 A 到点 B 的**位移矢量**，简称位

移。位移$\overrightarrow{AB}$反映了质点位矢的变化。

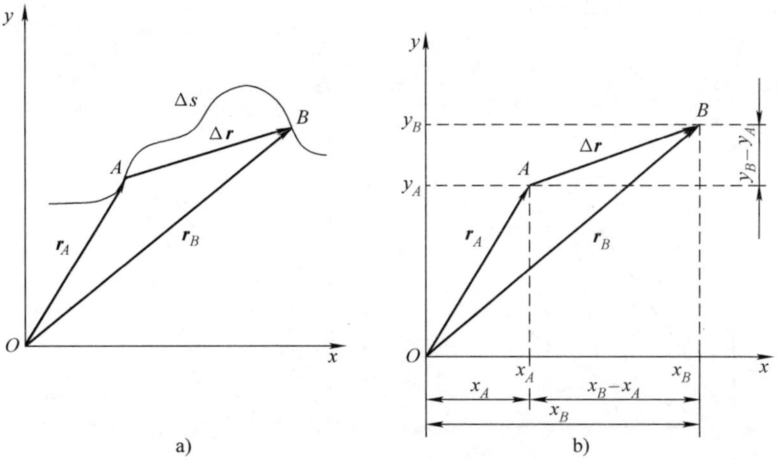

图 1-3　位移矢量

如把$\overrightarrow{AB}$写作 $\Delta \boldsymbol{r}$，则由图 1-3a 可以看出，点 B 的位矢 $\boldsymbol{r}_B$ 应等于点 A 的位矢 $\boldsymbol{r}_A$ 与 $\Delta \boldsymbol{r}$ 的矢量和，即

$$\boldsymbol{r}_B = \boldsymbol{r}_A + \Delta \boldsymbol{r}$$

由上式可得，质点从点 A 到点 B 的位移为

$$\Delta \boldsymbol{r} = \boldsymbol{r}_B - \boldsymbol{r}_A \tag{1-3a}$$

由式（1-2），可将 A、B 两点的位矢 $\boldsymbol{r}_A$ 与 $\boldsymbol{r}_B$ 分别写为

$$\boldsymbol{r}_A = x_A \boldsymbol{i} + y_A \boldsymbol{j}$$

$$\boldsymbol{r}_B = x_B \boldsymbol{i} + y_B \boldsymbol{j}$$

于是，位移 $\Delta \boldsymbol{r}$ 也可写成

$$\Delta \boldsymbol{r} = \boldsymbol{r}_B - \boldsymbol{r}_A = (x_B - x_A)\boldsymbol{i} + (y_B - y_A)\boldsymbol{j} \tag{1-3b}$$

式（1-3b）表明，当质点在平面上运动时，它的位移等于在 x 轴和 y 轴上位移的矢量和，如图 1-3b 所示。

若质点在三维空间中运动，则在直角坐标系 $Oxyz$ 中其位移为

$$\Delta \boldsymbol{r} = (x_B - x_A)\boldsymbol{i} + (y_B - y_A)\boldsymbol{j} + (z_B - z_A)\boldsymbol{k}$$

应当注意，位移是描述质点位置变化的物理量，它只表示位置变化的实际效果，并非质点所经历的路程，如在图 1-3a 中，曲线所示的路径是质点实际运动的轨迹，轨迹的长度（Δs）为质点所经历的路程，而位移则是 $\Delta \boldsymbol{r}$。当质点经一闭合路径回到起始位置时，其位移为零，而路程则不为零。所以质点的位移和路程是两个完全不同的概念。只有在 Δt 取很小极限值的情况下，位移的大小$|\mathrm{d}\boldsymbol{r}|$与路程 $\mathrm{d}s$ 相等。

6. 速度

在力学中，若仅知道质点在某时刻的位置矢量，而不能知道质点是静还是动，如果是动又动到什么程度，则还不能确定质点的运动状态，只有当质点的位矢和速度同时被确定时，其运动状态才能确定。所以位矢和速度是描述质点运动状态的两个物理量。

如图 1-4 所示，一质点在平面上沿轨迹 $CABD$ 做曲线运动，在时刻 t，它处于点 A，其

位矢为$\boldsymbol{r}_1$；在时刻$t+\Delta t$，它处于点B，其位矢为$\boldsymbol{r}_2$，在Δt时间内，质点的位移为$\Delta\boldsymbol{r}=\boldsymbol{r}_2-\boldsymbol{r}_1$，在时间间隔$\Delta t$内的**平均速度**$\overline{\boldsymbol{v}}$为

$$\overline{\boldsymbol{v}}=\frac{\boldsymbol{r}_2-\boldsymbol{r}_1}{\Delta t}=\frac{\Delta\boldsymbol{r}}{\Delta t}$$

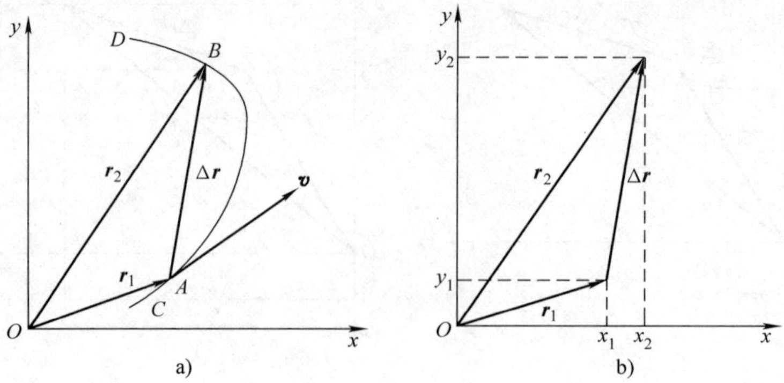

图1-4　平均速度

由于$\Delta\boldsymbol{r}$是矢量，而$1/\Delta t$是标量，故平均速度是矢量，且与$\Delta\boldsymbol{r}$的方向相同。

考虑到

$$\Delta\boldsymbol{r}=(x_2-x_1)\boldsymbol{i}+(y_2-y_1)\boldsymbol{j}=\Delta x\boldsymbol{i}+\Delta y\boldsymbol{j}$$

平均速度也可写成

$$\overline{\boldsymbol{v}}=\frac{\Delta\boldsymbol{r}}{\Delta t}=\frac{\Delta x}{\Delta t}\boldsymbol{i}+\frac{\Delta y}{\Delta t}\boldsymbol{j}=\overline{v_x}\boldsymbol{i}+\overline{v_y}\boldsymbol{j}$$

式中，$\overline{v_x}$和$\overline{v_y}$是平均速度$\overline{\boldsymbol{v}}$在$Ox$轴和$Oy$轴上的分量。当$\Delta t\to 0$时，平均速度的极限值叫作**瞬时速度**（简称**速度**），用$\boldsymbol{v}$表示，有

$$\boldsymbol{v}=\lim_{\Delta t\to 0}\frac{\Delta\boldsymbol{r}}{\Delta t}=\frac{\mathrm{d}\boldsymbol{r}}{\mathrm{d}t} \tag{1-4a}$$

或

$$\boldsymbol{v}=\lim_{\Delta t\to 0}\frac{\Delta x}{\Delta t}\boldsymbol{i}+\lim_{\Delta t\to 0}\frac{\Delta y}{\Delta t}\boldsymbol{j}=v_x\boldsymbol{i}+v_y\boldsymbol{j} \tag{1-4b}$$

其中

$$v_x=\frac{\mathrm{d}x}{\mathrm{d}t},\ v_y=\frac{\mathrm{d}y}{\mathrm{d}t}$$

式中，v_x和v_y是速度$\boldsymbol{v}$在Ox轴和Oy轴上的分量，又称速度分量。如果以$\boldsymbol{v}_x$和$\boldsymbol{v}_y$分别表示速度$\boldsymbol{v}$在Ox和Oy轴上的分速度，那么有$\boldsymbol{v}_x=v_x\boldsymbol{i}$和$\boldsymbol{v}_y=v_y\boldsymbol{j}$，式（1-4b）也可写成

$$\boldsymbol{v}=\boldsymbol{v}_x+\boldsymbol{v}_y$$

可用图1-5表示速度、分速度和速度分量之间的关系。

通常把速度$\boldsymbol{v}$的值，即$|\boldsymbol{v}|$或v称为**速率**，由式（1-4a）可见，速度$\boldsymbol{v}$的方向与$\Delta\boldsymbol{r}$在$\Delta t\to 0$时的极限方向一致。从图1-4a可见，当$\Delta t\to 0$时，$\Delta\boldsymbol{r}$趋于和轨道相切，即与点A的切线重合，所以当质点做曲线运动时，质点在某一点的速度方向就是沿该点曲线的切线方向，这在日常生活中是经常可以观察到的，拴在绳子上做圆周运动的小球，如果绳子突然断开，小球就会沿切线方向飞出去。

显然，上述有关速度的讨论可以推广到质点在三维直角坐标系$Oxyz$中运动的情形，质点在三维直角坐标系中的速度为

$$\boldsymbol{v}=\boldsymbol{v}_x+\boldsymbol{v}_y+\boldsymbol{v}_z=v_x\boldsymbol{i}+v_y\boldsymbol{j}+v_z\boldsymbol{k} \quad (1\text{-}5)$$

我们知道，位矢 $\boldsymbol{r}$ 和速度$\boldsymbol{v}$是描述质点运动状态的两个物理量，这两个物理量可从运动方程求出，所以知道运动方程就能确定质点在任意时刻的运动状态，因此概括说来，运动学问题有两类：一是已知运动方程求运动状态；二是已知运动状态求运动方程。

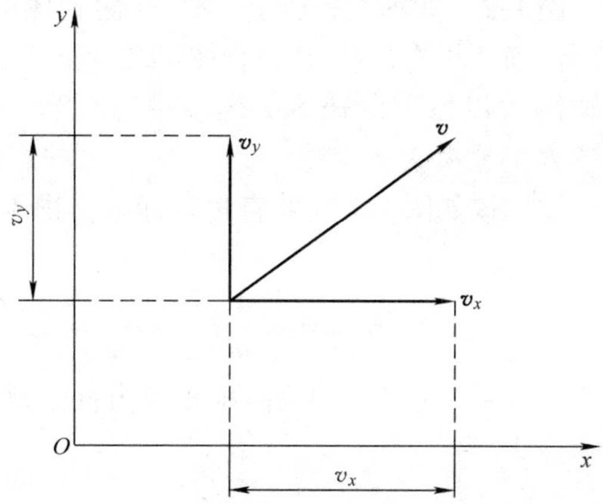

图 1-5　速度、分速度和速度分量

例 1-1　设质点的运动方程为 $\boldsymbol{r}(t)=x(t)\boldsymbol{i}+y(t)\boldsymbol{j}$，其中 $x(t)=t+2$，$y(t)=\frac{1}{4}t^2+2$ (SI)。(1)求 $t=3$s 时的速度；(2)作出质点的运动轨迹图。

解：(1)由题意可得速度分量分别为

$$v_x=\frac{\mathrm{d}x}{\mathrm{d}t}=1,\ v_y=\frac{\mathrm{d}y}{\mathrm{d}t}=\frac{1}{2}t \quad (\text{SI})$$

当 $t=3$s 时，速度分量为

$$v_x=1\mathrm{m}\cdot\mathrm{s}^{-1},\ v_y=1.5\mathrm{m}\cdot\mathrm{s}^{-1}$$

故 $t=3$s 时，质点的速度为

$$\boldsymbol{v}=\boldsymbol{i}+1.5\boldsymbol{j}(\mathrm{m}\cdot\mathrm{s}^{-1})$$

速度的值为

$$v=\sqrt{v_x^2+v_y^2}=\sqrt{1^2+1.5^2}\mathrm{m}\cdot\mathrm{s}^{-1}=1.8\mathrm{m}\cdot\mathrm{s}^{-1}$$

速度$\boldsymbol{v}$与 x 轴之间的夹角为

$$\theta=\arctan\frac{1.5\mathrm{m}\cdot\mathrm{s}^{-1}}{1\mathrm{m}\cdot\mathrm{s}^{-1}}=56.3°$$

(2) 由运动方程 $x=t+2$，$y=\frac{1}{4}t^2+2$，消去 t 可得轨迹方程

$$y=\frac{1}{4}x^2-x+3$$

并可作如图 1-6 所示的质点运动轨迹图。

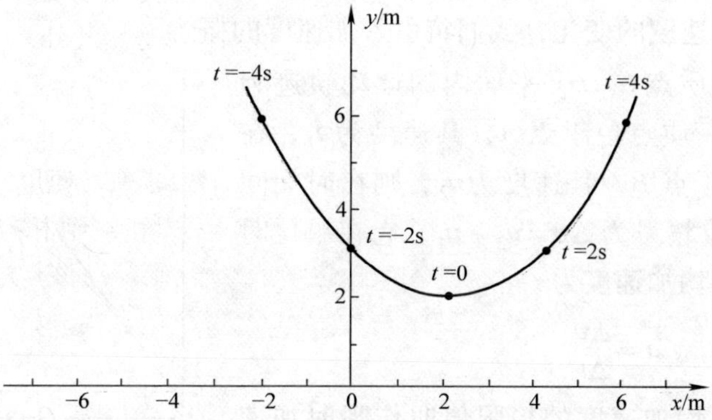

图 1-6　例 1-1 图

例 1-2 如图 1-7 所示，A、B 两物体由一长为 l 的刚性细杆相连，A、B 两物体可在光滑轨道上滑行，如物体 A 以恒定的速率 v 向左滑行，当 $\alpha=60°$时，物体 B 的速率为多少？

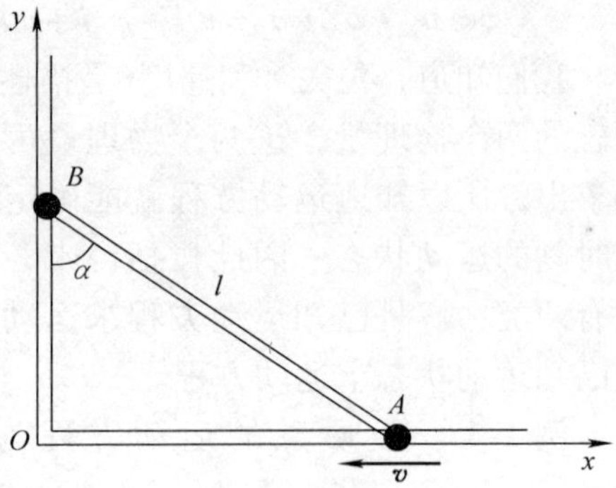

图 1-7 例 1-2 图

解：按如图 1-7 建立直角坐标系，物体 A 的速度为

$$\boldsymbol{v}_A=\boldsymbol{v}_x=\frac{\mathrm{d}x}{\mathrm{d}t}\boldsymbol{i}=-v\boldsymbol{i} \tag{1}$$

式中，“$-$”号表示 A 沿 Ox 轴负方向运动。物体 B 的速度为

$$\boldsymbol{v}_B=\boldsymbol{v}_y=\frac{\mathrm{d}y}{\mathrm{d}t}\boldsymbol{j} \tag{2}$$

由于$\triangle OAB$ 为直角三角形，则 $x^2+y^2=l^2$，考虑到细杆是刚性的，其长度 l 为一常量，但 x、y 是时间的函数，故有

$$2x\frac{\mathrm{d}x}{\mathrm{d}t}+2y\frac{\mathrm{d}y}{\mathrm{d}t}=0$$

可得

$$\frac{\mathrm{d}y}{\mathrm{d}t}=-\frac{x}{y}\frac{\mathrm{d}x}{\mathrm{d}t}$$

于是由式（2），物体 B 的速度为

$$\boldsymbol{v}_B=-\frac{x}{y}\frac{\mathrm{d}x}{\mathrm{d}t}\boldsymbol{j}$$

因为

$$\frac{\mathrm{d}x}{\mathrm{d}t}=-v,\tan\alpha=\frac{x}{y}$$

所以上式为

$$\boldsymbol{v}_B=v\tan\alpha\,\boldsymbol{j}$$

$\boldsymbol{v}_B$ 的方向沿 y 轴正向，因此物体 B 的速度值为

$$v_B=v\tan\alpha$$

当 $\alpha=60°$时，$v_B=1.73v$。

7. 加速度

我们知道，速度是矢量，无论是速度的数值发生变化，还是方向发生变化，都表示速度发生了变化。为衡量速度的变化，我们将引入加速度的概念。

如图 1-8 所示，质点在 Oxy 平面内的运动轨迹为一曲线，设在时刻 t，质点位于点 A，其速度为$\boldsymbol{v}_1$，在时刻 $t+\Delta t$，质点位于点 B，其速度为$\boldsymbol{v}_2$，则在时间间隔 Δt 内，质点的速度增量为 $\Delta\boldsymbol{v}=\boldsymbol{v}_2-\boldsymbol{v}_1$，它在单位时间内的速度增量即**平均加速度**为

$$\overline{\boldsymbol{a}}=\frac{\Delta\boldsymbol{v}}{\Delta t}$$

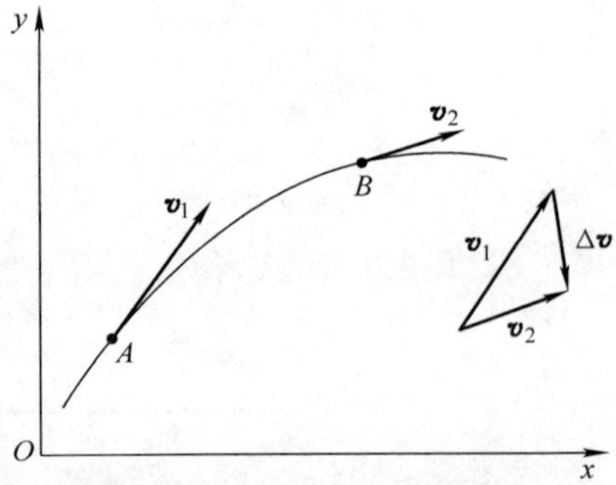

图 1-8 曲线运动的加速度

当 $\Delta t\to0$ 时，平均加速度的极限值叫作**瞬时加速度**（简称**加速度**），用 $\boldsymbol{a}$ 表示，有

$$\boldsymbol{a}=\lim_{\Delta t\to 0}\frac{\Delta \boldsymbol{v}}{\Delta t}=\frac{\mathrm{d}\boldsymbol{v}}{\mathrm{d}t} \tag{1-6a}$$

$\boldsymbol{a}$ 的方向是 $\Delta t \to 0$ 时 $\Delta \boldsymbol{v}$ 的极限方向，而 $\boldsymbol{a}$ 的数值是 $|\Delta \boldsymbol{v}/\Delta t|$ 的极限值，即

$$|\boldsymbol{a}|=\lim_{\Delta t\to 0}\left|\frac{\Delta \boldsymbol{v}}{\Delta t}\right|$$

应当注意，加速度 $\boldsymbol{a}$ 既反映了速度方向的变化，又反映了速度数值的变化。所以当质点做曲线运动时，任一时刻质点的加速度方向并不与速度方向相同，即加速度方向不沿曲线的切线方向，由图 1-8 可以看出，在曲线运动中，加速度的方向指向曲线的凹侧。

利用式（1-4b），式（1-6a）可写成

$$\boldsymbol{a}=\frac{\mathrm{d}}{\mathrm{d}t}(v_x\boldsymbol{i}+v_y\boldsymbol{j})$$

即

$$\boldsymbol{a}=a_x\boldsymbol{i}+a_y\boldsymbol{j}=\boldsymbol{a}_x+\boldsymbol{a}_y \tag{1-6b}$$

其中

$$a_x=\frac{\mathrm{d}v_x}{\mathrm{d}t},\ a_y=\frac{\mathrm{d}v_y}{\mathrm{d}t}$$

显而易见，质点在三维直角坐标系中的加速度为

$$\boldsymbol{a}=\boldsymbol{a}_x+\boldsymbol{a}_y+\boldsymbol{a}_z=a_x\boldsymbol{i}+a_y\boldsymbol{j}+a_z\boldsymbol{k} \tag{1-7}$$

例 1-3　有一个小球在某液体中竖直下落，小球的初速度为 $\boldsymbol{v}_0=10\boldsymbol{j}$，它在液体中的加速度为 $\boldsymbol{a}=-v\boldsymbol{j}$，单位用国际单位制单位。问：（1）经多少时间小球停止运动？（2）小球在停止前经历的路程有多长？

解：由题意知，小球做变加速直线运动，加速度 $\boldsymbol{a}$ 的方向与小球的速度 $\boldsymbol{v}$ 的方向相反。由加速度的定义，有

$$a=\frac{\mathrm{d}v}{\mathrm{d}t}=-v$$

得

$$\int_{v_0}^{v}\frac{\mathrm{d}v}{v}=-\int_0^t\mathrm{d}t$$

有

$$v=v_0\mathrm{e}^{-t} \tag{1}$$

式（1）表明，小球的速率 v 随时间 t 的增大而减小。

又由速度的定义，有

$$v=\frac{\mathrm{d}y}{\mathrm{d}t}=v_0\mathrm{e}^{-t}$$

得

$$\int_0^y\mathrm{d}y=v_0\int_0^t\mathrm{e}^{-t}\mathrm{d}t$$

有

$$y=10(1-\mathrm{e}^{-t}) \tag{2}$$

由题意可知，质点停下来时其速度应当为零，由式（1）可以看出，要使质点的速度为零，时间 t 需无限长。由式（2）可知，在 $t=\infty$ 时，$y=10\mathrm{m}$。这个结果有些不切实际，为了得出正确的结果，我们利用式（1），先求质点的速率 v 分别达到 $\frac{v_0}{10}$、$\frac{v_0}{100}$、$\frac{v_0}{1000}$ 和 $\frac{v_0}{10000}$ 时所经历的时间，然后利用式（2）求出质点在不同时刻所经历的路程，将所得结果列表如下：

v	$v_0/10$	$v_0/100$	$v_0/1000$	$v_0/10000$
t/s	2.3	4.6	6.9	9.2
y/m	8.9974	9.8995	9.9899	9.9990

从上表可以看出，事实上，在 $t=6.9$s 或 $t=9.2$s 时，小球已几乎不再运动，而所经历的路程已显示出其极限值为 10m 了。故本题的答案完全可以写成：小球在运动几乎停止前的 9.2s 时间内经历了 $y\approx10$m 的路程。这种近似处理的方法是很重要的，也是足够准确的。

1.2 加速度为恒矢量时的质点运动

一般说来，质点运动时其加速度都是随时间而改变的，但在有些情况下，质点的加速度可以视为是恒定的，即其值和方向都不随时间而变。如质点在地球表面附近运动、电荷在均匀电场中的运动等，都属于这种情况。下面我们讨论加速度 $\boldsymbol{a}$ 为恒矢量时质点的运动方程。

有一个具有恒定加速度（$\boldsymbol{a}$ = 恒矢量）的质点，在平面上做曲线运动。此恒定加速度 $\boldsymbol{a}$ 在 Ox 轴和 Oy 轴上的分矢量 $\boldsymbol{a}_x$ 和 $\boldsymbol{a}_y$ 是一定的。这就是说，$\boldsymbol{a}$ 在 Ox 轴和 Oy 轴上的分量也是一定的。

设 $t=0$ 时，质点的初速度为$\boldsymbol{v}_0$，它在坐标轴上的分量为 v_{0x} 和 v_{0y}。于是，由加速度定义式（1-6a），可得

$$\int_{\boldsymbol{v}_0}^{\boldsymbol{v}}\mathrm{d}\boldsymbol{v}=\int_0^t\boldsymbol{a}\mathrm{d}t$$

解得

$$\boldsymbol{v}=\boldsymbol{v}_0+\boldsymbol{a}t \tag{1-8}$$

由式（1-4b）和式（1-6b）可得$\boldsymbol{v}$在 Ox 轴和 Oy 轴上的分量式：

$$\begin{cases}v_x=v_{0x}+a_xt\\ v_y=v_{0y}+a_yt\end{cases} \tag{1-9}$$

式（1-8）是在加速度恒定的情况下，速度方程的矢量式，式（1-9）是其分量式。下面我们讨论在加速度恒定的情况下质点的运动方程。

设在 $t=0$ 时，质点的位矢为 $\boldsymbol{r}_0$，它在坐标轴上的分量为 x_0 和 y_0。于是由速度定义式（1-4a），可得

$$\mathrm{d}\boldsymbol{r}=\boldsymbol{v}\mathrm{d}t$$

再利用式（1-8），有

$$\int_{\boldsymbol{r}_0}^{\boldsymbol{r}}\mathrm{d}\boldsymbol{r}=\boldsymbol{v}_0\int_0^t\mathrm{d}t+\boldsymbol{a}\int_0^t t\mathrm{d}t$$

$$\boldsymbol{r}-\boldsymbol{r}_0=\boldsymbol{v}_0t+\frac{1}{2}\boldsymbol{a}t^2 \tag{1-10}$$

式（1-10）就是在加速度恒定的情况下，质点做曲线运动时运动方程的矢量式。

利用式（1-3b）、式（1-4b）和式（1-6b）可将式（1-10）写成

$$\left[(x-x_0)-\left(v_{0x}t+\frac{1}{2}a_xt^2\right)\right]\boldsymbol{i}+\left[(y-y_0)-\left(v_{0y}t+\frac{1}{2}a_yt^2\right)\right]\boldsymbol{j}=0$$

显然，由于 $\boldsymbol{i}$ 和 $\boldsymbol{j}$ 均为单位矢量，故上式成立的条件必须是

$$\begin{cases} x - x_0 = v_{0x}t + \dfrac{1}{2}a_x t^2 \\ y - y_0 = v_{0y}t + \dfrac{1}{2}a_y t^2 \end{cases} \tag{1-11}$$

式（1-11）是在加速度恒定的情况下，质点在平面上做曲线运动时的运动方程的分量式，由图 1-9 可知它与运动方程的矢量式（1-10）是等效的。如约去式（1-11）中的 t，可得 $y(x)$ 函数，这就是质点在平面运动时的轨迹方程。应当指出，从已知质点的起始运动状态 $\boldsymbol{r}_0$ 和 $\boldsymbol{v}_0$ 以及质点的加速度 $\boldsymbol{a}$ 来求质点的曲线运动方程，属于运动学第二类问题，即已知运动状态求运动方程的问题。

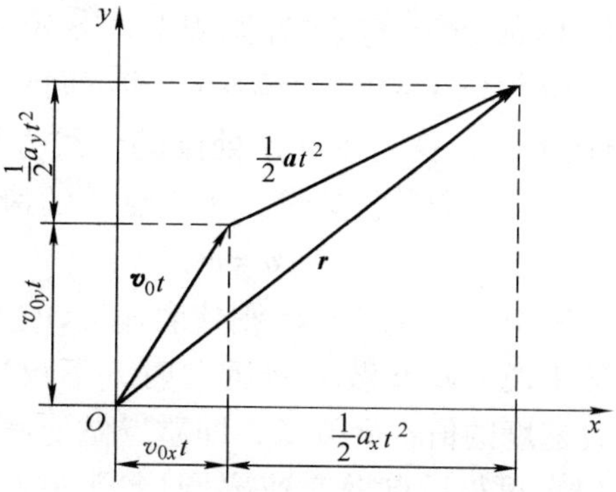

图 1-9　在加速度恒定的情况下，质点在平面上做曲线运动时的运动方程的分量式与矢量式等效

1.3　圆周运动

前面讨论了恒定加速度下的质点运动，这一节讨论一种曲线运动——圆周运动。

1.3.1　圆周运动的角速度

如图 1-10 所示，一质点在 Oxy 平面上做半径为 r 的圆周运动，某时刻它位于点 A，且在平面极坐标系中的径矢为 $\boldsymbol{r}$，当质点在圆周上运动时，径矢 $\boldsymbol{r}$ 与 Ox 轴之间的夹角 θ 随时间而改变，即 θ 是时间的函数 $\theta(t)$。

我们定义：角坐标 $\theta(t)$ 随时间的变化率即 $\mathrm{d}\theta/\mathrm{d}t$，叫作**角速度**，用符号 ω 表示，则有

$$\omega = \frac{\mathrm{d}\theta}{\mathrm{d}t} \tag{1-12}$$

通常用弧度（rad）来量度 θ，所以角速度 ω 的单位符号为 $\mathrm{rad \cdot s^{-1}}$。

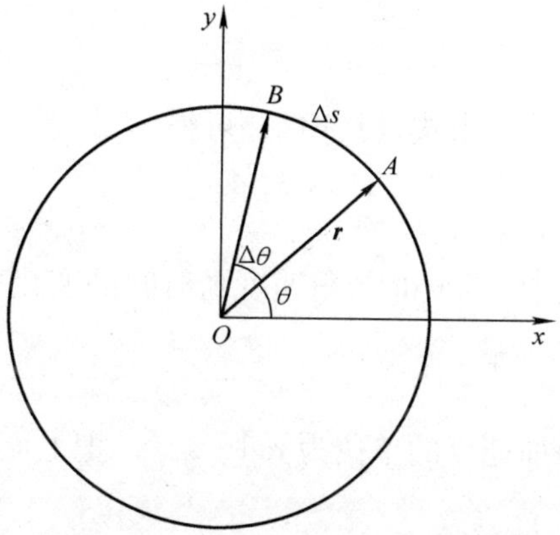

图 1-10　质点在平面上做圆周运动

如果在时间 Δt 内，质点由图上的点 A 运动到点 B，则所经过的圆弧长 $\Delta s = r\Delta\theta$，$\Delta\theta$ 为 Δt 时间内矢径 $\boldsymbol{r}$ 所转过的角度。当 $\Delta t \to 0$ 时，$\Delta s/\Delta t$ 的极限值为

$$\lim_{\Delta t \to 0} \frac{\Delta s}{\Delta t} = r \lim_{\Delta t \to 0} \frac{\Delta\theta}{\Delta t}$$

即

$$\frac{\mathrm{d}s}{\mathrm{d}t} = r\frac{\mathrm{d}\theta}{\mathrm{d}t}$$

而 $\mathrm{d}s/\mathrm{d}t$ 为质点在点 A 的速率，用 v 表示，$\mathrm{d}\theta/\mathrm{d}t$ 则为质点在点 A 的角速度 ω，故有

$$v = r\omega \tag{1-13}$$

式（1-13）是质点做圆周运动时速率和角速度之间的瞬时关系。

1.3.2 圆周运动的切向加速度和法向加速度 角加速度

如图 1-11 所示，质点在圆周上点 A 的速度为$\boldsymbol{v}$，它的数值为$|\boldsymbol{v}| = v$，方向与点 A 处圆的切线方向相同。为了便于表示速度$\boldsymbol{v}$的方向，我们在点 A 处圆的切线方向上取一单位矢量 $\boldsymbol{e}_t$，$\boldsymbol{e}_t$ 叫作切向单位矢量，于是点 A 的速度$\boldsymbol{v}$可写为

$$\boldsymbol{v} = v\boldsymbol{e}_t \tag{1-14}$$

式中，v 为速度$\boldsymbol{v}$的大小；$\boldsymbol{e}_t$ 则代表速度$\boldsymbol{v}$的方向。

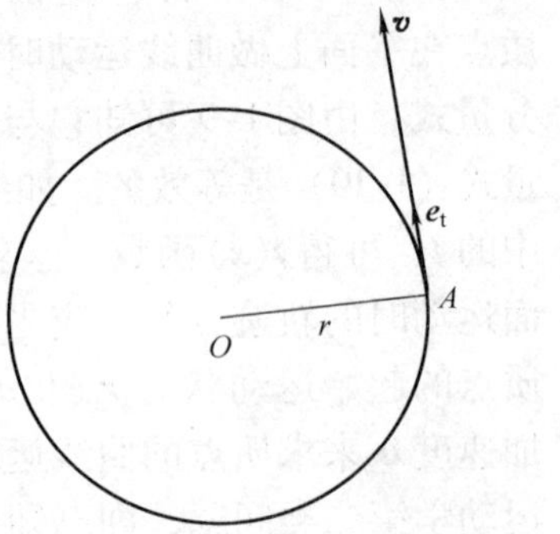

图 1-11 切向单位矢量

一般来说，质点做圆周运动时，不仅速度的方向要改变，而且速度的值也会改变，即质点做变速率圆周运动，由式（1-14）可得质点做变速率圆周运动时，它在圆周上任意点的加速度为

$$\boldsymbol{a} = \frac{d\boldsymbol{v}}{dt} = \frac{dv}{dt}\boldsymbol{e}_t + v\frac{d\boldsymbol{e}_t}{dt} \tag{1-15}$$

从式（1-15）可以看出，加速度 $\boldsymbol{a}$ 具有两个分矢量，式中第一项$\frac{dv}{dt}\boldsymbol{e}_t$，是由于速度大小变化而引起的，其方向为 $\boldsymbol{e}_t$ 的方向，即与速度$\boldsymbol{v}$的方向相同，因此，此项加速度分矢量称为**切向加速度**，用 $\boldsymbol{a}_t$ 表示，有

$$\boldsymbol{a}_t = \frac{dv}{dt}\boldsymbol{e}_t, |\boldsymbol{a}_t| = \frac{dv}{dt} \tag{1-16}$$

另外，由式（1-13），可得

$$\frac{dv}{dt} = r\frac{d\omega}{dt}$$

式中，$d\omega/dt$ 为角速度随时间的变化率，叫作**角加速度**，用符号 α 表示，有

$$\alpha = \frac{d\omega}{dt} = \frac{d^2\theta}{dt^2} \tag{1-17}$$

角加速度的单位为 $rad \cdot s^{-2}$，把上面两式代入式（1-16），可得

$$\boldsymbol{a}_t = r\alpha\boldsymbol{e}_t \tag{1-18}$$

式（1-18）是质点做变速率圆周运动时，切向加速度与角加速度之间的瞬时关系。

至于式（1-15）中的第二项 $d\boldsymbol{e}_t/dt$，则表示切向单位矢量随时间的变化，这一点从图 1-12a中可以看出。设在时刻 t，质点位于圆周上点 A，其速度为$\boldsymbol{v}_1$，切向单位矢量为 $\boldsymbol{e}_{t1}$；在时刻 $t+\Delta t$，质点位于点 B，速度为$\boldsymbol{v}_2$，切向单位矢量为 $\boldsymbol{e}_{t2}$。在时间间隔 Δt 内，矢径 $\boldsymbol{r}$ 转过的角度为 $\Delta\theta$，速度增量为 $\Delta\boldsymbol{v}$，切向单位矢量的增量则为 $\Delta\boldsymbol{e}_t = \boldsymbol{e}_{t2} - \boldsymbol{e}_{t1}$。由于切向单位矢量的值为 1，即 $|\boldsymbol{e}_{t1}| = |\boldsymbol{e}_{t2}| = 1$，因而，从图 1-12b 中可以知道，$|\Delta\boldsymbol{e}_t| = \Delta\theta \times 1 = \Delta\theta$，当 $\Delta t \to 0$时，$\Delta\theta$ 亦趋于零，这时 $\Delta\boldsymbol{e}_t$ 的方向趋于与 $\boldsymbol{e}_{t1}$ 垂直，即趋于与$\boldsymbol{v}_1$ 垂直，并且趋于指向圆心，如图 1-13 所示。如果我们在沿矢径而指向圆心的法线方向上取单位矢量 $\boldsymbol{e}_n$，这个单位矢量又称法向单位矢量，那么，在 $\Delta t \to 0$ 时，$\Delta\boldsymbol{e}_t/\Delta t$ 的极限值为

$$\lim_{\Delta t\to 0}\frac{\Delta \boldsymbol{e}_t}{\Delta t}=\frac{\mathrm{d}\boldsymbol{e}_t}{\mathrm{d}t}=\frac{\mathrm{d}\theta}{\mathrm{d}t}\boldsymbol{e}_n$$

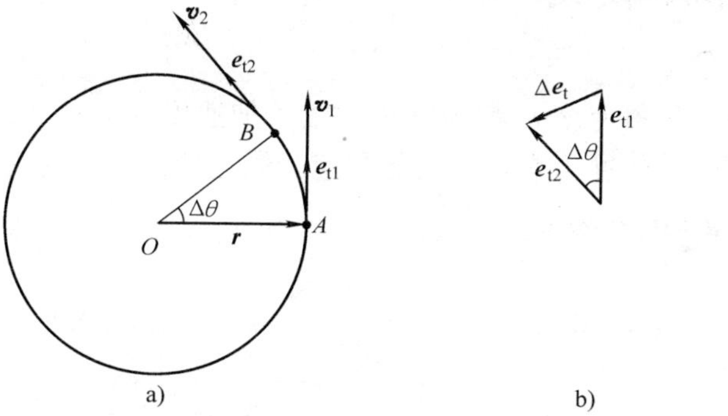

图 1-12　切向单位矢量随时间的变化率

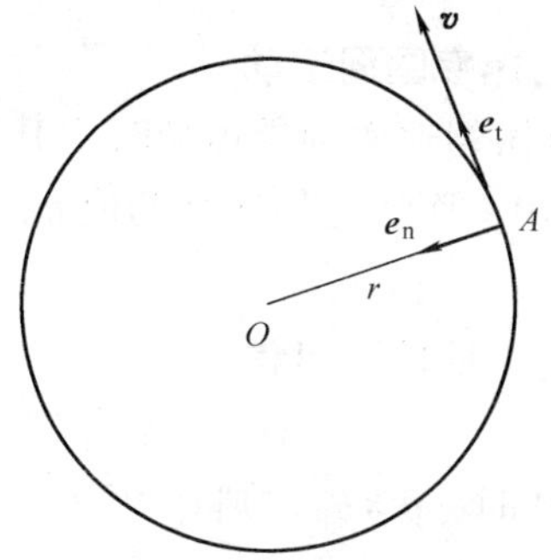

图 1-13　法向单位矢量与切向单位矢量

则式（1-15）中第二项可以写成

$$v\frac{\mathrm{d}\boldsymbol{e}_t}{\mathrm{d}t}=v\frac{\mathrm{d}\theta}{\mathrm{d}t}\boldsymbol{e}_n$$

由于这个加速度的方向是垂直于切向的，故称为**法向加速度**，用 $\boldsymbol{a}_n$ 表示，有

$$\boldsymbol{a}_n=v\frac{\mathrm{d}\theta}{\mathrm{d}t}\boldsymbol{e}_n \tag{1-19a}$$

考虑到 $\omega=\mathrm{d}\theta/\mathrm{d}t$，$v=r\omega$，故式（1-19a）变为

$$\boldsymbol{a}_n=r\omega^2\boldsymbol{e}_n=\frac{v^2}{r}\boldsymbol{e}_n,\ |\boldsymbol{a}_n|=\frac{v^2}{r} \tag{1-19b}$$

由式（1-16）和式（1-19），可将质点做变速圆周运动时的加速度 $\boldsymbol{a}$ 的表示式（1-15）写成

$$\boldsymbol{a}=\boldsymbol{a}_t+\boldsymbol{a}_n=\frac{\mathrm{d}v}{\mathrm{d}t}\boldsymbol{e}_t+\frac{v^2}{r}\boldsymbol{e}_n \tag{1-20a}$$

或

$$\boldsymbol{a}=r\alpha\boldsymbol{e}_t+r\omega^2\boldsymbol{e}_n \tag{1-20b}$$

其中切向加速度 $\boldsymbol{a}_t$ 是由于速度数值的变化而引起的，法向加速度 $\boldsymbol{a}_n$ 则是由于速度方向的变化而引起的。

在变速圆周运动中，由于速度的方向和大小都在变化，所以加速度 $\boldsymbol{a}$ 的方向不再指向圆心，如图 1-14 所示，其值和方向为

$$a=(a_n^2+a_t^2)^{1/2},\ \tan\varphi=\frac{a_n}{a_t}$$

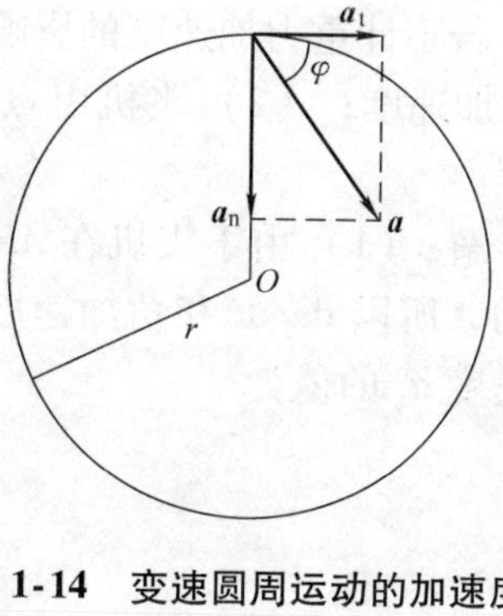

图 1-14　变速圆周运动的加速度

上述结果虽然是从变速圆周运动中得出的，但对于一般的曲线运动，式（1-17）、（1-20）仍然适用，此时可以把一段足够小的曲线看成是一段圆弧。这样包含这段圆弧的圆周就被称为曲线在给定点的曲率圆，从而可用曲率半径 ρ 来代替圆的半径 r。

还必须指出一点，在图 1-13 中，这种以动点 A 为原点，以切向单位矢量 $\boldsymbol{e}_t$ 和法向单位矢量 $\boldsymbol{e}_n$ 为垂直轴的二维坐标系称为自然坐标系。在讨论圆运动及曲线运动时，我们经常采

用这种坐标系。

1.3.3 匀速率圆周运动和匀变速率圆周运动

1. 匀速率圆周运动

质点做匀速率圆周运动时，其速率 v 和角速度 ω 都为常量，故角加速度 $\alpha=0$，切向加速度 $a_t=0$，而法向加速度的值 $a_n=r\omega^2=v^2/r$ 亦为常量。于是匀速圆周运动的加速度为

$$\boldsymbol{a}=\boldsymbol{a}_n=r\omega^2\boldsymbol{e}_n$$

由式（1-12）可得

$$d\theta=\omega dt$$

如取 $t=0$ 时，$\theta=\theta_0$，则有

$$\theta=\theta_0+\omega t$$

2. 匀变速率圆周运动

质点做匀变速率圆周运动时，其角加速度 $\alpha=$ 常量，故圆周上某点的切向加速度的值为 $a_n=r\alpha=$ 常量，而法向加速度的值仍为 $a_n=r\omega^2=v^2/r$，但不为常量。于是匀变速率圆周运动的加速度为

$$\boldsymbol{a}=\boldsymbol{a}_t+\boldsymbol{a}_n=r\alpha\boldsymbol{e}_t+r\omega^2\boldsymbol{e}_n \tag{1-21}$$

由于匀变速率圆周运动的角加速度 $\alpha=$ 常量，如 $t=0$ 时，$\theta=\theta_0$，$\omega=\omega_0$，则由式（1-17）和式（1-12）可得

$$\begin{cases}\omega=\omega_0+\alpha t\\ \theta=\theta_0+\omega_0 t+\dfrac{1}{2}\alpha t^2\\ \omega^2=\omega_0^2+2\alpha(\theta-\theta_0)\end{cases} \tag{1-22}$$

例 1-4 如图 1-15 所示，一超声速歼击机在高空点 A 时的水平速率为 $1940\text{km}\cdot\text{h}^{-1}$，沿近似于圆弧的曲线俯冲到点 B，其速率为 $2192\text{km}\cdot\text{h}^{-1}$，所经历的时间为 3s。设圆弧 AB 的半径约为 3.5km，且飞机从 A 到 B 的俯冲过程可视为匀变速率圆周运动。若不计重力加速度的影响，求：（1）飞机在点 B 的加速度；（2）飞机由点 A 到达点 B 所经历的路程。

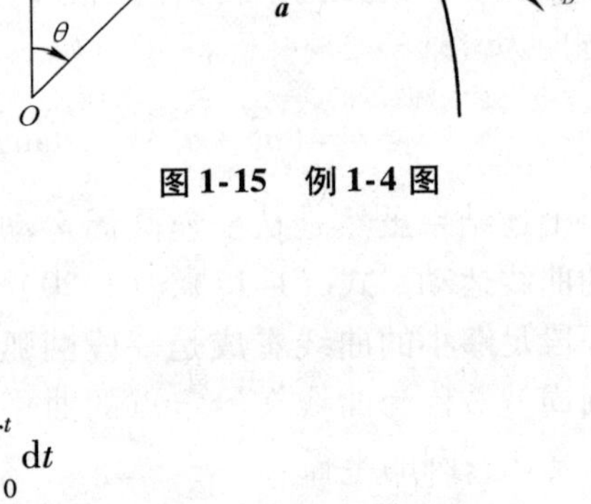

图 1-15 例 1-4 图

解：（1）由于飞机在 AB 之间做匀变速率圆周运动，所以 dv/dt 和角加速度 α 均为常量，而切向加速度 $\boldsymbol{a}_t$ 的值为

$$a_t=\frac{dv}{dt}$$

有

$$\int_{v_A}^{v_B}dv=\int_0^t a_t dt=a_t\int_0^t dt$$

得

$$a_t=\frac{v_B-v_A}{t}$$

由题意知，$v_A = 1940\text{km}\cdot\text{h}^{-1} = 539\text{m}\cdot\text{s}^{-1}$，$v_B = 2192\text{km}\cdot\text{h}^{-1} = 609\text{km}\cdot\text{s}^{-1}$，$t = 3\text{s}$。代入上式，得飞机在点 B 切向加速度为

$$a_t = 23.3\text{m}\cdot\text{s}^{-2}$$

而在点 B 时的法向加速度为

$$a_n = \frac{v_B^2}{r} = \frac{609^2}{3500}\text{m}\cdot\text{s}^{-2} = 106\,\text{m}\cdot\text{s}^{-2}$$

故飞机在点 B 时的加速度的值为

$$a = (a_t^2 + a_n^2)^{1/2} = 109\text{m}\cdot\text{s}^{-2}$$

而 $\boldsymbol{a}$ 与 $\boldsymbol{a}_n$ 之间的夹角 β 为

$$\beta = \arctan\frac{a_t}{a_n} = 12.4°$$

（2）在时间 t 内，径矢 $\boldsymbol{r}$ 所转过的角度 θ 为

$$\theta = \omega_A t + \frac{1}{2}\alpha t^2$$

其中 ω_A 是飞机在点 A 的角速度，故在此时间内，飞机经过的路程为

$$s = r\theta = r\omega_A t + \frac{1}{2}r\alpha t^2 = v_A t + \frac{1}{2}a_t t^2$$

代入已知数据，有

$$s = \left(539\times 3 + \frac{1}{2}\times 23.3\times 3^2\right)\text{m} = 1722\text{m}$$

习　题

1-1　一种喷气推进的实验车，从静止开始可在 1.8s 内加速到 $1600\text{km}\cdot\text{h}^{-1}$ 的速率。按匀加速运动计算，它的加速度是否超过了人可以忍受的加速度 $25g$？这 1.80s 内该车跑了多少距离？

1-2　一辆货车为了超车，以 $90\text{km}\cdot\text{h}^{-1}$ 的速度驶入左侧逆行道时，猛然发现前方 80m 处一辆汽车正迎面驶来。假定该汽车以 $65\text{km}\cdot\text{h}^{-1}$ 的速度行驶，同时也发现了卡车超车。设两司机的反应时间都是 0.70s（即司机发现险情到实际起动刹车所经过的时间），他们刹车后的加速度都是 -7.5m/s^2，试问两车是否会相撞？如果相撞，相撞时货车的速度多大？

1-3　跳伞运动员从 1200m 高空往下跳，起初不打开降落伞做加速运动。由于空气阻力的作用，会加速到一“终极速率” $200\text{km}\cdot\text{h}^{-1}$ 而开始匀速下降。下降到离地面 50m 处时打开降落伞，很快速率会变为 $18\text{km}\cdot\text{h}^{-1}$ 而匀速下降着地。若起初加速运动阶段的平均加速度按 $g/2$ 计，此跳伞运动员在空中一共经历了多长时间？

1-4　在以初速率 $v = 15.0\text{m}\cdot\text{s}^{-1}$ 竖直向上扔一块石头后，

（1）在 $\Delta t_1 = 1.0\text{s}$ 末又竖直向上扔出第二块石头，后者在 $h = 11.0\text{m}$ 高度处击中前者，求第二块石头扔出时的速率；

（2）若在 $\Delta t_2 = 1.3\text{s}$ 末竖直向上扔出第二块石头，它仍在 $h = 11.0\text{m}$ 高度处击中前者，求这一次第二块石头扔出时的速率。

1-5　一质点在 xy 平面上运动，运动函数为 $x = 2t$，$y = 4t^2 - 8$（SI）。求：

（1）质点运动的轨道方程并画出轨道曲线；

（2）求 $t_1 = 1\text{s}$ 和 $t_2 = 2\text{s}$ 时，质点的位置、速度和加速度。

1-6 男子排球的球网高度为2.43m。球网两侧的场地大小都是9.0m×9.0m。一运动员采用跳发球姿势，其击球点高度为3.5m，离网的水平距离是8.5m。

（1）球以多大速度沿水平方向被击出时，才能使其正好落在对方后方边线上？

（2）球以此速度被击出后过网时超过网高多少？

（3）这样，球落地时速率多大？（忽略空气阻力）

1-7 如图1-16所示，滑雪运动员离开水平滑雪道飞入空中时的速率 $v=110\text{km}\cdot\text{h}^{-1}$，着陆的斜坡与水平面夹角 $\theta=45°$。

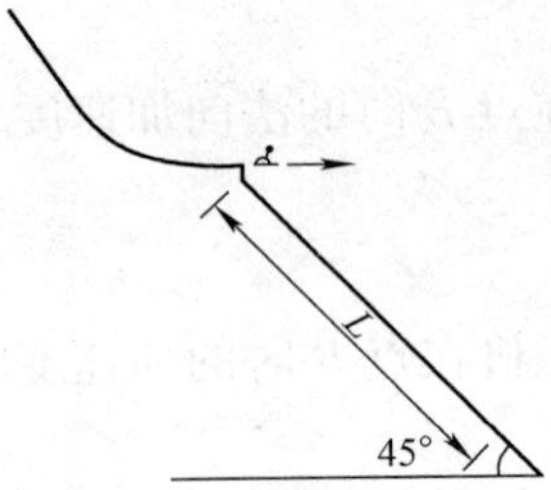

图1-16 习题1-7图

（1）计算滑雪运动员着陆时沿斜坡的距离 L 是多大？（忽略起飞点到斜面的距离）

（2）在实际的跳跃中，滑雪运动员所达到的距离 $L=165\text{m}$，这个结果为什么与计算结果不符？

1-8 一个人扔石头的最大出手速率 $v=25\text{m}\cdot\text{s}^{-1}$，他能把石头扔过与他的水平距离 $L=50\text{m}$、高 $h=13\text{m}$ 的一座墙吗？在这个距离内他能把石头扔过墙的最高高度是多少？

1-9 如图1-17所示，山上和山下两炮各瞄准对方同时以相同初速各发射一枚炮弹，这两枚炮弹会不会在空中相碰？为什么？（忽略空气阻力）如果山高 $h=50\text{m}$，两炮相隔的水平距离 $s=200\text{m}$。要使这两枚炮弹在空中相碰，它们的速率至少应等于多少？

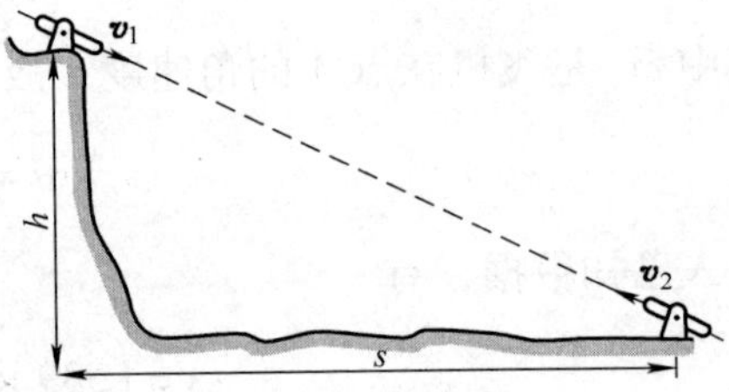

图1-17 习题1-9图

1-10 在生物物理实验中用来分离不同种类分子的超级离心机的转速是 $6\times104\text{r}\cdot\text{min}^{-1}$。在这种离心机的转子内，离轴10cm远的一个大分子的向心加速度是重力加速度的几倍？

1-11 按玻尔模型，氢原子处于基态时，它的电子围绕原子核做圆周运动。电子的速率为 $2.2\times10^{6}\text{m}\cdot\text{s}^{-1}$，离核的距离为 $0.53\times10^{-10}\text{m}$。求电子绕核运动的频率和向心加速度。

1-12 汽车在半径 $R=400\text{m}$ 的圆弧弯道上减速行驶。设在某一时刻，汽车的速率为 $v=10\text{m}\cdot\text{s}^{-1}$，切向加速度的大小为 $a_t=0.20\text{m}\cdot\text{s}^{-2}$。求汽车的法向加速度和总加速度的大小及方向。

1-13 当速率为 $30\text{m}\cdot\text{s}^{-1}$ 的西风正吹时，相对于地面，向东、向西和向北传播的声音的速率各是多大？已知声音在空气中传播的速率为 $344\text{m}\cdot\text{s}^{-1}$。

1-14 一电梯以 $1.2\text{m}\cdot\text{s}^{-2}$ 的加速度下降，其中一乘客在电梯开始下降后0.5s时用手在离电梯底板1.5m高处释放一小球。求此小球落到底板上所需的时间和它对地面下落的距离。

1-15 某人骑车以 $18\text{km}\cdot\text{h}^{-1}$ 的速率自东向西行进时，看见雨点垂直下落，当他的速率增至 $36\text{km}\cdot\text{h}^{-1}$ 时看见雨点与他前进的方向成120°角下落，求雨点对地的速度。

1-16 飞机A以 $v_A=1000\text{km}\cdot\text{h}^{-1}$ 的速率（相对地面）向南飞行，同时另一架飞机B以 $v_B=800\text{km}\cdot\text{h}^{-1}$ 的速率（相对地面）向东偏南30°方向飞行。求A机相对于B机的速度与B机相对于A机的速度。

第 2 章 质点动力学

牛顿第二定律指出，在外力作用下，质点的运动状态要发生改变，获得加速度，然而力不仅作用于质点，更普遍地说是作用于质点系的。此外，力作用于质点或者质点系往往还有一段持续时间，或者持续一段距离，这就是力对时间的累积作用和力对空间的累积作用。在这两种累积作用中，质点或质点系的动量、动能或能量将发生变化或转移。在一定条件下，质点系内的动量或能量将保持守恒。动量守恒定律和能量守恒定律不仅适用于力学，而且为物理学中各种运动形式所遵守，只要通过某些扩展和修改即可。更进一步说，它们是自然界中已知的基本守恒定律中的两个。

本章的主要内容有：质点和质点系的动量定理和动能定理，外力与内力、保守力与非保守力等概念，以及动量守恒定律、机械能守恒定律和能量守恒定律。

2.1 质点和质点系的动量定理

2.1.1 冲量 质点的动量定理

牛顿第二定律内容为：动量为 $\boldsymbol{p}$ 的质点，在合外力 $\boldsymbol{F}$ 的作用下，其动量随时间的变化率等于作用在质点上的合外力，其数学表达式为

$$F=\frac{\mathrm{d}\boldsymbol{p}}{\mathrm{d}t}=\frac{\mathrm{d}(m\boldsymbol{v})}{\mathrm{d}t}$$

也可写成

$$\boldsymbol{F}\mathrm{d}t=\mathrm{d}\boldsymbol{p}=\mathrm{d}(m\boldsymbol{v})$$

在低速运动的牛顿力学范围内，质点的质量可视为是不变的，故 $\mathrm{d}(m\boldsymbol{v})$ 可写成 $m\mathrm{d}\boldsymbol{v}$。此外，一般来说，作用在质点上的力是随时间而改变的，即力是时间的函数，$\boldsymbol{F}=\boldsymbol{F}(t)$。考虑到以上两点，在时间间隔 $\Delta t=t_2-t_1$ 内，上式的积分为

$$\int_{t_1}^{t_2}\boldsymbol{F}(t)\,\mathrm{d}t=\boldsymbol{p}_2-\boldsymbol{p}_1=m\boldsymbol{v}_2-m\boldsymbol{v}_1 \tag{2-1}$$

式中，$\boldsymbol{v}_1$ 和 $\boldsymbol{p}_1$ 是质点在时刻 t_1 的速度和动量；$\boldsymbol{v}_2$ 和 $\boldsymbol{p}_2$ 是质点在时刻 t_2 的速度和动量。$\int_{t_1}^{t_2}\boldsymbol{F}(t)\,\mathrm{d}t$ 为力对时间的积分，称为力的**冲量**，用符号 $\boldsymbol{I}$ 表示。式（2-1）的物理意义是：在给定时间间隔内，外力作用在质点上的冲量，等于质点在此时间内动量的增量，这就是**质点的动量定理**。

应当指出，冲量 $\boldsymbol{I}$ 是矢量。一般来说，冲量的方向并不与动量的方向相同，而是与动量增量的方向相同。

式（2-1）是质点动量定理的矢量表达式，在直角坐标系中，其分量式为

$$\begin{cases} I_x = \int_{t_1}^{t_2} F_x \mathrm{d}t = mv_{2x} - mv_{1x} \\ I_y = \int_{t_1}^{t_2} F_y \mathrm{d}t = mv_{2y} - mv_{1y} \\ I_z = \int_{t_1}^{t_2} F_z \mathrm{d}t = mv_{2z} - mv_{1z} \end{cases} \tag{2-2}$$

显然，质点在某一轴线上的动量增量，仅与该质点在此轴线上所受外力的冲量有关。

下面简单说明一下动量 $\boldsymbol{p}$ 的物理意义。从动量定理可以知道，在相等的冲量作用下，不同质量的物体，其速度变化是不相同的，但它们的动量的变化却是一样的，所以从过程角度来看，动量 $\boldsymbol{p}$ 比速度 $\boldsymbol{v}$ 能更恰当地反映物体的运动状态。因此，一般描述物体做机械运动时的状态参量，用动量 $\boldsymbol{p}$ 比用速度 $\boldsymbol{v}$ 更确切些，动量 $\boldsymbol{p}$ 和位矢 $\boldsymbol{r}$ 是描述物体机械运动状态的状态参量。

2.1.2　质点系的动量定理

上面我们讨论了质点的动量定理，然而在许多问题中还需研究由一些质点构成的质点系的动量变化与作用在质点系上的力之间的关系。

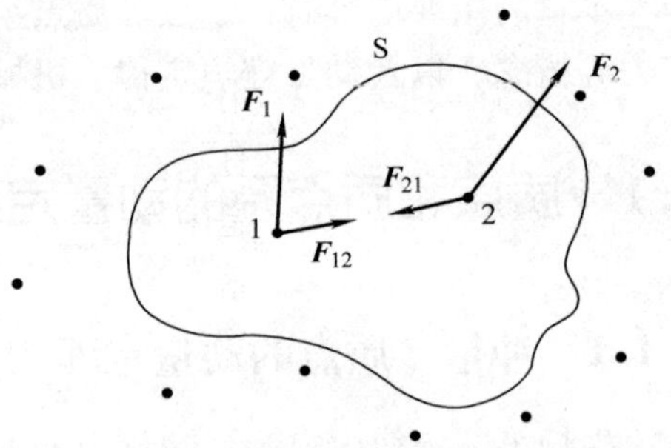

图 2-1　质点系的内力和外力

如图 2-1 所示，在系统 S 内有两个质点 1 和 2，它们的质量分别为 m_1 和 m_2。系统外的质点对它们作用的力叫外力，系统内质点间的相互作用力则叫内力，设作用在质点上的外力分别是 $\boldsymbol{F}_1$ 和 $\boldsymbol{F}_2$，而两质点相互作用的内力分别为 $\boldsymbol{F}_{12}$ 和 $\boldsymbol{F}_{21}$。根据质点的动量定理，在 $\Delta t = t_2 - t_1$ 时间内，两质点所受力的冲量和动量增量分别为

$$\int_{t_1}^{t_2} (\boldsymbol{F}_1 + \boldsymbol{F}_{12}) \mathrm{d}t = m_1 \boldsymbol{v}_1 - m_1 \boldsymbol{v}_{10}$$

和

$$\int_{t_1}^{t_2} (\boldsymbol{F}_2 + \boldsymbol{F}_{21}) \mathrm{d}t = m_2 \boldsymbol{v}_2 - m_2 \boldsymbol{v}_{20}$$

将上两式相加，有

$$\int_{t_1}^{t_2} (\boldsymbol{F}_1 + \boldsymbol{F}_{12}) \mathrm{d}t + \int_{t_1}^{t_2} (\boldsymbol{F}_2 + \boldsymbol{F}_{21}) \mathrm{d}t = (m_1 \boldsymbol{v}_1 + m_2 \boldsymbol{v}_2) - (m_1 \boldsymbol{v}_{10} + m_2 \boldsymbol{v}_{20}) \tag{2-3}$$

由牛顿第三定律知 $\boldsymbol{F}_{12} = -\boldsymbol{F}_{21}$，所以系统内两质点间的内力之和 $\boldsymbol{F}_{12} + \boldsymbol{F}_{21} = 0$，故式（2-3）变为

$$\int_{t_1}^{t_2} (\boldsymbol{F}_1 + \boldsymbol{F}_2) \mathrm{d}t = (m_1 \boldsymbol{v}_1 + m_2 \boldsymbol{v}_2) - (m_1 \boldsymbol{v}_{10} + m_2 \boldsymbol{v}_{20})$$

上式表明，作用于两质点组成系统的合外力的冲量等于系统内两质点动量之和的增量，即系

统的动量增量。

上述结论容易推广到由 n 个质点所组成的系统。如果系统内含有 n 个质点，那么式（2-3）可写成

$$\int_{t_1}^{t_2}\left(\sum_{i=1}^{n}\boldsymbol{F}_i^{\mathrm{ex}}\right)\mathrm{d}t+\int_{t_1}^{t_2}\left(\sum_{i=1}^{n}\boldsymbol{F}_i^{\mathrm{in}}\right)\mathrm{d}t=\sum_{i=1}^{n}m_i\boldsymbol{v}_i-\sum_{i=1}^{n}m_i\boldsymbol{v}_{i0}$$

式中，$\boldsymbol{F}_i^{\mathrm{ex}}$、$\boldsymbol{F}_i^{\mathrm{in}}$、$\boldsymbol{v}_i$、$\boldsymbol{v}_{i0}$分别为各 i 个质点所受的外力、内力、末速度和初速度。

考虑到内力总是成对出现，且大小相等、方向相反，故其矢量和必为零，即 $\sum\limits_{i=1}^{n}\boldsymbol{F}_i^{\mathrm{in}}=0$。设作用于系统的合外力用 $\boldsymbol{F}^{\mathrm{ex}}$表示，且系统的初动量和末动量各为 $\boldsymbol{p}_0$ 和 $\boldsymbol{p}$，那么上式可改写为

$$\int_{t_1}^{t_2}\boldsymbol{F}^{\mathrm{ex}}\mathrm{d}t=\sum_{i=1}^{n}m_i\boldsymbol{v}_i-\sum_{i=1}^{n}m_i\boldsymbol{v}_{i0}\tag{2-4a}$$

或

$$\boldsymbol{I}=\boldsymbol{p}-\boldsymbol{p}_0\tag{2-4b}$$

式（2-4a、b）表明，作用于系统的合外力的冲量等于系统动量的增量。这就是**质点系的动量定理**。

如同质点的动量定理一样，也可将式（2-4a、b）的矢量表达式写成如式（2-2）一样的分量式。

需要强调指出：作用于系统的合外力是作用于系统内每一质点的外力的矢量和。只有外力才对系统的动量变化有贡献，而系统的内力（系统内各质点间的相互作用）是不能改变整个系统的动量的，这是牛顿第三定律的直接结果。利用这个规律来研究几个物体组成的系统的动力学问题就可化繁为简了。

对于在无限小的时间间隔内，质点系的动量定理可写成

$$\boldsymbol{F}^{\mathrm{ex}}\mathrm{d}t=\mathrm{d}\boldsymbol{p}$$

或

$$\boldsymbol{F}^{\mathrm{ex}}=\frac{\mathrm{d}\boldsymbol{p}}{\mathrm{d}t}\tag{2-4c}$$

式（2-4c）表明，作用于质点系的合外力等于质点系的动量随时间的变化率。

在人造地球卫星的定轨和运行过程中，常常需要纠正同步卫星的运行轨道。近来，采用一种叫作离子推进器的系统所产生的推力，使卫星能保持在适当的方位上，其基本原理就是质点系的动量定理。

例 2-1　如图 2-2 所示，一质量为 0.05kg、速率为 $10\mathrm{m\cdot s^{-1}}$的钢球，以与钢板法线成$\alpha=45°$角的方向撞击在钢板上，并以相同的速率和角度反弹。设球与钢板的碰撞时间为0.05s。求在此碰撞时间内钢板所受到的平均冲力。

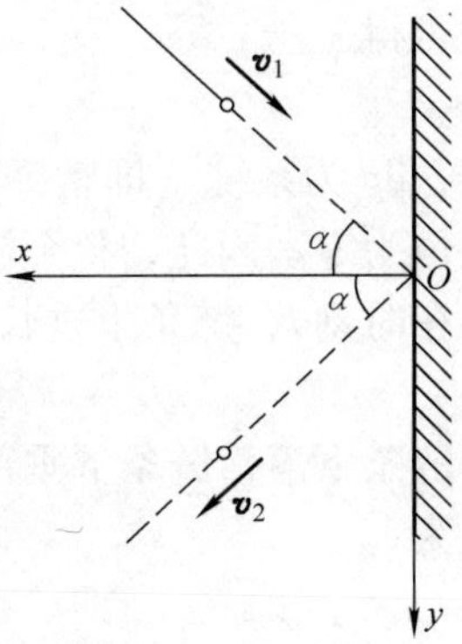

图 2-2　例 2-1 图

解：由题意知 $v_1=v_2=v=10\mathrm{m\cdot s^{-1}}$，按图所选定的坐标，$\boldsymbol{v}_1$ 和$\boldsymbol{v}_2$ 均在 x、y 平面内，故$\boldsymbol{v}_1$ 在 Ox 轴和 Oy 轴上的分量为 $v_{1x}=-v\cos\alpha$，$v_{1y}=v\sin\alpha$，$\boldsymbol{v}_2$ 在 Ox 轴和 Oy 轴上的分量为 $v_{2x}=v\cos\alpha$，$v_{2y}=v\sin\alpha$。由动量定理的分量式（2-2）可得，在碰撞过程中球所受的冲量为

$$\overline{F_x}\Delta t = mv_{2x} - mv_{1x} = mv\cos\alpha - (-mv\cos\alpha) = 2mv\cos\alpha$$

$$\overline{F_y}\Delta t = mv_{2y} - mv_{1y} = mv\sin\alpha - mv\sin\alpha = 0$$

因此，球所受的平均冲力为

$$\overline{F} = \overline{F_x} = \frac{2mv\cos\alpha}{\Delta t}$$

如令$\overline{F}'$为球对钢板作用的平均冲力，则由牛顿第三定律有$\overline{\boldsymbol{F}} = -\overline{\boldsymbol{F}}'$，即球对钢板作用的平均冲力与钢板对球的平均冲力大小相等、方向相反，故有

$$\overline{F}' = \frac{2mv\cos\alpha}{\Delta t}$$

代入已知数据，得

$$\overline{F} = \frac{2\times 0.05\times 10\times\cos 45^\circ}{0.05}\text{N} = 14.1\text{N}$$

$\overline{F}$的方向与 Ox 轴正向相反。

例 2-2 如图 2-3 所示，一柔软链条长为 l，单位长度的质量为 λ，链条放在桌上，桌上有一小孔，链条一端由小孔稍伸下，其余部分堆在小孔周围，由于某种扰动，链条因自身重量开始落下。求链条下落速度与落下距离之间的关系。设链与各处的摩擦均略去不计，且认为链柔软得可自由伸开。

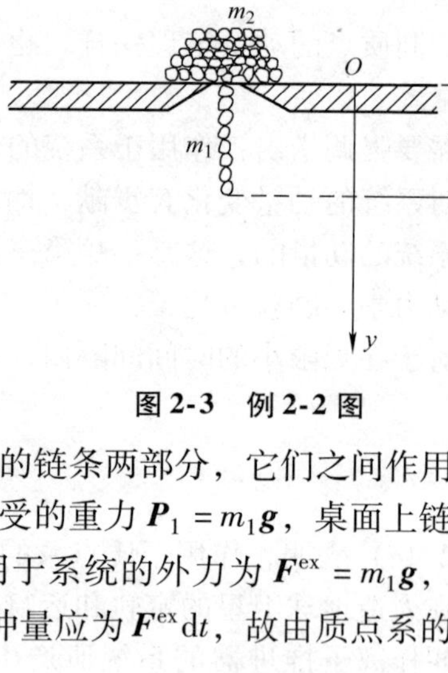

图 2-3 例 2-2 图

解：如图 2-3 所示，选桌面上一点为坐标原点 O，竖直向下的轴为 Oy 轴正向。在某时刻 t，链下垂部分的长度为 y。此时在桌面上尚有长为 $l-y$ 的链条。如选链条为一系统，那么此系统含有竖直悬挂的链条和在桌面上的链条两部分，它们之间作用的力为内力。由于链与各处的摩擦略去不计，下垂部分链条所受的重力 $\boldsymbol{P}_1 = m_1\boldsymbol{g}$，桌面上链条所受的重力 $\boldsymbol{P}_2 = m_2\boldsymbol{g}$、所受的支持力 $\boldsymbol{F}_N = -m_2\boldsymbol{g}$，所以作用于系统的外力为 $\boldsymbol{F}^{ex} = m_1\boldsymbol{g}$，其中 $m_1 = \lambda y$。在无限小时间间隔 dt 内，外力 $\boldsymbol{F}^{ex}$在 Oy 轴上的冲量应为 $\boldsymbol{F}^{ex}dt$，故由质点系的动量定理可得

$$F^{ex}dt = \lambda yg dt = dp \tag{1}$$

式中，dp 为系统（即整个链条）的动量增量。考虑到桌面上那部分链条处于静止状态，其速度恒为零。因此，整个链条中只有下垂部分的动量在改变。

在时刻 t，链条下垂长度大小为 y，下落速度大小为 v，因此这部分链条的动量为

$$p = m_1 v = \lambda y v$$

随着链条下落，链条下垂部分的长度及速度均在增加。在 dt 时间里，下垂部分链条动量的增量为

$$dp = \lambda d(yv)$$

把它代入式（1）有

$$\lambda yg dt = \lambda d(yv)$$

也即

$$yg = \frac{\mathrm{d}(yv)}{\mathrm{d}t}$$

等式两边各乘以 $y\mathrm{d}y$，上式为

$$gy^2\mathrm{d}y = y\frac{\mathrm{d}y}{\mathrm{d}t}\mathrm{d}(yv) = yv\mathrm{d}(yv) \tag{2}$$

已知在开始时，链条尚未下落，其下落速度当然也为零，即$(yv)_{y=0}=0$。于是式（2）的积分为

$$g\int_0^y y^2\mathrm{d}y = \int_0^{yv} yv\mathrm{d}(yv)$$

得

$$\frac{1}{3}gy^3 = \frac{1}{2}(yv)^2$$

有

$$v = \left(\frac{2}{3}gy\right)^{\frac{1}{2}}$$

这就是链条下落速度与落下距离之间的关系。

2.2　动量守恒定律

从式（2-4c）可以看出，当系统所受合外力为零，即 $\boldsymbol{F}^{\mathrm{ex}}=0$ 时，系统的总动量的增量亦为零，即 $\boldsymbol{p}-\boldsymbol{p}_0=0$。这时系统的总动量保持不变，即

$$\boldsymbol{p} = \sum_{i=1}^{n} m_i\boldsymbol{v}_i = \text{恒矢量} \tag{2-5a}$$

这就是**动量守恒定律**，它的表述为：当系统所受合外力为零时，系统的总动量将保持不变。式（2-5a）是动量守恒定律的矢量式。在直角坐标系中，其分量式为

$$\begin{cases} p_x = \sum m_i v_{ix} = C_1 & (F_x^{\mathrm{ex}} = 0) \\ p_y = \sum m_i v_{iy} = C_2 & (F_y^{\mathrm{ex}} = 0) \\ p_z = \sum m_i v_{iz} = C_3 & (F_z^{\mathrm{ex}} = 0) \end{cases} \tag{2-5b}$$

式中，C_1、C_2 和 C_3 均为恒量。

在应用动量守恒定律时应该注意以下几点：

（1）在动量守恒定律中，系统的动量是守恒量或不变量。由于动量是矢量，故系统的总动量不变是指系统内各物体动量的矢量和不变，而不是指其中某个物体的动量不变。此外，各物体的动量还必须都应相对于同一惯性参考系。

（2）系统的动量守恒是有条件的，这个条件就是系统所受的合外力必须为零。然而，有时系统所受的合外力虽不为零，但与系统的内力相比较，外力远小于内力，这时可以略去外力对系统的作用，认为系统的动量是守恒的。像碰撞、打击、爆炸等这类问题，一般都可以这样来处理，这是因为参与碰撞的物体的相互作用时间很短，相互作用内力很大，而一般的外力（如空气阻力、摩擦力或重力）与内力比较，可忽略不计，所以在碰撞过程的前后，可认为参与碰撞的物体系统的总动量保持不变。

（3）如果系统所受外力的矢量和并不为零，但合外力在某个坐标轴上的分矢量为零，

此时，系统的总动量虽不守恒，但在该坐标轴的分动量则是守恒的，这点对处理某些问题是很有用的。

（4）动量守恒定律是物理学中最普遍、最基本的定律之一。动量守恒定律虽然是从表述宏观物体运动规律的牛顿运动定律导出的，但近代的科学实验和理论分析都表明：在自然界中，大到天体间的相互作用，小到质子、中子、电子等微观粒子间的相互作用都遵守动量守恒定律；而在原子、原子核等微观领域中，牛顿运动定律却是不适用的。因此，动量守恒定律比牛顿运动定律更加基本，它与能量守恒定律一样，是自然界中最普遍、最基本的定律之一。

最后还应指出，动量定理和动量守恒定律只在惯性系中才成立。因此运用它们来求解问题时，要选定一惯性系作为参考系。

例 2-3 设有一静止的原子核，衰变辐射出一个电子和一个中微子后成为一个新的原子核。已知电子和中微子的运动方向相互垂直，如图 2-4 所示。且电子的动量为 $1.2\times10^{-22}\text{kg}\cdot\text{m}\cdot\text{s}^{-1}$，中微子的动量为 $6.4\times10^{-23}\text{kg}\cdot\text{m}\cdot\text{s}^{-1}$。问新的原子核的动量的值和方向如何？

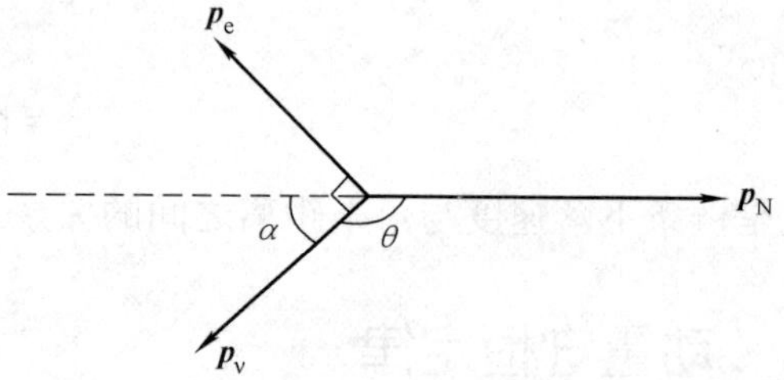

图 2-4 例 2-3 图

解：以 $\boldsymbol{p}_e$、$\boldsymbol{p}_\nu$ 和 $\boldsymbol{p}_N$ 分别表示电子、中微子和新原子核的动量，且 $\boldsymbol{p}_e$ 与 $\boldsymbol{p}_\nu$ 相互垂直，如图 2-4 所示。在原子核衰变的短暂时间内，粒子间的内力远大于外界作用于该粒子系统上的外力，故粒子系统在衰变前后的动量是守恒的。考虑到原子核在衰变前是静止的，所以衰变后电子、中微子和新原子核的动量之和也应为零，即

$$\boldsymbol{p}_e+\boldsymbol{p}_\nu+\boldsymbol{p}_N=0$$

由于 $\boldsymbol{p}_e$ 与 $\boldsymbol{p}_\nu$ 垂直，有

$$\boldsymbol{p}_N=(\boldsymbol{p}_e^2+\boldsymbol{p}_\nu^2)^{\frac{1}{2}}$$

代入已知数据，得

$$\boldsymbol{p}_N=\left[\left(1.2\times10^{-22}\right)^2+\left(6.4\times10^{-23}\right)^2\right]^{\frac{1}{2}}\text{kg}\cdot\text{m}\cdot\text{s}^{-1}=1.36\times10^{-22}\text{kg}\cdot\text{m}\cdot\text{s}^{-1}$$

如图 2-4 中的 α 角为

$$\alpha=\arctan\frac{p_e}{p_\nu}=\arctan\frac{1.2\times10^{-22}\text{kg}\cdot\text{m}\cdot\text{s}^{-1}}{6.4\times10^{-23}\text{kg}\cdot\text{m}\cdot\text{s}^{-1}}=61.9°$$

或者新原子核的动量 $\boldsymbol{p}_N$ 与中微子动量 $\boldsymbol{p}_\nu$ 之间的夹角为

$$\theta=180°-61.9°=118.1°$$

例 2-4 一枚返回式火箭以 $2.5\times10^3\text{m}\cdot\text{s}^{-1}$ 的速率相对地面沿水平方向飞行。设空气阻力不计。现由控制系统使火箭分离为两部分，前方部分是质量为 100kg 的仪器舱，后方部分是质量为 200kg 的火箭容器。若仪器舱相对火箭容器的水平速率为 $1.0\times10^3\text{m}\cdot\text{s}^{-1}$。求仪器舱和火箭容器相对地面的速度。

解：如图 2-5 所示，以地面为惯性系 S($Oxyz$)。设 $\boldsymbol{v}$ 为火箭分离前火箭相对惯性系 S 的速度，$\boldsymbol{v}_1$ 和 $\boldsymbol{v}_2$ 为火箭分离后，仪器舱和火箭容器相对惯性系 S 的速度，$\boldsymbol{v}'$ 为分离后仪器舱

相对火箭容器的速度。取火箭容器为惯性系 S′(O′x′y′z′)，S′系沿 xx′轴以速度$\boldsymbol{v}_2$相对 S 系运动。由相对运动的速度公式，有

$$\boldsymbol{v}_1 = \boldsymbol{v}_2 + \boldsymbol{v}'$$

由于$\boldsymbol{v}_1$、$\boldsymbol{v}_2$和$\boldsymbol{v}'$都在同一水平方向上，故上式为

$$v_1 = v_2 + v' \tag{1}$$

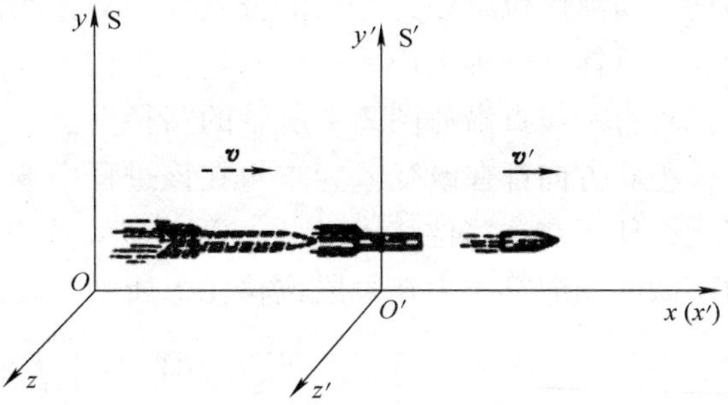

图 2-5　例 2-4 图

在火箭分离前后，它只受到铅直方向的重力作用，所以沿水平方向动量守恒，有

$$(m_1 + m_2)v = m_1 v_1 + m_2 v_2 \tag{2}$$

解上两式，得

$$v_2 = v - \frac{m_1}{m_1 + m_2} v'$$

代入数据，有

$$v_2 = \left(2.5 \times 10^3 - \frac{1}{3} \times 1.0 \times 10^3\right) \mathrm{m \cdot s^{-1}} = 2.17 \times 10^3 \mathrm{m \cdot s^{-1}}$$

代入式（1）有

$$v_1 = (2.17 \times 10^3 + 1.0 \times 10^3) \mathrm{m \cdot s^{-1}} = 3.17 \times 10^3 \mathrm{m \cdot s^{-1}}$$

v_1 和 v_2 都为正值，说明它们的速度方向相同，且与$\boldsymbol{v}$同向。只不过仪器舱经火箭推动后其速率变大，相反，火箭容器的速率却变慢了，从而实现了动量的转移。

2.3　动能定理

2.3.1　功

如有一质点在力 $\boldsymbol{F}$ 的作用下，沿图 2-6 所示的路径 AB 运动，设在时刻 t，质点位于点 A，经时间间隔 $\mathrm{d}t$，质点的位移为 $\mathrm{d}\boldsymbol{r}$。力 $\boldsymbol{F}$ 与质点位移之间的夹角为 θ。在物理学中，功的定义是：力对质点所做的功为力在质点位移方向的分量与位移大小的乘积，按此定义，该力所做的元功为

$$\mathrm{d}W = F\cos\theta \mathrm{d}r \tag{2-6a}$$

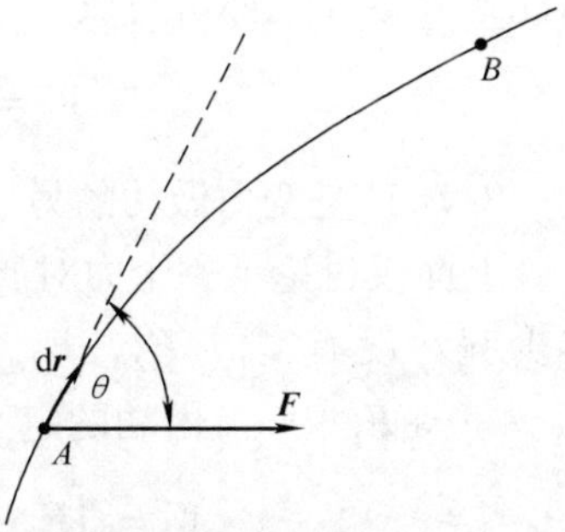

图 2-6　功的定义

从式（2-6a）可以看出，当 $90° > \theta \geqslant 0°$时，功为正值，即力对质点做正功；当$90° < \theta \leqslant 180°$时，功为负值，即力对质点做了负功。由于力 $\boldsymbol{F}$ 与位移 $\mathrm{d}\boldsymbol{r}$ 均为矢量，从矢量的标积定义知，式（2-6a）等号右边为 $\boldsymbol{F}$ 与 $\mathrm{d}\boldsymbol{r}$ 的标积，即

$$\mathrm{d}W = \boldsymbol{F} \cdot \mathrm{d}\boldsymbol{r} \tag{2-6b}$$

式（2-6b）表明，虽然力和位移都是矢量，但它们的标积——功是标量。

如果把式（2-6a）写成 $\mathrm{d}W = F(\mathrm{d}r\cos\theta)$，那么功的定义也可以说成是：力对质点所做

的功为质点的位移在力方向的分量和力的大小的乘积。这个叙述显然与前述功的定义是等效的。在具体问题中采用哪一种叙述，视情况而定。

若有一质点沿如图 2-7 所示的路径由点 A 运动到点 B，而在该过程中作用于质点上的力的大小和方向都在改变。为求得在该过程中变力所做的功，我们把路径分成很多段的多个位移元，使得在这些位移元里，力可近似看成是不变的。于是，质点从点 A 移到点 B 时，变力所做的功应等于力在每段位移元上所做元功的代数和，即

$$W = \int \mathrm{d}W = \int_A^B \boldsymbol{F} \cdot \mathrm{d}\boldsymbol{r} = \int_A^B F\cos\theta \mathrm{d}r \tag{2-7a}$$

式（2-7a）是变力做功的表达式。

功常用图示法来计算。如图 2-8 所示，图中的曲线表示 $F\cos\theta$ 随路径变化的函数关系。曲线下面的面积等于变力所做功的数值。

在直角坐标系中，$\boldsymbol{F}$ 和 $\mathrm{d}\boldsymbol{r}$ 都是坐标 x、y、z 的函数，即

$$\boldsymbol{F} = F_x\boldsymbol{i} + F_y\boldsymbol{j} + F_z\boldsymbol{k}$$

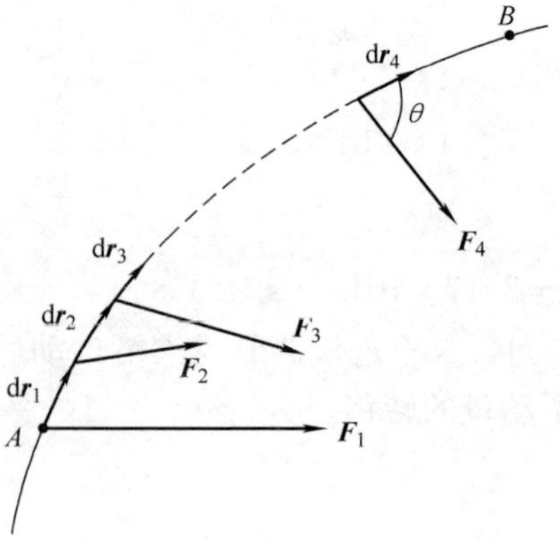

图 2-7　变力的功

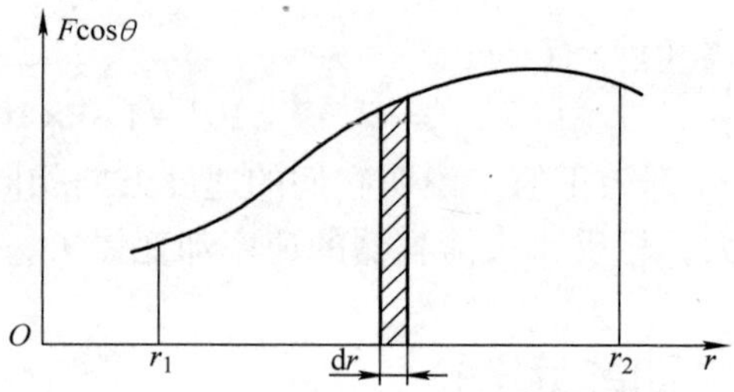

图 2-8　变力做功

和
$$\mathrm{d}\boldsymbol{r} = \mathrm{d}x\boldsymbol{i} + \mathrm{d}y\boldsymbol{j} + \mathrm{d}z\boldsymbol{k}$$

因此式（2-7a）亦可写成

$$W = \int_A^B \boldsymbol{F} \cdot \mathrm{d}\boldsymbol{r} = \int_A^B (F_x\mathrm{d}x + F_y\mathrm{d}y + F_z\mathrm{d}z) \tag{2-7b}$$

式（2-7b）是变力做功的另一数学表达式，它与式（2-7a）是等同的。

上面仅讨论了一个力对质点所做的功。若有几个力同时作用在质点上，它们所做的功是多少呢？设有 $\boldsymbol{F}_1$，$\boldsymbol{F}_2$，$\boldsymbol{F}_3$，…，$\boldsymbol{F}_i$，…作用在质点上，它们的合力为 $\boldsymbol{F} = \boldsymbol{F}_1 + \boldsymbol{F}_2 + \boldsymbol{F}_3 + \cdots + \boldsymbol{F}_i + \cdots$。由功的定义式（2-7a）知，此合力所做的功为

$$W = \int \boldsymbol{F} \cdot \mathrm{d}\boldsymbol{r} = \int (\boldsymbol{F}_1 + \boldsymbol{F}_2 + \boldsymbol{F}_3 + \cdots + \boldsymbol{F}_i + \cdots) \cdot \mathrm{d}\boldsymbol{r}$$

由矢量标积的分配率，上式为

$$W = \int \boldsymbol{F}_1 \cdot \mathrm{d}\boldsymbol{r} + \int \boldsymbol{F}_2 \cdot \mathrm{d}\boldsymbol{r} + \int \boldsymbol{F}_3 \cdot \mathrm{d}\boldsymbol{r} + \cdots + \int \boldsymbol{F}_i \cdot \mathrm{d}\boldsymbol{r} + \cdots$$

即
$$W = W_1 + W_2 + W_3 + \cdots + W_i + \cdots \tag{2-8}$$

式（2-8）表明，合力对质点所做的功，等于每个分力所做的功的代数和。显然，上述结果

是依据力的叠加原理得出的。

在国际单位制中，力的单位是 N，位移的单位是 m，所以功的单位是 N·m，我们把这个单位叫作焦耳（Joule），简称焦，符号是 J。

在生产实践中，要知道功对时间的变化率。我们定义，功随时间的变化率叫作**功率**，用 P 表示，则有

$$P = \frac{\mathrm{d}W}{\mathrm{d}t}$$

利用式（2-6a），可得

$$P = \frac{\mathrm{d}W}{\mathrm{d}t} = F\cos\theta\,\frac{\mathrm{d}r}{\mathrm{d}t}$$

即
$$P = Fv\cos\theta \tag{2-9}$$

这就是说，功率等于力在物体运动方向上的分量与物体速率的乘积。由式（2-9）可以看出，当发动机的功率一定时，若要加大牵引力，就得降低速率；反之，若要获得较大的速率，牵引力就得减少。若 W 为给定时间 t 内所做的功，那么，在此时间内的平均功率 $\overline{P}$ 为

$$\overline{P} = \frac{W}{t}$$

在国际单位制中，功率的单位名称为瓦特（Watt），简称瓦，符号为 W。$1\mathrm{kW} = 10^3\mathrm{W}$。

例 2-5　一质量为 m 的小球竖直落入水中，刚接触水面时其速率为 v_0。设此球在水中所受的浮力与重力相等，水的阻力为 $F_r = -bv$，b 为一常量。求阻力对球做的功与时间的函数关系。

解：由于阻力随球的速率而变化，故阻力做功是属变力做功问题。取水面上某点为坐标原点 O，竖直向下的轴为 Ox 轴正向。由功的定义可知，水的阻力做功为

$$W = \int \boldsymbol{F}\cdot\mathrm{d}\boldsymbol{r} = \int -bv\mathrm{d}x = -\int bv\frac{\mathrm{d}x}{\mathrm{d}t}\mathrm{d}t$$

即
$$W = -b\int v^2\mathrm{d}t \tag{1}$$

又由仅在阻力作用下，物体下落速度与时间的关系为

$$v = v_0\mathrm{e}^{-\frac{b}{m}t} \tag{2}$$

式中，m 是下落物体的质量，在这里就是球的质量。将式（2）代入式（1），有

$$W = -bv_0^2\int \mathrm{e}^{-\frac{2b}{m}t}\mathrm{d}t$$

如设小球刚落入水面时为计时起点，即 $t_0 = 0$，那么上式的积分为

$$W = -bv_0^2\int_0^t \mathrm{e}^{-\frac{2b}{m}t}\mathrm{d}t = -bv_0^2\left(-\frac{m}{2b}\right)\left(\mathrm{e}^{-\frac{2b}{m}t} - 1\right)$$

即
$$W = \frac{1}{2}mv_0^2\left(\mathrm{e}^{-\frac{2b}{m}t} - 1\right)$$

2.3.2　质点的动能定理

前面我们从力对空间累积作用出发，讨论了力对物体做功的定义及其数学表述。而力对物体做功，则要使物体的运动状态发生变化。它们之间的关系如何呢？

如图2-9所示，一质量为 m 的质点在合外力 $\boldsymbol{F}$ 作用下，自点 A 沿曲线移动到点 B，它在点 A 和点 B 的速率分别为 v_1 和 v_2。设作用在位移元 $\mathrm{d}\boldsymbol{r}$ 上的合外力 $\boldsymbol{F}$ 与 $\mathrm{d}\boldsymbol{r}$ 之间的夹角为 θ。由式（2-6）可得，合外力 $\boldsymbol{F}$ 对质点所做的元功为

$$\mathrm{d}W = \boldsymbol{F}\cdot\mathrm{d}\boldsymbol{r} = F\cos\theta\mathrm{d}r$$

由牛顿第二定律及切向加速度 a_{t} 的定义，有

$$F\cos\theta = ma_{\mathrm{t}} = m\frac{\mathrm{d}v}{\mathrm{d}t}$$

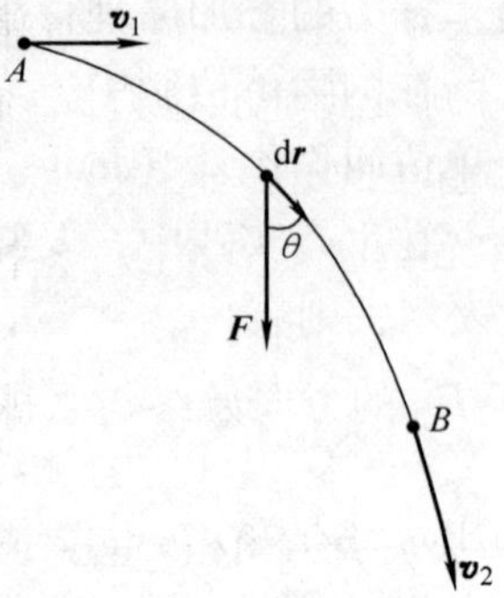

图2-9 动能定理

故可得

$$\mathrm{d}W = m\frac{\mathrm{d}v}{\mathrm{d}t}\mathrm{d}r = mv\mathrm{d}v$$

于是，质点自点 A 移到点 B 这一过程中，合外力所做的总功为

$$W = \int_{v_1}^{v_2} mv\mathrm{d}v$$

积分有

$$W = \frac{1}{2}mv_2^2 - \frac{1}{2}mv_1^2 \tag{2-10a}$$

式（2-10a）表明，合外力对质点做功的结果，使得 $\frac{1}{2}mv^2$ 这个量获得了增量，而 $\frac{1}{2}mv^2$ 是与质点的运动状态有关的参量，我们把 $\frac{1}{2}mv^2$ 叫作质点的**动能**，用 E_{k} 表示，即

$$E_{\mathrm{k}} = \frac{1}{2}mv^2$$

这样，$E_{\mathrm{k1}} = \frac{1}{2}mv_1^2$ 和 $E_{\mathrm{k2}} = \frac{1}{2}mv_2^2$ 分别表示质点在起始和终了位置时的动能。式（2-10a）可写成

$$W = E_{\mathrm{k2}} - E_{\mathrm{k1}} \tag{2-10b}$$

式（2-10b）表明，合外力对质点所做的功，等于质点动能的增量，这个结论就叫作质点的**动能定理**。E_{k1} 称为初动能，而 E_{k2} 称为末动能。

关于质点的动能定理还应说明以下两点。

（1）功与动能之间的联系和区别。只有合外力对质点做功，才能使质点的动能发生变化。功是能量变化的量度，功是与在外力作用下质点的位置移动过程相联系的，故功是一个过程量；而动能则是决定于质点的运动状态的，即动能是运动状态的函数。另外动能的单位和量纲与功的单位和量纲相同。

（2）与牛顿第二定律一样，动能定理也适用于惯性系。此外，在不同的惯性系中，质点的位移和速度是不同的，因此，功和动能依赖于惯性系的选取。

例2-6 如图2-10所示，一质量为1.0kg的小球系在长为1.0m的细绳下端，绳的上端固定在天花板上。起初把绳子放在与竖直线成30°角处，然后放手使小球沿圆弧下落。试求绳与竖直线成10°角时，小球的速率。

解：设小球的质量为 m，细绳长为 l，在起始时刻细绳与竖直线的夹角为 θ_0，小球的速

率 $v_0=0$。在某一时刻细绳与竖直线的夹角为 θ，小球的速率为 v，小球受到绳的拉力 $\boldsymbol{F}_{\mathrm{T}}$ 和重力 $\boldsymbol{P}$ 的作用。

由功的计算式（2-6）可知，在合外力作用下，小球在圆弧上有无限小位移 $\mathrm{d}\boldsymbol{s}$ 时，合外力 $\boldsymbol{F}$ 所做的功为

$$\mathrm{d}W=\boldsymbol{F}\cdot\mathrm{d}\boldsymbol{s}=\boldsymbol{F}_{\mathrm{T}}\cdot\mathrm{d}\boldsymbol{s}+\boldsymbol{P}\cdot\mathrm{d}\boldsymbol{s} \tag{1}$$

由于 $\boldsymbol{F}_{\mathrm{T}}$ 的方向始终与小球运动方向垂直，故 $\boldsymbol{F}_{\mathrm{T}}\cdot\mathrm{d}\boldsymbol{s}=0$，而

$$\boldsymbol{P}\cdot\mathrm{d}\boldsymbol{s}=P\cos\varphi\mathrm{d}s$$

其中 φ 为 $\boldsymbol{P}$ 与 $\mathrm{d}\boldsymbol{s}$ 之间的夹角，由于 $\varphi+\theta=\pi/2$，故

$$\boldsymbol{P}\cdot\mathrm{d}\boldsymbol{s}=P\sin\theta\mathrm{d}s$$

从图 2-10 可知，位移 $\mathrm{d}\boldsymbol{s}$ 的大小 $\mathrm{d}s=-l\mathrm{d}\theta$。于是式（1）可写成

$$\mathrm{d}W=\boldsymbol{P}\cdot\mathrm{d}\boldsymbol{s}=-mgl\sin\theta\mathrm{d}\theta$$

在摆角由 θ_0 改变为 θ 的过程中，合外力所做的功为

$$W=-mgl\int_{\theta_0}^{\theta}\sin\theta\mathrm{d}\theta=mgl(\cos\theta-\cos\theta_0) \tag{2}$$

由动能定理式（2-10），可得

$$W=mgl(\cos\theta-\cos\theta_0)=\frac{1}{2}mv^2-\frac{1}{2}mv_0^2$$

由题意知，$v_0=0$，故绳与竖直线成 θ 角时，小球的速率为

$$v=\sqrt{2gl(\cos\theta-\cos\theta_0)}$$

把已知数据 $l=1.0\mathrm{m}$、$\theta_0=30°$、$\theta=10°$ 代入上式，得

$$v=\sqrt{2\times9.8\times1.0\times(\cos10°-\cos30°)}\mathrm{m}\cdot\mathrm{s}^{-1}=1.53\mathrm{m}\cdot\mathrm{s}^{-1}$$

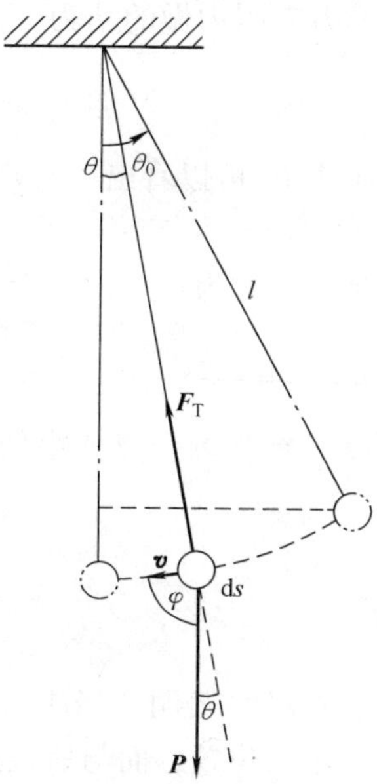

图 2-10　例 2-6 图

2.4　保守力与非保守力　势能

上一节我们介绍了作为机械运动能量之一的动能。本节将介绍另一种机械能——势能，为此，我们将从万有引力、重力、弹性力以及摩擦力等力的做功特点出发，引出保守力和非保守力概念，然后介绍引力势能、重力势能和弹性势能。

2.4.1　万有引力、重力、弹性力做功的特点

1. 万有引力的功

如图 2-11 所示，有两个质量为 m 和 m' 的质点，其中质点 m' 固定不动，m 经任一路径由点 A 运动到点 B。如取 m' 的位置为坐标原点，那么 A、B 两点对 m' 的距离分别为 r_A 和 r_B。设在某一时刻质点 m 距质点 m' 的距离为 r，其位矢为 $\boldsymbol{r}$。这时质点 m 受到质点 m' 的万有引力为

$$\boldsymbol{F}=-G\frac{m'm}{r^2}\boldsymbol{e}_{\mathrm{r}}$$

$\boldsymbol{e}_{\mathrm{r}}$ 为沿位矢 $\boldsymbol{r}$ 的单位矢量。当 m 沿路径移动位移元 $\mathrm{d}\boldsymbol{r}$

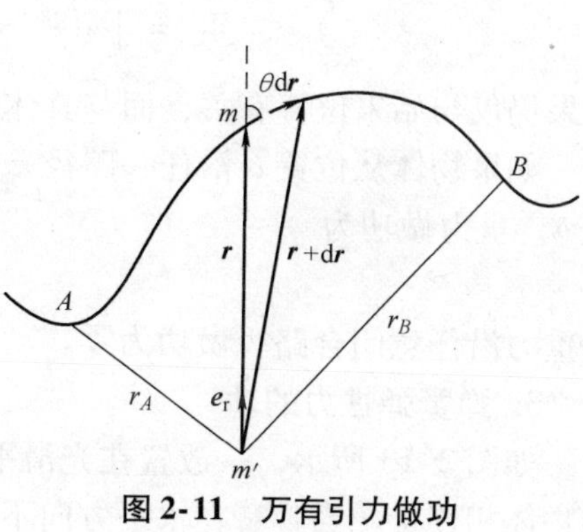

图 2-11　万有引力做功

时，万有引力做的功为

$$dW = \boldsymbol{F} \cdot d\boldsymbol{r} = -G\frac{m'm}{r^2}\boldsymbol{e}_r \cdot d\boldsymbol{r}$$

从图 2-11 可以看出

$$\boldsymbol{e}_r \cdot d\boldsymbol{r} = |\boldsymbol{e}_r||d\boldsymbol{r}|\cos\theta = |d\boldsymbol{r}|\cos\theta = dr$$

于是，上式为

$$dW = -G\frac{m'm}{r^2}dr$$

所以，质点 m 从点 A 沿任一路径到达点 B 的过程中，万有引力做的功为

$$W = \int_A^B dW = -Gm'm\int_{r_A}^{r_B}\frac{1}{r^2}dr$$

即

$$W = Gm'm\left(\frac{1}{r_B} - \frac{1}{r_A}\right) \tag{2-11}$$

式（2-11）表明，当质点的质量 m' 和 m 均给定时，万有引力做的功只取决于质点 m 的起始和终了的位置，而与所经过的路径无关，这是万有引力做功的一个重要特点。

如果质点 m 从 A 点沿任一路径到达 B 点，再从 B 点沿任一路径到达 A 点，有引力做功为

$$W_{总} = W + W' = 0$$

即引力沿任意闭合路径做功为零。

2. 重力的功

如图 2-12 所示，质量为 m 的物体从位置 a 沿任一路径 abc 运动到位置 b，在此过程中，重力的大小 mg 及重力方向保持不变，但物体运动路径为曲线，重力与物体运动方向之间的夹角 θ 不断改变。在路径上取位移元 $d\boldsymbol{r}$，重力的元功为

$$dW = m\boldsymbol{g} \cdot d\boldsymbol{r} = mg\cos\theta dr = -mgdh$$

设 a 点离地面的高度为 h_a，b 点离地面的高度为 h_b，从 a 到 b 重力做功为

$$W = \int_a^b dW = \int_{h_a}^{h_b}(-mg)dh = mgh_a - mgh_b \tag{2-12}$$

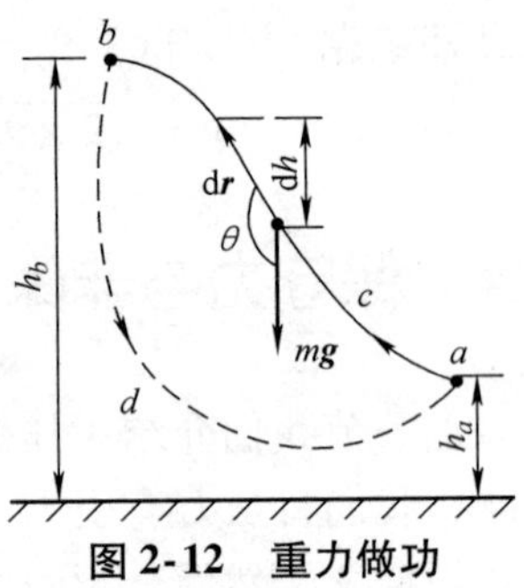

图 2-12　重力做功

由结果可以看出，重力做功也仅与物体的始末位置有关，而与具体的路径无关。如果物体从位置 b 沿任一路径 bda 运动到位置 a，重力做功为

$$W' = \int_b^a dW' = \int_{h_b}^{h_a}(-mg)dh = mgh_b - mgh_a$$

结果仍仅与始末位置有关，而与具体是经过怎样的路径无关。

如果物体从位置 a 沿任一路径 acb 运动到位置 b，再从位置 b 沿任一路径 bda 运动到位置 a，重力做功为

$$W_{总} = W + W' = 0$$

即重力沿任意闭合路径做功为零。

3. 弹簧弹性力的功

如图 2-13 所示，一放置在光滑平面上的弹簧，弹簧的一端固定，另一端与一质量为 m 的物体相连接。当弹簧在水平方向不受外力作用时，它将不发生形变，此时物体位于点 O，

这个位置称为平衡位置。现以平衡位置 O 为坐标原点，向右为 Ox 轴正向。

若物体受到沿 Ox 轴正向的外力 $\boldsymbol{F}'$ 的作用，弹簧将沿 Ox 轴正向被拉长，弹簧的伸长量即位移大小为 x。根据胡克定律，在弹性限度内，弹簧的弹性力 $\boldsymbol{F}$ 与弹簧的伸长量 x 之间的关系为

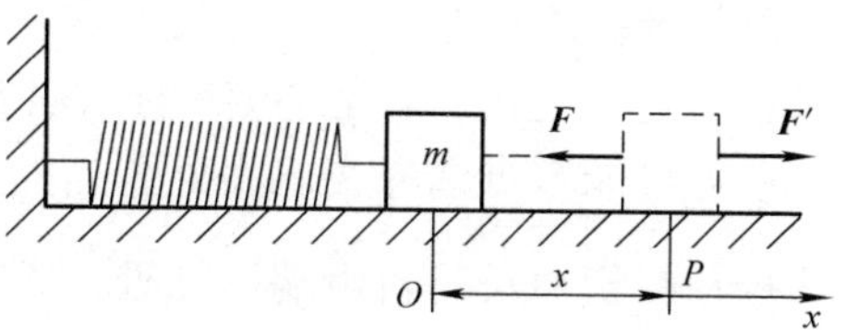

图 2-13　弹性力做功

$$\boldsymbol{F} = -kx\boldsymbol{i}$$

式中，k 为弹簧的劲度系数。在弹簧被拉长的过程中，弹性力是变力，但弹簧位移为 $\mathrm{d}\boldsymbol{x}$ 时的弹性力 F 可近似看成是不变的。于是，弹簧位移为 $\mathrm{d}\boldsymbol{x}$ 时，弹性力做的元功为

$$\mathrm{d}W = \boldsymbol{F}\cdot\mathrm{d}\boldsymbol{x} = -kx\boldsymbol{i}\cdot\mathrm{d}x\boldsymbol{i} = -kx\mathrm{d}x\boldsymbol{i}\cdot\boldsymbol{i}$$

有

$$\mathrm{d}W = -kx\mathrm{d}x$$

这样得出弹簧由 x_2 伸长至 x_1 过程中，弹性力做功就等于各个元功之和，为

$$W = \int_{x_2}^{x_1}\mathrm{d}W = \int_{x_2}^{x_1}(-kx)\,\mathrm{d}x = \frac{1}{2}kx_2^2 - \frac{1}{2}kx_1^2 \tag{2-13}$$

分析结果可以看出，弹性力做功只与始末位置有关，而与物体具体经过怎样的路径无关。

下面再研究使弹簧由 x_1 经过任一路径伸长至 x_2 过程中弹力的功。取位移元 $\mathrm{d}\boldsymbol{x}$，因力与 $\mathrm{d}\boldsymbol{x}$ 方向相反，则位移元上弹力的元功仍可写为 $\mathrm{d}W' = -kx\mathrm{d}x$，弹性力做功为

$$W' = \int_{x_1}^{x_2}\mathrm{d}W' = \int_{x_1}^{x_2}(-kx)\,\mathrm{d}x = \frac{1}{2}kx_1^2 - \frac{1}{2}kx_2^2$$

可见，功仍只与物体运动的始末位置有关，而与路径无关。

如果使弹簧由 x_2 沿任意路径至 x_1，然后再由 x_1 经任一路径返回至 x_2，即经过一个闭合路径，则弹性力做功为

$$W_{总} = W + W' = 0$$

可见，沿闭合路径弹性力做功为零。

总结以上，万有引力、弹性力、重力做功的特点为：仅与物体的始末位置有关，而与路径无关，沿闭合路径做功为零。做功具有这样特点的力称为**保守力**。除了万有引力、重力和弹簧的弹力之外，以后要接触的静电场力也属于保守力。做功不具有上述特点的力称为**非保守力**。摩擦力做功与路径有关，不具有保守力做功的特点，因而摩擦力是非保守力。

2.4.2　势能

进一步研究万有引力做功、重力做功和弹性力做功的结果，我们发现，它们都是一个与位置相关的函数在始末位置取值的差值。功是能量变化的量度，因此定义这两个与位置相关的函数为势能，用 E_p 表示。万有引力势能的表达式为 $-G\dfrac{m'm}{r}$，重力势能的表达式为 mgh，弹性势能的表达式为 $\dfrac{1}{2}kx^2$。

对于势能的理解需要注意以下几个方面：

（1）势能是相对量。重力势能 mgh 中的 h 与高度零点定在哪里有关，弹性势能 $\dfrac{1}{2}kx^2$ 中

的 x 值与坐标原点选在哪里有关，零点选择不同，则势能具有不同的值。因而在以后应用势能时，一定要先指明势能零点选择在何处，否则说某一物体的势能值是没有意义的。一般地，重力势能零点选择在地面处，当然也可以根据具体情况选择其他位置；但弹性势能零点要选择在弹簧原长时自由端所在处，否则弹性势能的表达式不再是 $\frac{1}{2}kx^2$。

（2）势能差值是绝对的。虽然选择不同的势能零点，系统中某处对应的势能值不同，但两点间的势能差值是绝对的，不随势能零点选择的不同而变化。

（3）保守力做功等于势能增量的负值。观察前面得出的万有引力做功、弹力做功和重力做功的结果，可以看出，由 a 到 b 过程中，保守力做的功等于 a 点对应的势能减 b 点对应势能，即等于势能增量的负值，数学表达式为

$$W_{ab} = -(E_{\mathrm{pb}} - E_{\mathrm{pa}}) = -\Delta E_{\mathrm{p}}$$

（4）势能属于相互作用的系统。例如，物体之所以具有重力势能，是因为地球对物体有重力作用；物体之所以具有弹性势能，是因为物体受到弹簧的作用。可见势能的存在依赖于物体间的相互作用，势能并不属于某个物体，而是属于相互作用的系统。

2.5　功能原理　机械能守恒定律

2.5.1　质点系功能原理

在2.3节中，学习了质点系动能定理 $W_{外} + W_{内} = \Delta E_{\mathrm{k}}$。由于质点系的内力可以分为保守内力和非保守内力，则上式可以改写为

$$W_{外} + W_{保内} + W_{非保内} = \Delta E_{\mathrm{k}}$$

由前面分析可知，保守力做功等于势能增量的负值，即 $W_{保内} = -\Delta E_{\mathrm{p}}$，代入上式，有

$$W_{外} + W_{非保内} - \Delta E_{\mathrm{p}} = \Delta E_{\mathrm{k}}$$

考虑动能、势能之和为机械能，动能增量与势能增量之和为机械能增量，则上式可改写为

$$W_{外} + W_{非保内} = \Delta E_{\mathrm{k}} + \Delta E_{\mathrm{p}} = \Delta E \tag{2-14}$$

式（2-14）表明，外力与非保守内力对系统所做功之和，等于系统机械能的增量，这称为**系统功能原理**。

质点系动能定理与功能原理在本质上是相同的，都是研究力做功与能量变化之间的关系；但两者之间又存在着区别，动能定理考虑动能的变化，而功能原理考虑机械能的变化；动能定理考虑所有力做的功，而功能原理不考虑保守内力做的功。产生这样区别的原因，是从不同的角度考虑保守内力的作用，动能定理考虑力所做的功，而功能原理考虑保守内力做功所对应的势能。

2.5.2　机械能守恒定律

在式（2-14）中，如果 $W_{外} + W_{非保内} = 0$，则有

$$\Delta E = 0 \text{ 或 } E = E_0 = 常量 \tag{2-15}$$

式（2-15）表明，如果系统所受合外力及非保守内力做功之和为零，或者，只有保守内力做功，则系统内各质点的动能和势能可以相互转换，但总机械能保持不变。这称为**机械能守**

恒定律。

结果与应用动能定理求解结果相同。应用功能原理和机械能守恒定律求解问题的步骤基本相同，大致如下：

（1）选择系统，受力分析，判断题目所符合的规律。功能原理可以用来求解任何问题，但机械能守恒定律有严格的适用条件，即外力和非保守内力做功为零，或者只有保守内力做功。注意，有的题目应用两个规律求解都可以，这时要指明所使用的是哪个规律。

（2）选择零势能点，并写出初态和末态对应的机械能。

（3）根据规律，写出对应的关系式。如果应用功能原理，等式左侧为外力和非保守内力做功之和，等式右侧为末态机械能减去初态机械能；如果应用机械能守恒定律，等式的左侧为末态机械能，等式的右侧为初态机械能。

（4）解方程，代入数据，写出结果。

系统机械能守恒的条件是外力和非保守内力做功为零。如果外力和非保守内力做功不为零时，则系统的机械能将发生变化。这说明，自然界中除了机械能之外，还存在着其他形式的能量。热能、电能、化学能、核能等都是能量存在的形式。各种形式能量之间是可以相互转换的，如水力发电是机械能向电能的转换，燃烧煤炭发电是化学能向电能的转换，蒸汽机实现的是热能向机械能的转换，电动机实现的则是电能向机械能的转换等。实验表明，对于一个孤立系统，各种形式能量之间可以相互转换，但在转换的过程中，各种形式能量的总和始终保持不变，这称为**能量转换和守恒定律**。能量转换和守恒定律是自然界中又一个最普遍的规律。

习　题

2-1　如图2-14所示，用力 $\boldsymbol{F}$ 推水平地面上一质量为 m 的木箱。设力 $\boldsymbol{F}$ 与水平面的夹角为 θ，木箱与地面间的滑动摩擦系数和静摩擦系数分别为 μ_k 和 μ_s。

（1）要推动木箱，$\boldsymbol{F}$ 至少应多大？此后维持木箱匀速前进，$\boldsymbol{F}$ 应需多大？

（2）证明当 θ 角大于某一值时，无论用多大的力 $\boldsymbol{F}$ 也不能推动木箱。此 θ 角是多大？

2-2　设质量 $m=0.50\text{kg}$ 的小球挂在倾角为30°的光滑斜面上（见图2-15）。

（1）当斜面以加速度 $\alpha=2.0\text{m}\cdot\text{s}^{-2}$ 沿如图所示的方向运动时，绳中的张力及小球对斜面的正压力各是多大？

（2）当斜面的加速度至少为多大时，小球将脱离斜面？

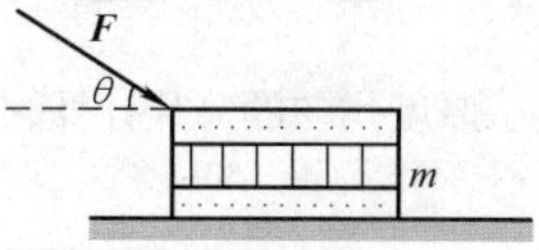

图2-14　习题2-1图

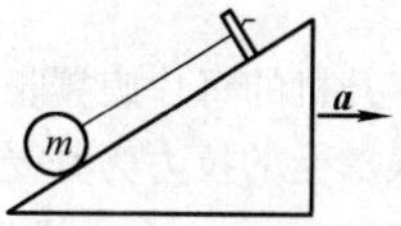

图2-15　习题2-2图

2-3　一架质量为5000kg的直升机吊起一辆1500kg的汽车以 $0.60\text{m}\cdot\text{s}^{-2}$ 的加速度向上升起。

（1）空气作用在螺旋桨上的上举力多大？

（2）吊汽车的缆绳中张力多大？

2-4　在一水平的直路上，一辆车速 $v=90\text{km}\cdot\text{h}^{-1}$ 的汽车的刹车距离 $s=35\text{m}$。如果路面相同，只是有1∶10的下降斜度，这辆汽车的刹车距离将变为多少？

2-5　桌上有一质量 $m=1.50\text{kg}$ 的板，板上放一质量 $m'=2.45\text{kg}$ 的另一物体。设物体与板、板与桌面之间的摩擦系数均为 $\mu=0.25$。要将板从物体下面抽出，至少需要多大的水平力？

2-6　如图 2-16 所示，在一质量为 m 的小车上放一质量为 m_1 的物块，它用细绳通过固定在小车上的滑轮与质量为 m_2 的物块相连，物块 m_2 靠在小车的前壁上而使悬线竖直。忽略所有摩擦。

（1）当用水平力 $\boldsymbol{F}$ 推小车使之沿水平桌面加速前进时，小车的加速度多大？

（2）如果要保持 m_2 的高度不变，力 $\boldsymbol{F}$ 应多大？

2-7　如图 2-17 所示，质量 $m=1200\text{kg}$ 的汽车，在一弯道上行驶，速率 $v=25\text{m/s}$。弯道的水平半径 $R=400\text{m}$，路面外高内低，倾角 $\theta=6°$。

（1）求作用于汽车上的水平法向力与摩擦力；

（2）如果汽车轮与轨道之间的静摩擦系数 $\mu_s=0.9$，要保证汽车无侧向滑动，汽车在此弯道上行驶的最大允许速率应是多大？

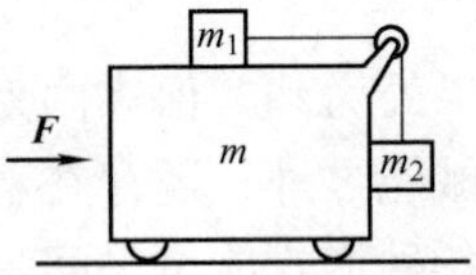

图 2-16　习题 2-6 图

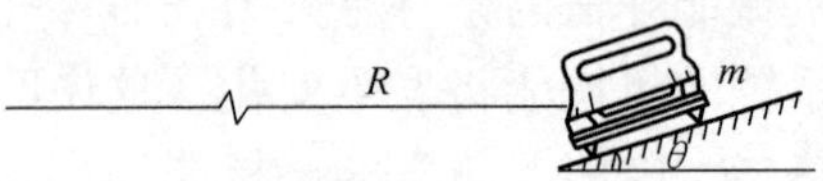

图 2-17　习题 2-7 图

2-8　光滑的水平桌面上放置一固定的圆环带，半径为 R。一物体贴着环带内侧运动（见图 2-18），物体与环带间的滑动摩擦系数为 μ_k，设物体在某一时刻经 A 点时速率为 $\boldsymbol{v}_0$，求此后 t 时刻物体的速率以及从 A 点开始所经过的路程。

2-9　一台超级离心机的转速为 $5\times104\text{r}\cdot\text{min}^{-1}$，试管口离转轴 2.00cm，试管底离转轴 10.0cm（见图 2-19）。

（1）求管口和管底的向心加速度各是 g 的几倍？

（2）如果试管装满 12.0g 的液体样品，管底所承受的压力多大？相当于几吨物体所受重力？

（3）在管底一个质量为质子质量 105 倍的大分子受的惯性离心力多大？

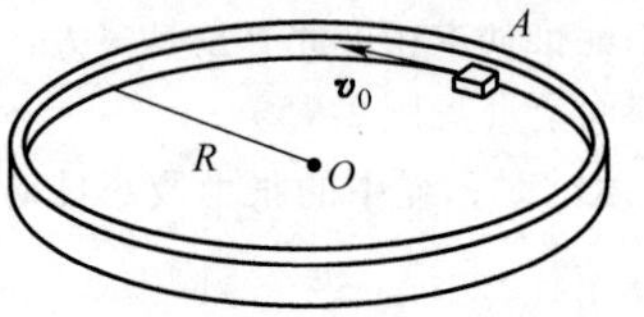

图 2-18　习题 2-8 图

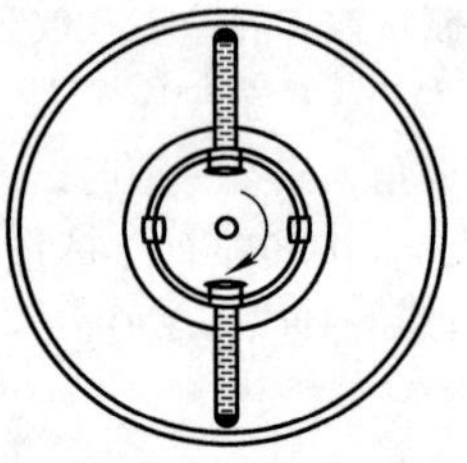

图 2-19　习题 2-9 图

2-10　直九型直升机的每片旋翼长 5.97m。若按宽度一定、厚度均匀的薄片计算，旋翼以 $400\text{r}\cdot\text{min}^{-1}$ 的转速旋转时，其根部受的拉力为其受重力的几倍？

2-11　如图 2-20 所示，一个质量为 m_1 的物体拴在长为 L_1 的轻绳上，绳的另一端固定在一个水平光滑桌面的钉子上。另一物体质量为 m_2，用长为 L_2 的绳与 m_1 连接。二者均在桌面上做匀速圆周运动，假设 m_1、m_2 的角速度为 ω，求各段绳子上的张力。

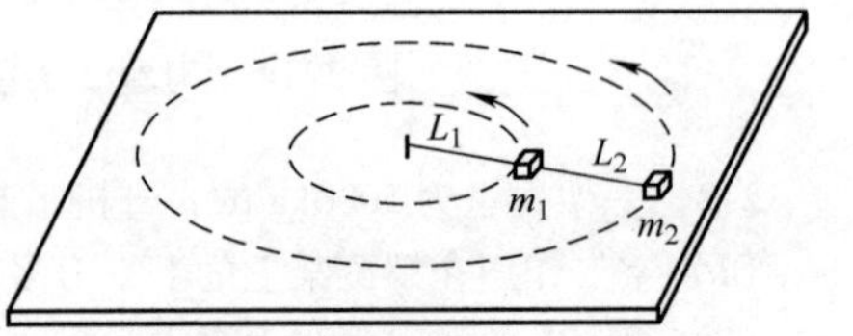

图 2-20　习题 2-11 图

2-12　在刹车时卡车有一恒定的加速度 $\alpha=-7.0\text{m}\cdot\text{s}^{-2}$。刹车一开始，原来停在上面的一个箱子就开始滑动，它在卡车车厢上滑动了 $l=2\text{m}$ 后撞上了车厢的前帮。

问此箱子撞上前帮时相对卡车的速率为多大？设箱子与车厢底板之间的滑动摩擦系数 $\mu_k=0.50$。请试用车厢参考系列式求解。

2-13　一种围绕地球运行的空间站设计成一个环状密封圆筒（像一个充气的自行车胎），环中心的半径是 1.8km。如果想在环内产生大小等于 g 的人造重力加速度，则环应绕它的轴以多大的角速度旋转？该人造重力方向如何？

2-14　用例 2-5 的阻力公式及牛顿第二定律可写出物体在流体中下落时的运动微分方程为

$$m\frac{\mathrm{d}v}{\mathrm{d}t}=mg-kv$$

（1）用直接代入法证明此式的解为 $v=\frac{mg}{k}(1-\mathrm{e}^{-(k/m)t})$；

（2）$t\to\infty$ 时的速率就是终极速率，试求此终极速率。

第 3 章 刚体的定轴转动

刚体是固体物件的理想化模型。本章主要研究刚体定轴转动的描述、力矩对刚体的作用效果等问题。力矩对刚体的作用效果可以分为两个方面：一是力矩的瞬时作用效果。刚体定轴转动定律反映了这方面的规律；二是力矩的持续作用效果。刚体的转动动能定理和角动量定理分别从两个角度反映了这方面的规律。

本章的学习方法是：把刚体知识与质点力学相关知识进行类比。通过类比来理解刚体知识，并通过类比来寻求解决刚体转动问题的方法。

3.1 刚体定轴转动的描述

在第 1 章中，采用位移、速度、加速度等线量描述质点的运动状态。那么，将采用哪些量来描述刚体的运动状态？如何描述刚体的运动状态呢？这就是本节我们主要研究的内容。

3.1.1 刚体

通过前面的学习，我们知道，如果研究物体运动时，可以忽略物体的大小和形状，则可把物体视为质点。但是，在许多实际问题中，物体的大小和形状往往不能忽略。例如，行进中的车轮，轮上各点的运动情况不尽相同，离轴越远的点运动速率越大，这时不能忽略车轮的大小和形状，不能再把车轮视为质点；再比如，许多物体在外力的作用下会发生形变，而且有的物体形变明显（如海绵），其上各点的运动情况相差也很大，这时也不能把物体视为质点。显然，只有质点这个物理模型是不够的，有时需要考虑物体的大小和形状。

但是，考虑物体大小和形状时，物体的运动往往是比较复杂的。本书仅考虑其中较为简单的情况，即物体在力作用下所产生的形变很小，对所研究的问题没有影响，这时，可以只考虑物体的大小和形状，而忽略物体的形变，这样的物体称为**刚体**。刚体是引入的又一个理想物理模型。

由于刚体是有大小和形状的，所以研究刚体运动时，应把刚体视为许多质点组成的质点系；又由于刚体是没有形变的物体，所以可以将刚体视为一个特殊的质点系。系统内部各质点间没有相对运动。刚体的这一特点是以后研究刚体运动所必须随时考虑的，也是研究刚体运动的基本方法。

3.1.2 刚体的运动形式

刚体的运动形式有平动、转动以及两者的结合。

如果刚体运动时，其上任意两点连成的直线始终与其初始位置平行，这种运动称为**平动**，如图 3-1 所示。根据平动的定义可以看出，刚体平动时，刚体上各点的运动情况都相同，因此，可以用其上任意一点代表整个刚体的运动，此时刚体可视为质点。可以用描述质点运动的物理量描述刚体的平动，用解释质点运动的相关规律解释刚体的平动。相关的知识在前两章中已经进行了充分的讨论，本章不再赘述。

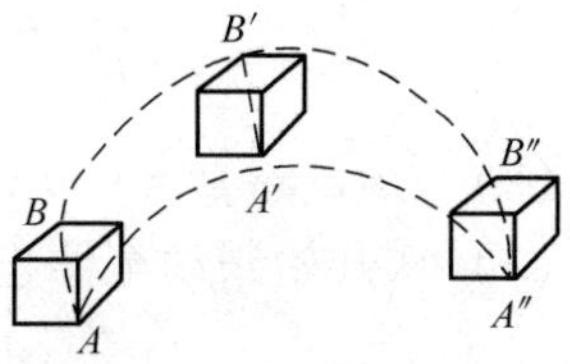

图 3-1　刚体的平动

如果刚体运动时，其上点的运动不符合上面的特征，则称为**转动**。刚体的转动又可以分为两种形式：定轴转动和非定轴转动。转轴固定不动的转动，称为定轴转动，如机床上齿轮、飞轮的转动、门窗的开关等都是定轴转动；转轴运动的转动称为非定轴转动，如行驶中车轮的转动即为非定轴转动。两种转动中，定轴转动是最简单的，也是最基本的。本章主要研究定轴转动的情况。

3.1.3　刚体定轴转动的运动学关系

刚体做定轴转动时，其上各点的运动有如下特点。一是到轴距离不同的点在相同时间内的位移不同，速度、加速度也不同，如图 3-2 所示。因而，刚体定轴转动无法用位移、速度、加速度等线量描述。二是轴上各点都不动，其他点都绕轴做圆周运动。圆周运动所在的平面都与轴垂直，这样的平面称为转动平面。三是相同的时间内各点转过的角位移相同。如果选择角量描述刚体的转动，则可以用任意一点代替整个刚体，从而使描述得以简化。因而，对于刚体的定轴转动，选择角量描述，把刚体上任一点的角位移、角速度和角加速度作为定轴转动刚体角位移、角速度和角加速度。这样，便可以用第 1 章中圆周运动的有关公式描述刚体的定轴转动。

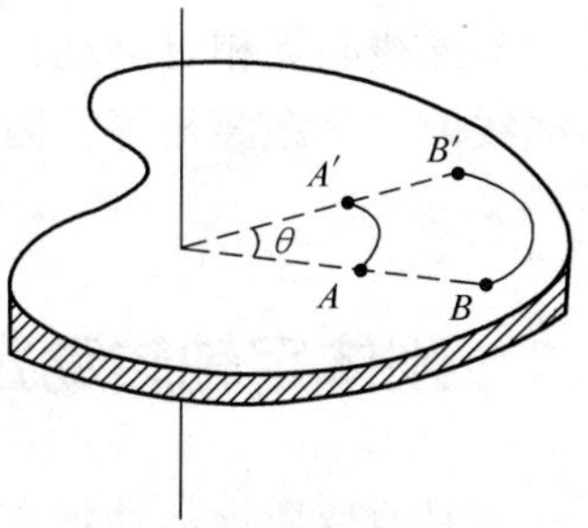

图 3-2　刚体的转动

如果刚体匀速转动，则有

$$\theta = \theta_0 + \omega t$$

式中，θ_0 为刚体初始的角位置；ω 为刚体转动的角速度。

如果刚体做匀加速转动，则有

$$\theta = \theta_0 + \omega_0 t + \frac{1}{2}\beta t^2$$

$$\omega = \omega_0 + \beta t$$

$$\omega^2 - \omega_0^2 = 2\beta\Delta\theta$$

式中，ω_0 为刚体初始的角速度；β 为刚体转动的角加速度；$\Delta\theta$ 为该段时间内刚体的角位移。

例 3-1　飞轮在制动力的作用下均匀减速，在 50s 内角速度由 $30\pi\ \mathrm{rad \cdot s^{-1}}$ 降低为零。试求：(1) 飞轮转动的角加速度；(2) 制动开始后 25s 时飞轮的角速度；(3) 从开始制动至停止，飞轮转过的转数。

解：(1) 飞轮做匀减速转动，则角加速度为

$$\beta=\frac{\omega-\omega_0}{\Delta t}=\frac{0-30\pi}{50}\text{rad}\cdot\text{s}^{-2}=-0.6\pi\ \text{rad}\cdot\text{s}^{-2}$$

（2）$\omega=\omega_0+\beta t=(30\pi-0.6\pi\times25)\text{rad}\cdot\text{s}^{-1}=15\pi\ \text{rad}\cdot\text{s}^{-1}$

（3）从开始制动至停止，飞轮转过的角度为

$$\theta=\theta_0+\omega_0 t+\frac{1}{2}\beta t^2=\left(0+30\pi\times50-\frac{1}{2}\times0.6\pi\times50^2\right)\text{rad}=750\pi\ \text{rad}$$

转数为

$$N=\frac{\theta}{2\pi}=\frac{750\pi\ \text{rad}}{2\pi\ \text{rad}}=375\ 转$$

例 3-2 定滑轮在绳线的拉动下由静止开始均匀加速转动，经 10s 转速达 $20\text{r}\cdot\text{s}^{-1}$，如图 3-3 所示。设滑轮半径为 $R=10\text{cm}$，绳线与滑轮间无相对滑动。试求绳线运动的加速度。

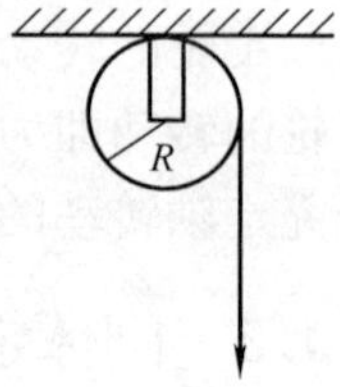

图 3-3　例 3-2 图

解：滑轮转动角加速度为

$$\beta=\frac{\omega-\omega_0}{\Delta t}=\frac{40\pi}{10}\text{rad}\cdot\text{s}^{-2}=4\pi\ \text{rad}\cdot\text{s}^{-2}$$

滑轮与绳线间无相对滑动，则在滑轮转动过程中，其边缘一点转过的弧长与绳线前进的距离相等，因而绳线的加速度等于滑轮边缘一点的切向加速度。即

$$a=R\beta=0.1\text{m}\times4\pi\ \text{rad}\cdot\text{s}^{-2}=1.26\text{m}\cdot\text{s}^{-2}$$

3.2　刚体定轴转动定律　转动惯量

力是改变质点运动状态的原因，力的瞬时作用效果可以通过牛顿运动第二定律加以反映。本节将研究引起刚体转动状态变化的原因——力矩，以及反映力矩瞬时作用效果的刚体定轴转动定律。另外，还将介绍一个与质点质量相对应的物理量——转动惯量。

3.2.1　力矩

由日常生活经验可知，要把门窗开启或关上，力作用在离轴远的地方比作用在离轴近的地方要容易得多；用扳手拧紧螺钉，力作用在离螺钉远的扳尾比力作用在离螺钉近的扳手前部要容易得多。大量类似的事例说明，要使物体的转动状态发生变化，不仅要考虑力的大小，还要考虑转轴到力的作用线的距离。转轴到力的作用线的距离称为力臂，力与力臂的乘积称为**力矩**，用 $\boldsymbol{M}$ 表示。

1. 转动平面内力的力矩

如图 3-4 所示，O 点为转轴与转动平面的交点，$\boldsymbol{F}$ 为转动平面内的作用力，$\boldsymbol{r}$ 为由 O 点指向力作用点的矢量，φ 为 $\boldsymbol{F}$ 与 $\boldsymbol{r}$ 正向的夹角，则力矩大小为

$$M=rF\sin\varphi \tag{3-1}$$

考虑 $\boldsymbol{F}$、$\boldsymbol{r}$ 都为矢量，以及物体转动有方向性，下面写出式（3-1）对应的矢量形式

$$\boldsymbol{M}=\boldsymbol{r}\times\boldsymbol{F} \tag{3-2}$$

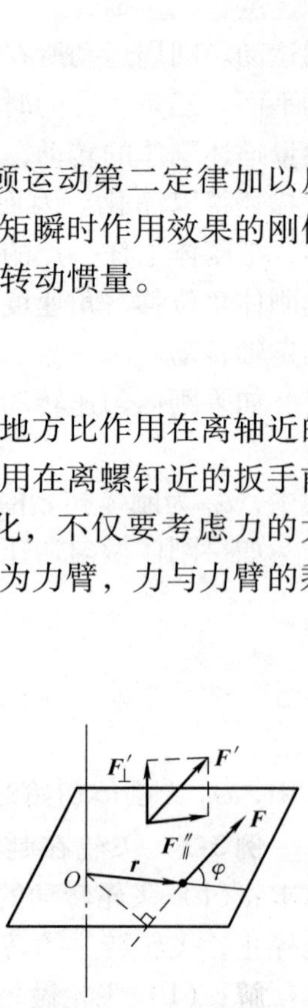

图 3-4　力矩

即力矩是矢量。根据式（3-2）可知，力矩方向依据右手定则确定。刚体做定轴转动时，由图 3-4 可知，力矩的方向只有两种可能性：沿轴向上或沿轴向下，因此，在定轴转动的情况下，可以用标量 M 表示力矩，用标量的正负反映力矩的方向。通常，力矩为正表明力矩方向沿轴向上，力矩为负表明力矩方向沿轴向下。在国际单位制中，力矩的单位是牛・米（N・m）。

2. 不在转动平面内力的力矩

如果刚体所受的力不在转动平面内，如图 3-4 中所示力 $\boldsymbol{F}'$。可以把力沿平行转动平面、垂直转动平面两个方向分解。其中力的垂直分量 $F'_{\perp}$ 将被转轴支撑力平衡，对刚体的转动状态不会产生影响，因而它对应的力矩为零。所以，力的平行分量 $F'_{//}$ 对应的力矩即是力 $\boldsymbol{F}'$ 的力矩。

3. 合力矩

如果刚体同时受到几个力的作用，计算合力矩的步骤为：首先求出各力对应的力矩，然后再求各力矩的代数和，从而得合力矩。即

$$M_{\text{合}} = M_1 + M_2 + \cdots + M_n \tag{3-3}$$

需要注意的是，求合力矩切不可先求各力的合力，然后再求合力的力矩。例如，在图 3-5 中，若 $r_1 = r_2$，$F_1 = F_2$，$\varphi_1 = \varphi_2$，如果用第一种方法，得合力矩为 $M = 2M_1$；而如果用第二种方法，则根据 $\boldsymbol{F} = \boldsymbol{F}_1 + \boldsymbol{F}_2 = 0$，得合力矩为零。两种方法所得结果完全不同。由图可以看出，这两个力的作用应该会使刚体的转动状态发生变化，而如果刚体转动状态发生变化，则说明力矩不应为零。显然，采用第二种方法计算合力矩是错误的。

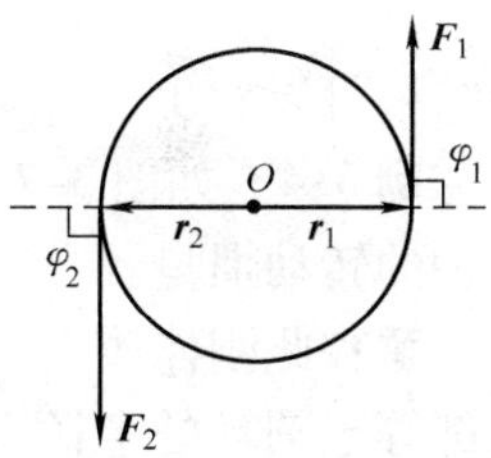

图 3-5　合力矩

3.2.2　转动定律

力作用于质点，它的瞬时作用效果是使质点产生加速度，力与加速度之间的关系为 $\boldsymbol{F} = m\boldsymbol{a}$。其中 m 是质点的质量，m 越大，相同力作用于质点产生的加速度越小，这说明质点的运动状态越不容易被改变，即质点的惯性越大。因而，我们说质量是质点惯性大小的量度。

与此相类似，力矩作用于刚体，它的瞬时作用效果是使刚体产生角加速度，可以证明，力矩 $\boldsymbol{M}$ 与角加速度 $\boldsymbol{\beta}$ 的关系为

$$\boldsymbol{M} = J\boldsymbol{\beta} \tag{3-4}$$

式（3-4）称为**刚体定轴转动的转动定律**。

3.2.3　转动惯量

式（3-4）中，字母 J 所代表的物理量对应于牛顿第二定律中的 m。而且由式（3-4）可以看出，相同的力矩作用于刚体，J 大的刚体获得的角加速度小，刚体转动状态不容易被改变，刚体转动的惯性大。可见，字母 J 所代表的物理量是描述刚体转动惯性大小的物理量，它能反映刚体保持原来转动状态的能力，因而我们称其为**转动惯量**。它的定义式为

$$J = \int_V r^2 \mathrm{d}m \tag{3-5}$$

式中，$\mathrm{d}m$ 表示刚体上任意一个质元的质量；r 表示该质元到转轴的垂直距离。若刚体质量

离散分布，则转动惯量可以写为

$$J = \sum_i \Delta m_i r_i^2 \tag{3-6}$$

式中，Δm_i 表示刚体各部分的质量；r_i 表示刚体各部分到转轴的垂直距离。

由定义式可以看出，转动惯量与质量一样，都是标量。在国际单位制中，转动惯量的单位为千克·米^2（$kg \cdot m^2$）。

例 3-3 刚性双原子气体分子的结构是哑铃状，如图 3-6 所示。设每个原子的质量为 m，两原子间距离为 l，若相对原子间距离而言，原子自身尺度可以忽略。试求：（1）分子对于通过原子连线中心并与其垂直轴的转动惯量；（2）分子对于通过其中一个原子并与连线垂直轴的转动惯量。

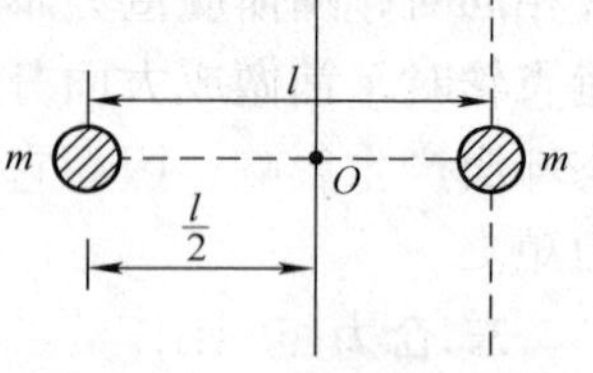

图 3-6 例 3-3 图

解：此刚体属于质量离散分布情况。

$$J_{(1)} = \sum_i \Delta m_i r_i^2 = m\left(\frac{l}{2}\right)^2 + m\left(\frac{l}{2}\right)^2 = \frac{1}{2}ml^2$$

$$J_{(2)} = \sum_i \Delta m_i r_i^2 = ml^2 + 0 = ml^2$$

由结果可以看出，转动惯量的大小与刚体的质量、转轴位置有关。

例 3-4 如图 3-7 所示，试求质量为 m、半径为 R 的均质圆环对于通过圆心且与环面垂直轴的转动惯量。

解：此刚体属于质量连续分布的情况。在环上取质量元 dm，每个质元到转轴的垂直距离都等于圆环的半径 R。根据转动惯量的定义，有

$$J = \int_V r^2 dm = \int_V R^2 dm = R^2 \int_V dm = mR^2$$

例 3-5 如图 3-8 所示，试求质量为 m、半径为 R 的均质薄圆盘对于通过圆心且与盘面垂直轴的转动惯量。

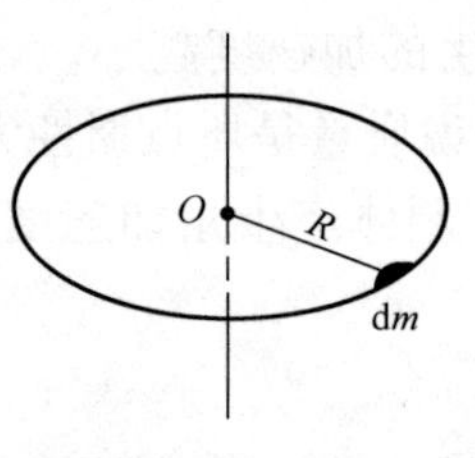

图 3-7 均质圆环的转动惯量 例 3-4 图

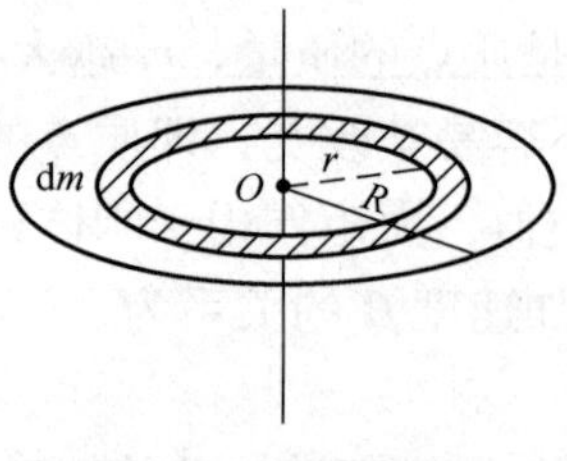

图 3-8 均质圆盘的转动惯量 例 3-5 图

解：圆盘可以认为是由许多半径不同的均质圆环套叠组成。在圆盘上任取一半径为 r、宽度为 dr 的圆环为质元，如图 3-8 所示。圆盘上质量分布的面密度为

$$\sigma = \frac{m}{\pi R^2}$$

则所取质元的质量为

$$dm = \sigma dS = \sigma \cdot 2\pi r \cdot dr = \frac{2m}{R^2} r dr$$

质元至转轴的距离为 r，则均质圆盘的转动惯量为

$$J = \int_S r^2 \mathrm{d}m = \frac{2m}{R^2}\int_0^R r^3 \mathrm{d}r = \frac{2m}{R^2} \cdot \frac{R^4}{4} = \frac{1}{2}mR^2$$

由计算过程可得：如果刚体由几部分组成，则刚体对轴的转动惯量等于组成刚体各部分对该轴转动惯量的和。

比较例题 3-4 和例题 3-5 结果可知，刚体的转动惯量大小还与刚体的质量分布有关。质量、半径、轴的位置都相同的均质圆环和均质圆盘，均质圆环的转动惯量大。可见，其他条件相同时，刚体质量分布离轴越远，转动惯量越大。这一点在生活中有许多应用。例如，制造飞轮时，常做成大而厚的边缘，从而使飞轮的转动惯量大；再如，我们常用的锤子，也是头部质量大，这同样是为了增大转动惯量，使转动状态不易被改变，从而增大对外界的作用力矩。

总结以上，刚体转动惯量的大小与下列因素有关：（1）刚体的质量；（2）刚体质量的分布情况；（3）转轴的位置。

3.3　转动定律的应用

在 3.2 节中，介绍了转动定律，其数学表达式为

$$\boldsymbol{M} = J\boldsymbol{\beta}$$

该式表明，绕定轴转动刚体的角加速度与作用于刚体上的合外力矩成正比，与刚体的转动惯量成反比。这就是刚体定轴转动定律的内容。转动定律表明，刚体受合外力矩作用，则产生角加速度；合外力矩变化，则角加速度变化；合外力矩消失，则角加速度消失。可见，转动定律反映了力矩的瞬时作用效果。

转动定律在刚体定轴转动中的地位与牛顿运动第二定律在质点运动中的地位是相当的。两者所包含的物理量及物理量之间的关系都是一一对应的，对应关系可以通过表 3-1 清晰地反映出来。

表 3-1　转动定律与牛顿第二定律的对应关系

	状态变化原因	描述状态物理量	描述惯性的物理量	三者关系
牛顿第二定律	力 $\boldsymbol{F}$	加速度 $\boldsymbol{a}$	质量 m	$\boldsymbol{F} = m\boldsymbol{a}$
转动定律	力矩 $\boldsymbol{M}$	角加速度 $\boldsymbol{\beta}$	转动惯量 J	$\boldsymbol{M} = J\boldsymbol{\beta}$

刚体转动定律的应用与质点动力学中牛顿定律的应用也完全相似。解决问题的基本类型为：（1）已知受力矩情况，求解刚体转动状态；（2）已知转动状态变化情况，求解所受力矩。应用转动定律求解问题的基本思路、基本步骤，以及需要注意的问题也与牛顿定律基本相似，在此不再重复。另外，对于定轴转动的刚体，由于描述其转动状态的各物理量方向仅有两种可能，在计算过程中一般都写其标量形式，而用值的正负反映该量的方向。因而，转动定律在具体使用时，也一般写其标量形式 $M = J\beta$，式中各量方向与正方向相同则为正，否则为负。

例 3-6　电风扇正常工作时额定角速度为 ω_0，关闭电源后经历 t_1 时间风扇停止转动。设风扇的转动惯量为 J，摩擦力矩为恒量。（1）试求摩擦力矩的大小；（2）如果开启电源后，风扇需经历时间 t_2 才能达到额定角速度。设电源电磁力矩为恒量，则电磁力矩为多大？

解：此问题属于已知转动情况，求解力矩。

（1）摩擦力矩为恒力矩，关闭电源后，风扇均匀减速，角加速度为

$$\beta_1 = \frac{\omega - \omega_0}{t_1} = -\frac{\omega_0}{t_1}$$

根据转动定律，$M = J\beta$，可得风扇所受摩擦力矩为

$$M_1 = J\beta_1 = -\frac{J\omega_0}{t_1}$$

摩擦力矩为负，说明摩擦力矩方向与风扇转动方向相反。

（2）开启电源后，风扇均匀加速，角加速度为

$$\beta_2 = \frac{\omega_0 - 0}{t_2} = \frac{\omega_0}{t_2}$$

根据转动定律 $M = J\beta$，可得风扇所受合外力矩为

$$M_{合} = J\beta_2 = \frac{J\omega_0}{t_2}$$

风扇加速过程同时受电磁力矩和摩擦力矩作用，$M_{合} = M_2 + M_1$，则电磁力矩为

$$M_2 = M_{合} - M_1 = \frac{J\omega_0}{t_2} - \left(-\frac{J\omega_0}{t_1}\right) = J\omega_0\left(\frac{1}{t_2} + \frac{1}{t_1}\right)$$

例 3-7 质量为 $m = 5\text{kg}$ 的一桶水系于绕在辘轳上的绳子下端，图 3-9a 为其截面图，辘轳可视为质量为 $m_0 = 10\text{kg}$、截面半径为 $R = 50\text{cm}$ 的圆柱体。桶从静止开始释放。设轴承光滑，绳子和辘轳无相对滑动。试求桶下落过程中，辘轳的角加速度、水桶的加速度以及绳中张力大小。

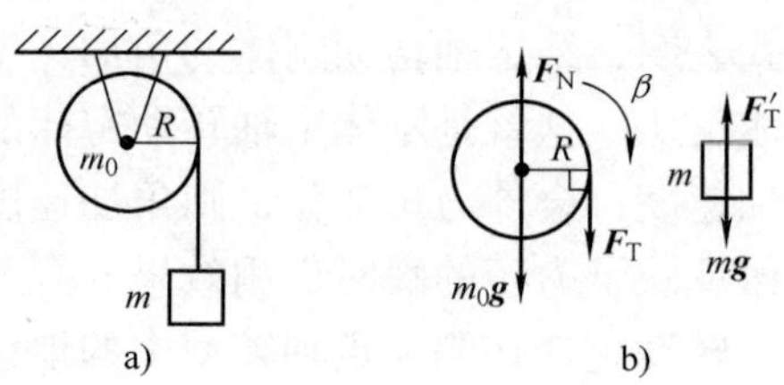

图 3-9 例 3-7 图

解：此题属于已知力矩，求解转动状态问题。选水桶、辘轳为研究对象，进行受力分析，如图 3-9b所示。轴承光滑，辘轳受三个力的作用，其中重力 $m_0\boldsymbol{g}$ 和轴承的支持力 $\boldsymbol{F}_N$ 都通过转轴，力矩为零。辘轳在拉力 $\boldsymbol{F}_T$ 的作用下做顺时针的加速转动，设角加速度为 β；水桶在重力 $m\boldsymbol{g}$ 和拉力 $\boldsymbol{F}'_T$ 作用下做向下加速直线运动，设加速度大小为 a。对于两者分别列转动定律和牛顿第二定律方程，有

$$对\ m：mg - F'_T = ma$$

$$对\ m_0：F_T R = J\beta$$

F_T 与 F'_T 是作用力与反作用力，大小相等，即 $F_T = F'_T$；绳与辘轳间无相对滑动，则有 $a = R\beta$；圆柱体的转动惯量 $J = \frac{1}{2}m_0R^2$，代入上面两式，联立求解得

$$F_T = 24.5\text{N}，\beta = 9.8\text{rad}\cdot\text{s}^{-2}，a = 4.9\text{m}\cdot\text{s}^{-2}$$

例 3-8 如图 3-10 所示，一轻绳跨过一轴承光滑的定滑轮，绳的两端分别悬有质量为 m_1、m_2 的物体，$m_1 < m_2$。滑轮可视为质量为 m、半径为 r 的均质圆盘。绳不能伸长且与滑轮间无相对滑动。试求物体的加速度、滑轮的角加速度和绳中的张力。

解：选滑轮、物体为研究对象，进行受力分析，如图 3-10 所示。滑轮受四个力作用：重力、轴承的支持力、左侧绳线的拉力 $\boldsymbol{F}_{T1}$、右侧绳线的拉力 $\boldsymbol{F}_{T2}$（这里有一点需注意，由于滑轮质量不能忽略，因而必须考虑其转动问题，所以滑轮两侧的拉力不能相等，即 $F_{T1} \neq$

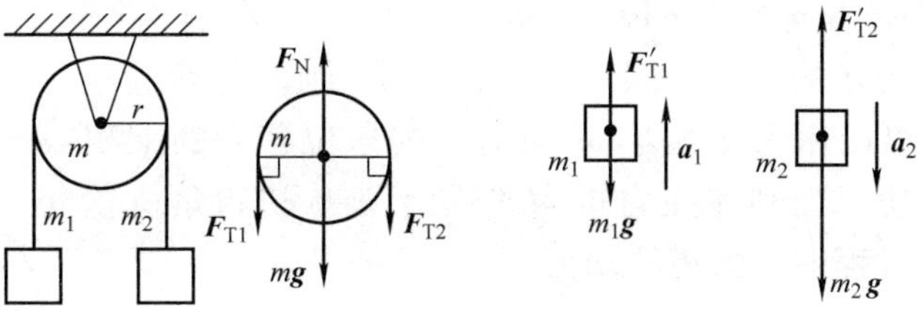

图 3-10　例 3-8 图

F_{T2})。重力和支持力的力矩为零，则滑轮在两侧拉力的作用下加速转动，根据 $m_1 < m_2$ 可知，滑轮角加速度的方向为顺时针。相应地，m_1 加速上升，m_2 加速下降，且有 $a_1 = a_2 = a$（绳线不能伸长）。

对滑轮及物体分别列转动定律和牛顿运动第二定律，有

$$对\ m_1: F'_{T1} - m_1 g = m_1 a$$

$$对\ m_2: m_2 g - F'_{T2} = m_2 a$$

$$对\ m: F_{T2} r - F_{T1} r = J\beta$$

根据作用力反作用力关系，有 $F_{T1} = F'_{T1}$、$F_{T2} = F'_{T2}$；根据角、线量关系，有 $a = r\beta$；均质圆盘的转动惯量 $J = \frac{1}{2}mr^2$。代入方程，联立求解，得

$$a = \frac{(m_2 - m_1)g}{m_2 + m_1 + \frac{1}{2}m},\quad \beta = \frac{(m_2 - m_1)g}{\left(m_2 + m_1 + \frac{1}{2}m\right)r}$$

$$F_{T1} = \frac{m_1\left(2m_2 + \frac{1}{2}m\right)g}{m_2 + m_1 + \frac{1}{2}m},\quad F_{T2} = \frac{m_2\left(2m_2 + \frac{1}{2}m\right)g}{m_2 + m_1 + \frac{1}{2}m}$$

3.4　转动动能定理

与力的持续作用效果相对应，力矩也存在持续作用效果。类似地，力矩的持续作用效果也分为两个方面：力矩在空间上的累积作用效果和力矩在时间上的累积作用效果。本节主要介绍与力矩空间累积作用效果相关的物理量——力矩的功、刚体的转动动能，以及反映两者之间关系的转动动能定理。

3.4.1　力矩的功

力作用于物体，物体在力的作用下发生一段位移，就说力对物体做了功。同样地，力矩作用于刚体，刚体在力矩的作用下转过一段角位移，我们说力矩对刚体做了功。力矩做功的定义式可以由力做功推导得出。

如图 3-11 所示，刚体在力 $\boldsymbol{F}$ 作用下做定轴转动，力作用点 P 到轴的距离为 r。设刚体在 $\boldsymbol{F}$ 作用下转过一微小角位移 $\mathrm{d}\theta$，P 点对应的位移为 $\mathrm{d}\boldsymbol{r}$。力做功为

$$\mathrm{d}W = \boldsymbol{F} \cdot \mathrm{d}\boldsymbol{r} = F\cos\alpha\mathrm{d}r$$

图中，$\alpha + \varphi = 90°$，$\mathrm{d}r = r\mathrm{d}\theta$，代入上式，有

$$dW = Fr\sin\varphi d\theta = Md\theta \tag{3-7}$$

式中，M 为力 $\boldsymbol{F}$ 对应力矩的大小。式（3-7）表明，刚体转动过程中，外力所做的元功可以用力矩大小 M 与对应的角位移元的乘积表示，称为力矩的元功。当刚体在力矩 M 作用下，从初始角位置 θ_0 转动到末角位置 θ 过程中，**力矩的功**为

$$W = \int dW = \int_{\theta_0}^{\theta} Md\theta \tag{3-8}$$

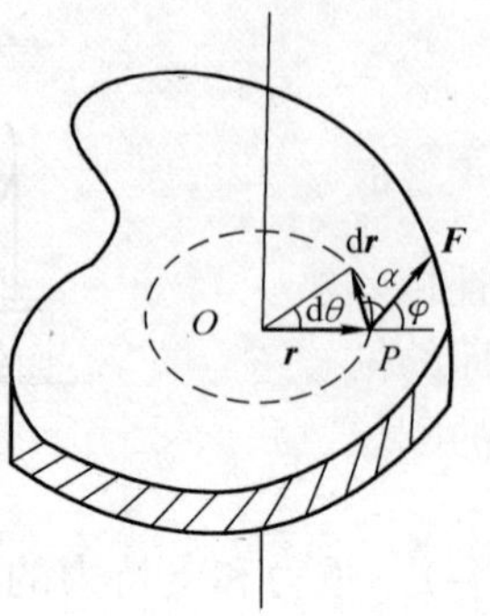

图 3-11　力矩的功

对于力矩做功的理解注意以下几个方面：

（1）力矩的功本质上与力的功相同，在国际单位制中，单位都为焦耳。力矩的功是在力的功基础上变形得出的，因而力矩的功与力的功是同一个量。在以后我们处理问题时，如果已经计算了力的功，则不必再计算该力对应力矩的功。在具体问题中，以哪种形式计算功要视情况而定。一般地，对于平动物体，我们计算力的功相对方便；对于转动物体则计算力矩的功相对方便。

（2）恒力矩的功。如果力矩在刚体转动过程中保持不变，则力矩功可简化为

$$W = \int dW = M\int_{\theta_0}^{\theta} d\theta = M\Delta\theta \tag{3-9}$$

（3）合力矩的功。如果刚体同时受到几个力矩的作用，则可以先求合力矩，再计算合力矩的功；也可以先计算每个力矩的功，然后再求功的代数和。

例 3-9　一转动惯量为 $J = 30\text{kg}\cdot\text{m}^2$ 的刚体在恒力矩的作用下，由静止开始经历 50s 角速度达到 $\omega = 10\text{rad}\cdot\text{s}^{-1}$，试求力矩的功。

解：力矩是恒量，根据转动定律可知，刚体做匀加速转动。角加速度为

$$\beta = \frac{\omega - 0}{t} = \frac{10}{50}\text{rad}\cdot\text{s}^{-2} = 0.2\text{rad}\cdot\text{s}^{-2}$$

根据转动定律，力矩大小为

$$M = J\beta = (30\times 0.2)\text{N}\cdot\text{m} = 6\text{N}\cdot\text{m}$$

50s 内刚体转过的角位移为

$$\Delta\theta = 0 + \frac{1}{2}\beta t^2 = \left(\frac{1}{2}\times 0.2\times 50^2\right)\text{rad} = 250\text{rad}$$

根据恒力矩做功 $W = M\Delta\theta$，可得功为

$$W = M\Delta\theta = (6\times 250)\text{J} = 1.5\times 10^3\text{J}$$

3.4.2　转动动能

刚体做定轴转动时，其上所有质元动能之和称为刚体的**转动动能**。设刚体定轴转动的角速度为 ω，其上第 i 个质元到转轴的距离为 r_i、质量为 Δm_i，则该质元的动能为

$$\Delta E_{ki} = \frac{1}{2}\Delta m_i v_i^2 = \frac{1}{2}\Delta m_i r_i^2\omega^2$$

对每个质元的动能求和，得刚体的转动动能为

$$E_k = \sum_i \Delta E_{ki} = \frac{1}{2}\left(\sum_i \Delta m_i r_i^2\right)\omega^2$$

式中，$\sum_i \Delta m_i r_i^2 = J$，则转动动能可表示为

$$E_k = \frac{1}{2}J\omega^2 \tag{3-10}$$

把式（3-10）与质点平动动能 $E_k = \frac{1}{2}mv^2$ 相类比，可以看出，两者在形式上是完全一致的，而且相关物理量也有很强的对应关系：转动惯量对应于质量，角速度对应于速度。另外，由前面的推导过程可知，转动动能与质点的平动动能在本质上也是一致的，因而，对于定轴转动的刚体，我们计算其转动动能，而不必再计算其平动动能。

3.4.3 转动动能定理及应用

在质点力学中，外力对质点做功将改变质点的动能。相应地，在刚体转动中，外力矩对刚体做功与刚体转动动能之间也有着密切的关系。前面提到，可以把刚体视为一个质点系，因而对于刚体可以应用质点系动能定理：

$$W_{外} + W_{内} = E_k - E_{k0}$$

前面还提到，刚体是一个特殊的质点系，即系统内部各质点间无相对位移。对于这样的系统，内力不做功，即 $W_{内} = 0$，则上式可变成

$$W_{外} = E_k - E_{k0} \tag{3-11}$$

根据本节前面的讨论可知，刚体定轴转动时，外力的功即是外力矩的功，质点系的动能即是刚体的转动动能，因而，对于刚体，式（3-11）的内容可以叙述为：刚体在绕定轴转动的过程中，外力矩所做的功等于刚体转动动能的增量。这称为**刚体定轴转动的动能定理**。转动动能定理的数学表达式除了式（3-11）所示的形式外，还可以表示为

$$\int M\mathrm{d}\theta = \frac{1}{2}J\omega^2 - \frac{1}{2}J\omega_0^2 \tag{3-12}$$

转动动能定理在刚体定轴转动中的地位与动能定理在质点运动中的地位是相当的。两者所包含的物理量及物理量之间的关系都是一一对应的，对应关系可以通过表 3-2 清晰地反映出来。

表 3-2 转动动能定理与动能定理的对应关系

	状态变化原因	描述状态的物理量	两者关系
动能定理	力的功 $\int \boldsymbol{F}\cdot \mathrm{d}\boldsymbol{r}$	平动动能 $\frac{1}{2}mv^2$	$\int \boldsymbol{F}\cdot \mathrm{d}\boldsymbol{r} = \frac{1}{2}mv^2 - \frac{1}{2}mv_0^2$
转动动能定理	力矩的功 $\int M\mathrm{d}\theta$	转动动能 $\frac{1}{2}J\omega^2$	$\int M\mathrm{d}\theta = \frac{1}{2}J\omega^2 - \frac{1}{2}J\omega_0^2$

例 3-10 应用转动动能定理求解例 3-9 中力矩的功，以及该段时间内力矩的平均功率。

解：根据题意可求得刚体始、末状态的转动动能分别为

$$E_{k0} = \frac{1}{2}J\omega_0^2 = 0$$

$$E_k = \frac{1}{2}J\omega^2 = \left(\frac{1}{2}\times 30\times 10^2\right)\mathrm{J} = 1.5\times 10^3\,\mathrm{J}$$

根据转动动能定理 $W_{外} = E_k - E_{k0}$，可得力矩的功为

$$W_{外} = (1.5\times 10^3 - 0)\,\mathrm{J} = 1.5\times 10^3\,\mathrm{J}$$

50s 内的平均功率为

$$\overline{P} = \frac{W}{\Delta t} = \frac{1.5\times 10^3}{50}\mathrm{W} = 30\mathrm{W}$$

例 3-11 如图 3-12 所示，一长度为 l、质量为 m 的均质细棒可绕过 O 点的水平轴在竖直平面内转动。设轴承光滑，现使棒由水平位置自由下摆。试求：棒摆至竖直位置时，其端点 A 和质心 C 的速率。

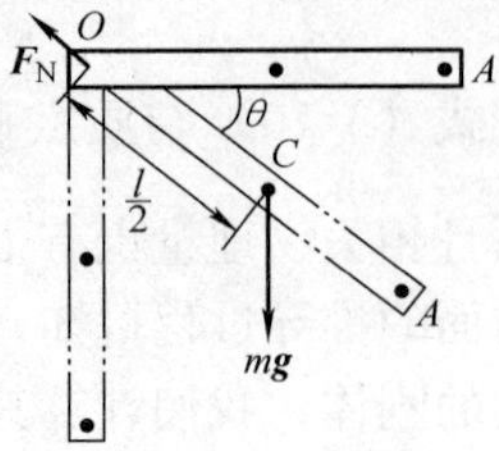

图 3-12 例 3-11 图

解：解法一：

选择棒为研究对象，受力分析，如图 3-12 所示。棒受重力和轴承的支持力作用，其中支持力 $\boldsymbol{F}_{\mathrm{N}}$ 作用于转轴，对应力矩为零。重力大小为 mg，方向竖直向下，作用在重心上，重力对应的力臂随棒所处位置不同而不同，因而重力矩是变化的。设某时刻棒与水平方向夹角为 θ，取角位移元 $\mathrm{d}\theta$，重力矩的元功为

$$\mathrm{d}W = M\mathrm{d}\theta = \frac{l}{2}mg\cos\theta\mathrm{d}\theta$$

整个过程重力矩的功为

$$W = \int \mathrm{d}W = \int_0^{\frac{\pi}{2}} \frac{l}{2}mg\cos\theta\mathrm{d}\theta = \frac{1}{2}mgl$$

初始棒的角速度为零，转动动能为零。设转至竖直位置时棒的角速度为 ω，根据刚体定轴转动动能定理，有

$$\frac{1}{2}mgl = \frac{1}{2}J\omega^2 - 0$$

棒对过端点转轴的转动惯量为 $J = \frac{1}{3}ml^2$，代入上式，得

$$\omega = \sqrt{\frac{3g}{l}}$$

根据角、线量关系，质点速率 $v = r\omega$，可得 A、C 点速率分别为

$$v_A = l\omega = \sqrt{3gl},\ v_C = l\omega/2 = \sqrt{3gl}/2$$

解法二：

由前面学习可知，力矩做功与力做功本质上是一回事，因而，此题仅有重力矩做功即是仅有重力做功。选棒、地面为系统，系统机械能守恒。确定初始棒位于水平位置所在处为势能零点，并用转动动能表示动能，则有

$$0 = \frac{1}{2}J\omega^2 + \left(-\frac{1}{2}mgl\right)$$

解方程得

$$\omega = \sqrt{\frac{3g}{l}}$$

结果与第一种方法相同。比较两种方法，显然后者简捷，因为后者仅考虑始末状态，而不必细讨论中间的细节。另外，此题告诉我们，机械能守恒定律在刚体转动问题中仍然是适用的。

例 3-12 如图 3-13 所示，绳的一端与质量为 m_0 的滑轮连接，绳子在滑轮上绕过几圈后，另一端系一质量为 m 的物体。开始时，物体距地面高度为 h。设滑轮可视为均质圆盘，半径为 R，滑轮轴承光滑，绳不能伸长，绳与滑轮间无相对滑动。试求物体由静止释放后到达地面时的速率以及滑轮转动的角速度。

解：选择滑轮、物体、地面为系统，隔离 m_0，m 受力分析，如图 3-13 所示。$\boldsymbol{F}_\mathrm{T}$ 和 $\boldsymbol{F}'_\mathrm{T}$ 这对内力做功之和为零（力大小相同，位移大小相同，但一个力与位移夹角为零，另一个力与位移反向）。外力矩——轴承的支持力矩为零，系统机械能守恒。以地面为重力势能零点，则有

$$mgh = \frac{1}{2}mv^2 + \frac{1}{2}J\omega^2$$

根据角、线量关系 $v = R\omega$，又滑轮的转动惯量 $J = \frac{1}{2}m_0R^2$，代入上式，可得

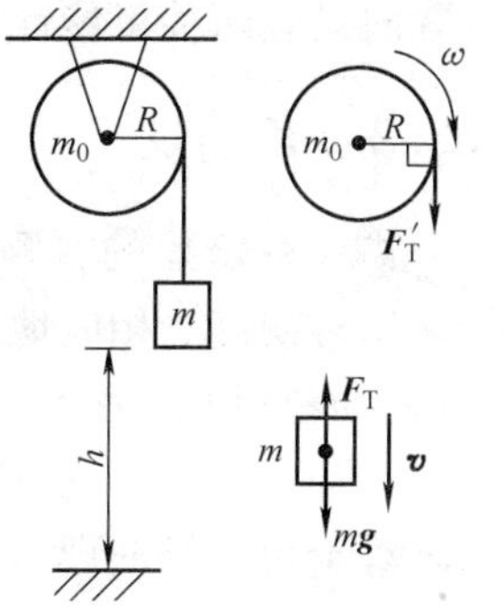

图 3-13　例 3-12 图

$$v = 2\sqrt{\frac{mgh}{2m + m_0}}$$

$$\omega = \frac{2}{R}\sqrt{\frac{mgh}{2m + m_0}}$$

3.5　角动量定理　角动量守恒定律

本节主要研究力矩在时间上的累积作用效果。这部分内容对应于质点运动中的动量定理和动量守恒定律。我们将由刚体定轴转动定律出发，讨论力矩作用一段时间所引起的效果，定义两个新的物理量——冲量矩、角动量，并讨论两者之间的关系，从而得出角动量定理以及角动量守恒定律。

根据角加速度与角速度的关系，对刚体定轴转动定律可以做如下变形：

$$M = J\beta = J\frac{\mathrm{d}\omega}{\mathrm{d}t}$$

即

$$M\mathrm{d}t = J\mathrm{d}\omega$$

刚体做定轴转动时，转动惯量 J 是常量。设力矩作用时间范围为 $t_0 \sim t$，作用的始、末时刻刚体角速度分别为 ω_0、ω。为讨论力矩在时间上的累积作用效果，对上式两侧积分，得

$$\int_{t_0}^{t} M\mathrm{d}t = \int_{\omega_0}^{\omega} J\mathrm{d}\omega = J\omega - J\omega_0 \tag{3-13}$$

3.5.1　力矩的冲量矩

式（3-13）的左侧 $\int_{t_0}^{t} M\mathrm{d}t$，为力矩在时间上的积分，它反映了力矩在时间上的累积情况。力在时间上的积分是冲量，力矩在时间上的积分称为**冲量矩**。

对于冲量矩的理解需要注意以下两点：

（1）冲量矩不同于冲量。力矩的功是在力的功基础上变形而来的，两者外形虽然不同，但本质相同；而冲量矩是单独定义的物理量，它与力的冲量从外形到本质都是截然不同的，彼此不能替代。

（2）冲量矩是矢量。力矩是矢量，时间是标量，矢量与标量的乘积为矢量，因而冲量矩是矢量。前面之所以把它写成标量形式，理由与多次提到的一样，定轴转动刚体的相关矢

量方向只有两种可能性，因而可以写成标量形式。

3.5.2 角动量

式（3-13）的右侧为物理量 $J\omega$ 在始、末时刻对应值的增量。质点运动中，质量与速度的乘积是动量。相应地，在刚体定轴转动中，定义转动惯量与角速度的乘积为刚体的**角动量**（也称**动量矩**）。用字母 L 表示，即

$$L = J\omega \tag{3-14}$$

对于角动量的理解需注意以下几点：

（1）角动量不同于动量。与冲量矩相同，角动量也是我们单独定义的物理量。在国际单位制中，角动量的单位是千克·米^2·弧度·秒$^{-1}$（$\mathrm{kg \cdot m^2 \cdot rad \cdot s^{-1}}$）。

（2）角动量是矢量。角动量是矢量，可写为 $\boldsymbol{L} = J\boldsymbol{\omega}$。角动量的方向与角速度方向一致，与刚体的旋转方向成右手螺旋关系，即右手四指依刚体旋转方向摆放，拇指指向即为角动量方向。与前面相同，在刚体定轴转动时我们常写角动量的标量形式，$L = J\omega$。

（3）点对轴的角动量。一般地，对于质点我们常讨论其质量、速度，因而有必要写出用这两个物理量表示的质点的角动量。如图3-14所示，一个质点质量为 m，转轴到质点的距离为 r，质点在转动平面内的运动速率为 v。则质点对轴的转动惯量 $J = mr^2$，质点绕轴的角速度

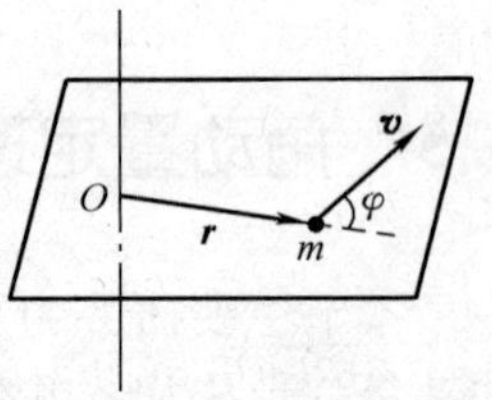

图3-14 点对轴的角动量

$$\omega = \frac{v_t}{r} = \frac{v\sin\varphi}{r}$$

则角动量大小为

$$L = J\omega = mr^2\frac{v\sin\varphi}{r} = mrv\sin\varphi \tag{3-15}$$

如果考虑到速度 $\boldsymbol{v}$ 是矢量、轴到质点 $\boldsymbol{r}$ 的方向，则式（3-15）对应的矢量式为

$$\boldsymbol{L} = \boldsymbol{r} \times m\boldsymbol{v} = \boldsymbol{r} \times \boldsymbol{p} \tag{3-16}$$

式中，$\boldsymbol{p}$ 为质点的动量。式（3-16）清晰地表明，角动量与动量是截然不同的两个物理量。

3.5.3 角动量定理

定义了冲量矩和角动量之后，式（3-13）所表达的内容可叙述为：作用在刚体上的冲量矩等于刚体角动量的增量，这称为**角动量定理**（也称**动量矩定理**）。其矢量形式的数学表达式为

$$\int_{t_0}^{t} \boldsymbol{M}\mathrm{d}t = \boldsymbol{L} - \boldsymbol{L}_0 \tag{3-17}$$

式（3-17）虽然是由一个绕定轴转动的刚体推导得来的，但可以证明它对于多个刚体组成的系统绕定轴转动的情况仍适用。只是这时的冲量矩为系统所受合外力矩的冲量矩，角动量为各刚体角动量的矢量和。

角动量定理是从时间累积的角度反映力矩的作用效果，它与质点力学中反映力在时间上累积作用效果的动量定理是相对应的，具体的对应关系如表3-3所示。

表 3-3　角动量定理与动量定理的对应关系

	状态变化原因	描述状态的物理量	两者关系
动量定理	冲量 $\int \boldsymbol{F}\mathrm{d}t$	动量 $m\boldsymbol{v}$	$\int \boldsymbol{F}\mathrm{d}t = m\boldsymbol{v} - m\boldsymbol{v}_0$
角动量定理	冲量矩 $\int M\mathrm{d}t$	角动量 $J\omega$	$\int M\mathrm{d}t = J\omega - J\omega_0$

3.5.4　角动量守恒定律

在式（3-17）中，若刚体所受合外力矩 $\boldsymbol{M}_{合外}=0$，则有

$$\boldsymbol{L}=\boldsymbol{L}_0=常矢量 \tag{3-18}$$

即刚体的角动量保持不变，这称为**角动量守恒定律**。角动量守恒分以下几种情况：

（1）对于绕定轴转动的单个刚体，由于其转动惯量保持不变，刚体受合外力矩为零时，根据角动量守恒定律，则有刚体绕轴转动的角速度也将保持不变。

（2）对于绕定轴转动的刚体组合，若所受的合外力矩为零，则系统的总角动量守恒。此时，若系统的转动惯量不变，则角速度不变；若系统的转动惯量变化，则角速度变化。转动惯量变大，角速度变小；转动惯量变小，角速度变大。这一规律在生活中有许多的应用。如图 3-15 所示，花样滑冰运动员在开始旋转时总是伸开双臂，然后快速收拢双臂和腿，以获得较大的旋转角速度，而要结束旋转时，必然再度伸展四肢，以便降低旋转角速度。这是因为，运动员可以视为刚体系统，在冰面上系统受合外力矩为零，角动量守恒。四肢伸展时，质量到转轴的距离大，因而系统转动惯量最大，从而旋转的角速度小，旋转平稳；而四肢收拢时，系统转动惯量小，因而角速度大。再如，如图 3-16 所示，跳水运动员在起跳时，总是向上伸展手臂，跳到空中做翻滚动作时，又快速收拢手臂和腿，这样做同样是为了减小转动惯量，以便增加翻滚的角速度。而在入水前，运动员一定会再度伸展身体，增大转动惯量，从而减小翻滚速度，竖直平稳落水。

图 3-15　花样滑冰的旋转

图 3-16　跳水的翻滚

角动量守恒定律也是自然界中的一条普遍规律。宏观的天体演化、微观的电子绕核运动等都遵守角动量守恒定律。角动量守恒定律在刚体转动中的地位与动量守恒定律在质点运动中的地位是相当的，两者的对应关系如表 3-4 所示。

表 3-4　角动量守恒定律与动量守恒定律的对应关系

	适用条件	守恒量
动量守恒定律	系统所受合外力为零，即 $\boldsymbol{F}_{合外}=0$	$\boldsymbol{p}=\boldsymbol{p}_0=$ 常矢量
角动量守恒定律	系统所受合外力矩为零，即 $\boldsymbol{M}_{合外}=0$	$\boldsymbol{L}=\boldsymbol{L}_0=$ 常矢量

例 3-13　如图 3-17 所示，轴承光滑的两个齿轮可绕通过中心的轴 OO'转动。初始两轮的角速度方向相同，大小为 $\omega_A=50\text{rad}\cdot\text{s}^{-1}$、$\omega_B=200\text{rad}\cdot\text{s}^{-1}$。设两轮的转动惯量分别为 $J_A=0.4\text{kg}\cdot\text{m}^2$、$J_B=0.2\text{kg}\cdot\text{m}^2$。试求两齿轮啮合后一起转动的角速度。

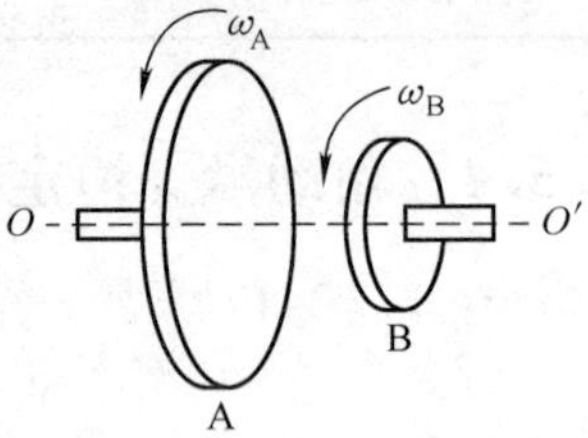

图 3-17　例 3-13 图

解：选两齿轮组成的系统为研究对象，受力分析。系统只受重力及轴承的支持力作用，这两个力都通过转轴，力矩都为零，系统角动量守恒。以地面为参考系，初始齿轮转动方向为正方向，则有

$$J_A\omega_A+J_B\omega_B=(J_A+J_B)\omega$$

解方程，得系统一起转动的角速度为

$$\omega=\frac{J_A\omega_A+J_B\omega_B}{J_A+J_B}=\frac{0.4\times50+0.2\times200}{0.4+0.2}\text{rad}\cdot\text{s}^{-1}=100\text{rad}\cdot\text{s}^{-1}$$

根据此题总结应用角动量守恒定律求解问题的基本步骤如下。

（1）选择系统，受力分析，判断是否满足守恒条件。角动量守恒的条件是系统受合外力矩为零，这与动量守恒条件有所区别。

（2）根据题意选择转动的正方向。角动量守恒虽然是矢量表达式，但一般情况下，只涉及刚体定轴转动问题，矢量的方向仅有两种可能性，所以确定矢量的正方向即可，而不必建立坐标系。

（3）依据题意写角动量守恒方程。方程中各矢量方向与正方向相同者为正值，否则为负值。另外，方程中各量应是相对于同一参考系的，这点与动量守恒定律相同。

（4）解方程、讨论。

例 3-14　如图 3-18 所示，质量为 $m_{台}$、半径为 R 的转台，可绕通过中心的光滑竖直轴转动。质通为 m 的人站在转台的边缘。初始台和人都静止。试求：如果人沿台的边缘匀角速度跑一圈，人和转台相对于地面各转动多大的角度？

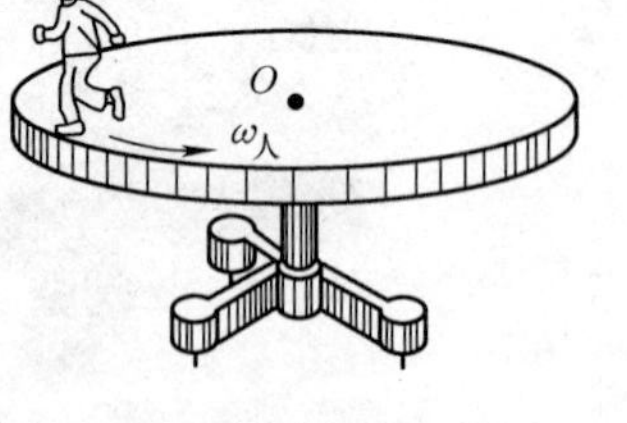

图 3-18　例 3-14 图

解：选择人和转台为系统，受力（外力）分析。转台所受重力、支持力都通过转轴，力矩为零。人所受重力平行转轴，力矩为零。系统角动量守恒。以地面为参考系，人转动的方向为正方向，设人和转台的角速度大小分别为 $\omega_{人}$、$\omega_{台}$，则有

$$J_{人}\omega_{人}-J_{台}\omega_{台}=0$$

人和台的转动惯量分别为 $J_{人}=mR^2$、$J_{台}=\frac{1}{2}m_{台}R^2$，代入上式，解方程有

$$\omega_{台}:\omega_{人}=2m:m_{台}$$

匀速转动，则根据角速度之比，可得两者相对于地面转动角度之比为

$$\theta_{台}:\theta_{人}=2m:m_{台}$$

人绕台跑一圈，则有 $\theta_{台}+\theta_{人}=2\pi$，结合两者比例关系，可得

$$\theta_{人}=\frac{2\pi m_{台}}{2m+m_{台}},\ \theta_{台}=\frac{4\pi m}{2m+m_{台}}$$

例 3-15　如图 3-19 所示，一均质细棒质量为 $m_{棒}$，长度为 l，可绕过端点 O 的轴在竖直平面内自由摆动，初始棒静止于竖直位置。现有一质量为 m、速率为 v 的物体沿光滑水平面运动，物体运动至棒处时与棒发生碰撞，设碰撞后物体静止。试求棒摆动到最高位置时与竖直方向的夹角 θ。

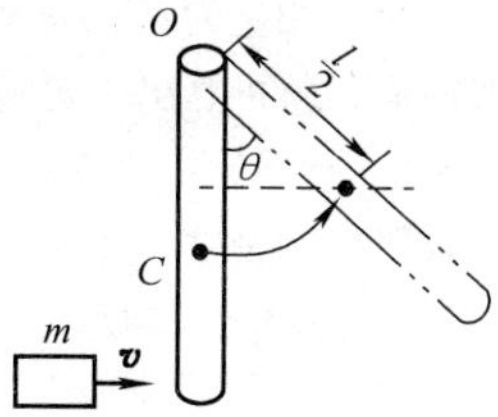

图 3-19　例 3-15 图

解：这个问题分两个阶段分析：物体与棒碰撞、棒自由上摆。

第一阶段：物体与棒碰撞。

选择物体与棒为系统，受力（外力）分析。物体受重力和平面支持力，二力方向通过转轴，力矩为零；棒受重力和支持力，对应力矩也为零。系统角动量守恒。以地面为参考系，物体运动方向为正方向，设碰撞后棒的角速度为 ω，则有

$$mvl=\left(\frac{1}{3}m_{棒}l^2\right)\omega$$

解方程得

$$\omega=\frac{3mv}{m_{棒}l}$$

第二阶段：棒自由上摆。

选择棒和地面为系统，受力分析。只有重力矩做功，系统机械能守恒。以棒竖直摆放时质心 C 所在处为重力势能零点。棒摆至最高位置时动能为零，则有

$$\frac{1}{2}\left(\frac{1}{3}m_{棒}l^2\right)\omega^2=m_{棒}g\cdot\frac{l}{2}(1-\cos\theta)$$

解方程，并代入 ω 值，可得

$$\cos\theta=1-\frac{3m^2v^2}{glm_{棒}^2}$$

习　题

3-1　一汽车发动机曲轴的转速在 12s 内由 $1.2\times10^3\,\mathrm{r\cdot min^{-1}}$ 均匀地增加到 $2.7\times10^3\,\mathrm{r\cdot min^{-1}}$。

（1）求曲轴转动的角加速度；

（2）在此时间内，曲轴转了多少转？

3-2　某种电动机启动后转速随时间变化的关系为 $\omega=\omega_0(1-e^{-\frac{t}{\tau}})$，式中 $\omega_0=9.0\,\mathrm{rad\cdot s^{-1}}$，$\tau=2.0\mathrm{s}$。求：

（1）$t=6.0\mathrm{s}$ 时的转速；

（2）角加速度随时间变化的规律；

（3）启动后 6.0s 内转过的圈数。

3-3　如图 3-20 所示，一通风机的转动部分以初角速度 ω_0 绕其轴转动，空气的阻力矩与角速度成正比，比例系数 c 为常数。若转动部分对其轴的转动惯量为 J，问：

（1）经过多少时间后其转动角速度减少为初角速度的一半？

（2）在此时间内共转过多少转？

3-4　一燃气轮机在试车时，燃气作用在涡轮上的力矩为 $2.03\times10^3\mathrm{N\cdot m}$，涡轮的转动惯量为 $25.0\mathrm{kg\cdot m^2}$，当轮的转速由 $2.80\times10^3\mathrm{r\cdot min^{-1}}$ 增大到 $1.12\times10^4\mathrm{r\cdot min^{-1}}$，所经历的时间 t 为多少？

3-5　用落体观察法测定飞轮的转动惯量，是将半径为 R 的飞轮支承在 O 点上，然后在绕过飞轮的绳子的一端挂一质量为 m 的重物，令重物以初速度为零下落，带动飞轮转动，如图 3-21 所示。记下重物下落的距离和时间，就可算出飞轮的转动惯量。试写出计算式（假设轴承间无摩擦）。

3-6　一飞轮由一直径为 30cm、厚度为 2.0cm 的圆盘和两个直径都为 10cm、长为 8.0cm 的共轴圆柱体组成，设飞轮的密度为 $7.8\times10^3\mathrm{kg\cdot m^{-3}}$，求飞轮对轴的转动惯量。

3-7　如图 3-22 所示，圆盘的质量为 m，半径为 R，求它对 $O'O'$ 轴的转动惯量。

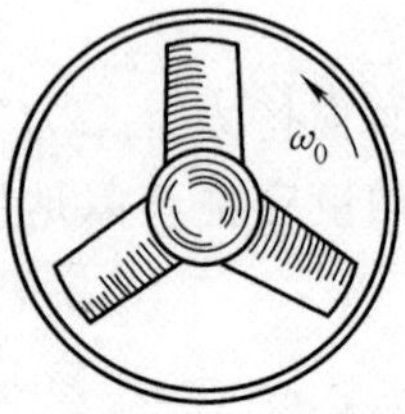

图 3-20　习题 3-3 图

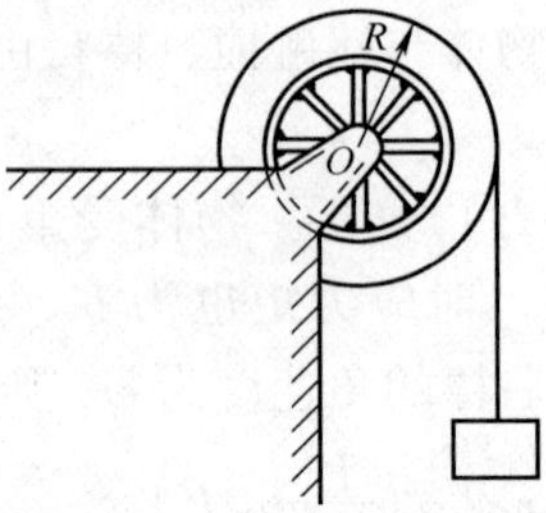

图 3-21　习题 3-5 图

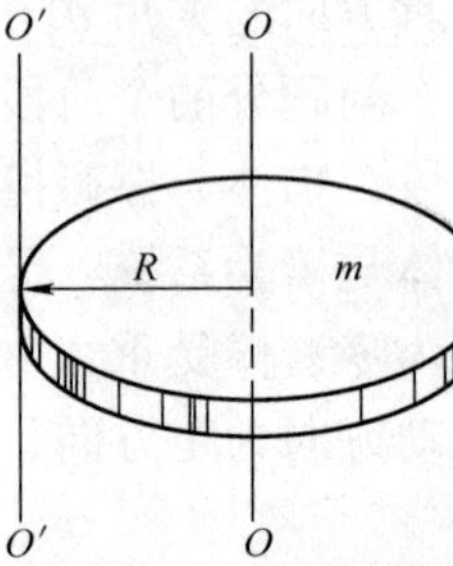

图 3-22　习题 3-7 图

3-8　试证明质量为 m、半径为 R 的均匀球体，以直径为转轴的转动惯量为 $\frac{2}{5}mR^2$，如以和球体相切的线为轴，其转动惯量又为多少？

3-9　质量面密度为 σ 的均匀矩形板，试证通过与板面垂直的几何中心轴线的转动惯量为 $\frac{\sigma}{12}lb(l^2+b^2)$，其中 l 为矩形板的长，b 为矩形板的宽。

3-10　如图 3-23 所示，质量 $m_1=16\mathrm{kg}$ 的实心圆柱体 A，其半径为 $r=15\mathrm{cm}$，可以绕其固定水平轴转动，阻力忽略不计，一条轻的柔绳绕在圆柱体上，其另一端系一个质量为 $m_2=8.0\mathrm{kg}$ 的物体 B，求：

（1）物体 B 由静止开始下降 1.0s 后的距离；

（2）绳的张力。

3-11　质量为 m_1 和 m_2 的两物体 A、B 分别悬挂在如图 3-24 所示的组合轮两端。设两轮的半径分别为 R 和 r，两轮的转动惯量分别为 J_1 和 J_2，轮与轴承间、绳索与轮间的摩擦力、绳的质量均忽略不计，试求两物体的加速度和绳的张力。

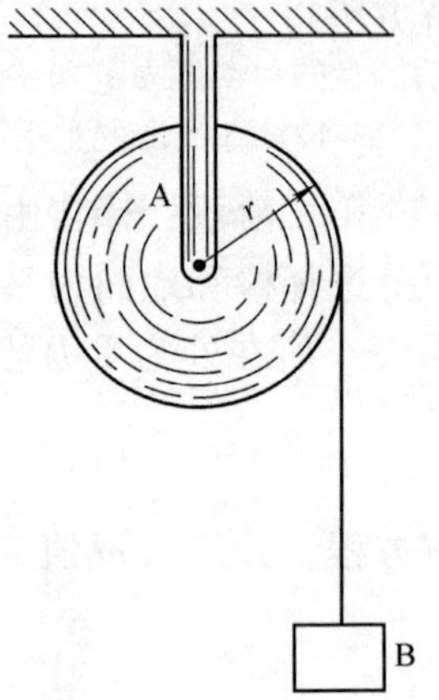

图 3-23　习题 3-10 图

3-12　如图 3-25 所示装置，定滑轮的半径为 r，绕转轴的转动惯量为 J，滑轮两边分别悬挂质量为 m_1 和 m_2 的物体 A、B。A 置于倾角为 θ 的斜面上，和斜面间的摩擦因数为 μ，若 B 向下做加速运动，求：

（1）B下落的加速度大小；

（2）滑轮两边绳子的张力。

3-13　如图 3-26 所示，飞轮的质量为 60kg，直径为 0.50m，转速为 $1.0\times10^3\mathrm{r\cdot min^{-1}}$，现用闸瓦制动使其在 5.0s 内停止转动，求制动力的大小 F，设闸瓦与飞轮之间的摩擦因数 $\mu=0.40$，飞轮的质量全部分布在轮缘上。

3-14　如图 3-27 所示为测试汽车轮胎滑动阻力的装置。轮胎最初静止，且被一轻质框架支承着，轮轴可绕点 O 自由转动，其转动惯量为 $0.75\mathrm{kg\cdot m^2}$，质量为 15.0kg，半径为 30.0cm。现将轮胎放在以加速度为 $12.0\mathrm{m\cdot s^{-2}}$ 移动的传送带上，并使框架 AB 保持水平。

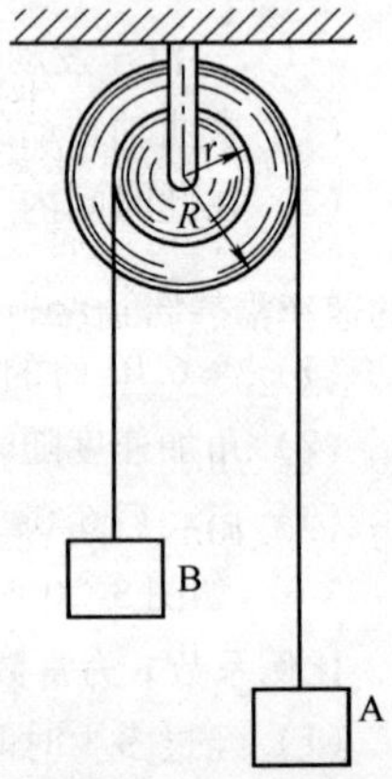

图 3-24　习题 3-11 图

（1）如果轮胎与传送带之间的动摩擦因数为 0.60，则需要经过多长时间车轮才能达到最终的角速度？

（2）在传送带上车胎滑动的痕迹长度是多少？

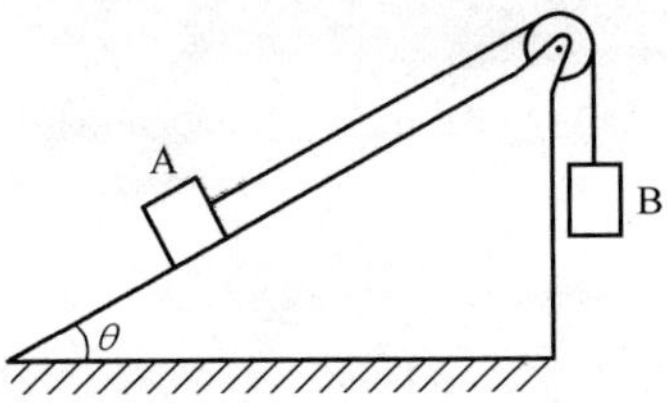

图 3-25　习题 3-12 图

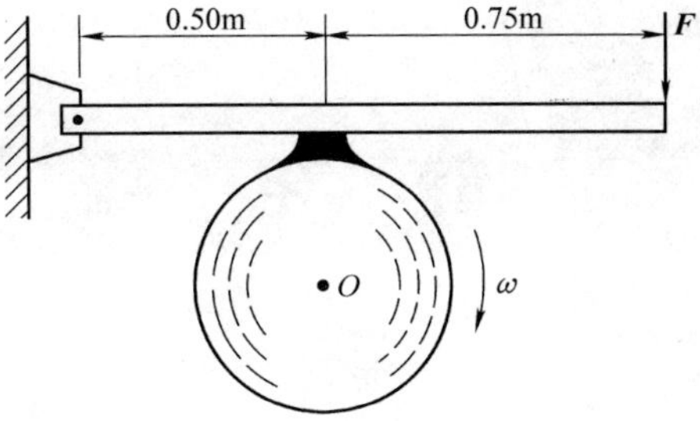

图 3-26　习题 3-13 图

3-15　一半径为 R、质量为 m 的匀质圆盘，以角速度 ω 绕其中心轴转动，现将它平放在水平板上，盘与板表面的摩擦因数为 μ，

（1）求圆盘所受的摩擦力矩；

（2）问经过多少时间后，圆盘转动才能停止？

3-16　一质量为 m'、半径为 R 的均匀圆盘，通过其中心且与盘面垂直的水平轴以角速度 ω 转动，若在某时刻，一质量为 m 的小碎块从盘边缘裂开，且恰好沿垂直方向上抛，问它可能达到的高度是多少？破裂后圆盘的角动量为多大？

3-17　在光滑的水平面上有一木杆，其质量 $m_1 = 1.0\text{kg}$，长 $l = 40\text{cm}$，可绕通过其中点并与之垂直的轴转动。一质量为 $m_2 = 10\text{g}$ 的子弹，以速度 $v = 2.0 \times 10^2 \text{m} \cdot \text{s}^{-1}$ 的速度射入杆端，其方向与杆及轴正交。若子弹陷入杆中，试求所得到的角速度。

3-18　如图 3-28 所示，半径分别为 r_1、r_2 的两个薄伞形轮，它们各自对通过盘心且垂直盘面转轴的转动惯量为 J_1 和 J_2，开始时轮 Ⅰ 以角速度 ω_0 转动，问与轮 Ⅱ 成正交啮合后，两轮的角速度分别为多大？

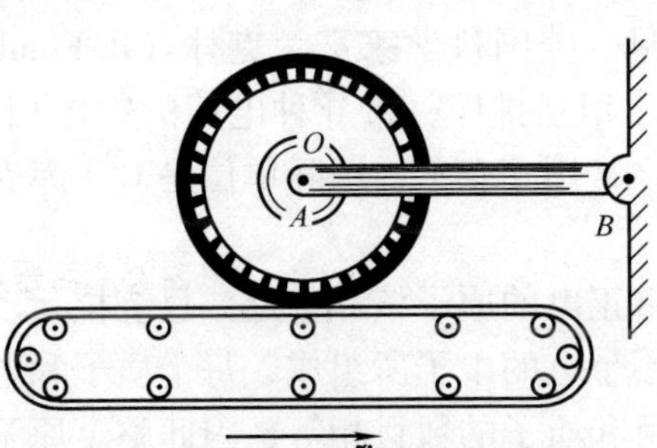

图 3-27　习题 3-14 图

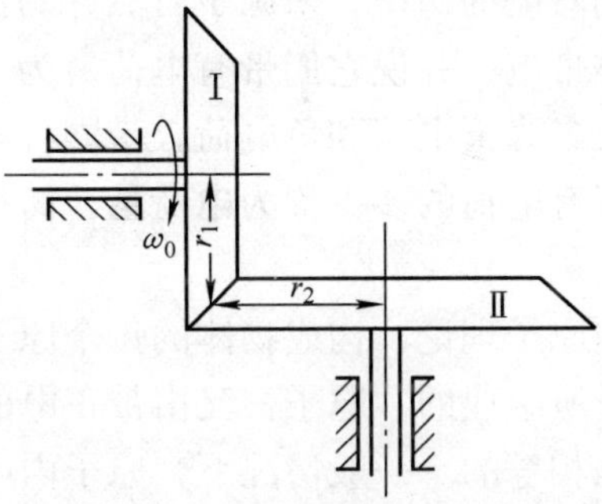

图 3-28　习题 3-18 图

3-19　一质量为 20.0kg 的小孩，站在一半径为 3.00m、转动惯量为 $450\text{kg} \cdot \text{m}^2$ 的静止水平转台边缘上，此转台可绕通过转台中心的竖直轴转动，转台与轴间的摩擦不计。如果此小孩相对转台以 $1.00\text{m} \cdot \text{s}^{-1}$ 的速率沿转台边缘行走，问转台的角速率有多大？

3-20　一转台绕其中心的竖直轴以角速度 $\omega_0 = \pi\ \text{rad} \cdot \text{s}^{-1}$ 转动，转台对转轴的转动惯量为 $J_0 = 4.0 \times 10^{-3} \text{kg} \cdot \text{m}^2$，今有沙粒以 $Q = 2t$（$\text{g} \cdot \text{s}^{-1}$）的流量竖直落至转台，并黏附于台面形成一圆环，若环的半径为 $r = 0.10\text{m}$，求沙粒下落 $t = 10\text{s}$ 时，转台的角速度。

第4章 静 电 场

本章首先讨论真空中相对于观察者静止的电荷之间的相互作用——库仑定律，以及它们之间存在的静电场的性质。并从静电场对电荷有力的作用，电荷在电场中移动时电场力将对电荷做功这两个方面，引入电场中两个重要的物理量——电场强度和电势。同时通过对电场强度沿闭合曲面和闭合曲线进行积分，得出静电场的两条基本规律——高斯定理和环路定理。最后介绍静电场中放入导体和电介质后，静电场对其影响——电极化和电介质极化，以及通过电容器储能来讨论静电场的能量问题。

4.1 电荷 库仑定律

4.1.1 电荷

人们对电的认识，来源于自然界的雷电现象和人为的摩擦起电。利用摩擦起电等方式可以使物体带电，并说它们带有电荷。为了区别起见，美国科学家富兰克林（B. Franklin）分别将其命名为正电荷和负电荷，带同种电荷的物体相互排斥，带异种电荷的物体相互吸引。带电体带有电荷的多少称为**电荷量**，简称为**电量**，常用 q 表示，国际单位是 C（库仑，简称为库）。

按照原子理论，构成物体的每个原子都是由带正电的原子核和一定数目绕核运动的带负电的电子所组成的，原子核又由带正电的质子和不带电的中子所组成，每个质子和电子所带的电量是相等的。一般情况下，原子内电子的数目和质子的数目相等，因此整个原子呈电中性，进而由原子构成的物体也处于电中性状态。当进行摩擦时，接触面温度升高，使得电子获得足够的动能，在两物体间进行迁移，使物体带电。

到底物体是以什么方式带电的呢？1897 年，英国物理学家汤姆孙（J. J. Thomson）测出了电子的荷质比（电子的电荷和质量之比）。经过数年后，1913 年密立根（R. A. Milikan）通过实验总结出，电子都具有相同的电荷，而且物体所带的电荷都是电子电荷的整数倍，也就是说电荷的基本单元就是一个电子所带电量的绝对值，如果用 e 来表示，那么带电体的电荷为

$$q = ne \tag{4-1}$$

式（4-1）中的 $n = \pm 1,\ \pm 2,\ \pm 3,\ \cdots$。在自然界中，电荷总是以一个基本单元（电子电荷）的整数倍出现的特性称为**电荷的量子化**。1986 年国际推荐电子电荷的绝对值为

$$e = 1.6021773349 \times 10^{-19}\,\mathrm{C}$$

可见电子电荷的绝对值非常小，通常实际问题中涉及的电量远远大于这个值，以至于在宏观现象中，电荷的量子性就表现不出来，所以在讨论物体带电时，可以认为电荷是连续分布的。

1964 年，美国科学家盖尔曼提出了夸克模型，认为夸克带有分数电子电荷，即 $\pm\frac{1}{3}e$、$\pm\frac{2}{3}e$，但是迄今为止仍未发现自由夸克。

量子化是一个微观的概念，在微观世界中，能量、角动量等也是量子化的。

4.1.2 电荷守恒定律

在孤立系统中，系统的电荷的代数和保持不变，这就是**电荷守恒定律**。电荷守恒定律特别强调的是前提条件——孤立系统，摩擦起电就能很好地证明这一点。电荷守恒定律与质量守恒、能量守恒一样，也是自然界的基本守恒定律之一。实验还发现，一切宏观、微观、物理、化学、生物等过程都遵守电荷守恒定律。

电荷守恒可以用下面一段话来表述：在孤立系统中，不管系统中的电荷如何迁移，系统中电荷的代数和保持不变。

4.1.3 库仑定律

物体由于带电而具有电性力，而一般情况下电性力的大小与物体的大小、形状、电荷的分布、相对位置以及周围的介质等因素都有关系，考虑到这些因素的影响，计算电性力是十分困难的，甚至无法计算。但是在具体问题中如果带电体的线度远小于带电体间的距离时，就可以把带电体看成是点电荷，从而使问题大大简化。在真空中，两个静止的点电荷之间的作用力与它们的电量的乘积成正比，与它们之间距离的平方成反比；作用力的方向沿着两点电荷的连线，同号电荷相斥，异号电荷相吸。这就是**库仑定律**。

如图 4-1 所示，两个点电荷分别为 q_1 和 q_2，由电荷 q_1 指向电荷 q_2 的矢量用 $\boldsymbol{r}_{21}$ 表示。那么，电荷 q_2 受到电荷 q_1 的作用力 $\boldsymbol{F}_{21}$ 为

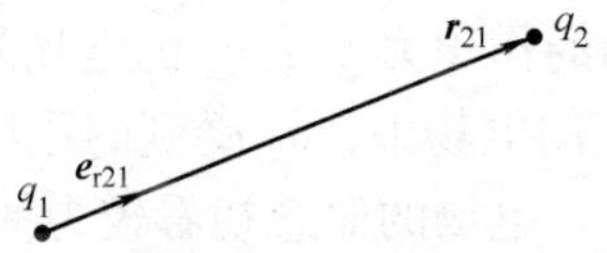

图 4-1 库仑定律

$$\boldsymbol{F}_{21} = \frac{q_1 q_2}{4\pi\varepsilon_0 r_{21}^2}\boldsymbol{e}_{r21} \tag{4-2}$$

式中，$\boldsymbol{e}_{r21}$ 为从电荷 q_1 指向电荷 q_2 的单位矢量，即 $\boldsymbol{e}_{r21} = \frac{\boldsymbol{r}_{21}}{r_{21}}$；$\varepsilon_0$ 称为**真空电容率**，是电学中常用的一个量，它的大小和单位为

$$\varepsilon_0 = 8.85 \times 10^{-12}\,\mathrm{C^2 \cdot N^{-1} \cdot m^{-2}} = 8.85 \times 10^{-12}\,\mathrm{F \cdot m^{-1}}$$

其中，F 是电容单位法拉的符号。

在库仑定律的表达式（4-2）中引入“4π”因子的做法，称为单位制的有理化。这样做的结果虽然使库仑定律的形式变得复杂些，但却使以后经常用到的电磁学规律的表达式不再出现“4π”因子而变得简单些。

由式（4-2）可以看出，当 q_1 和 q_2 同号时，$q_1 \cdot q_2 > 0$，q_2 受到 q_1 的作用力 $\boldsymbol{F}_{21}$ 与 $\boldsymbol{e}_{r21}$

同方向，即 q_2 受到斥力的作用；当 q_1 和 q_2 异号时，$q_1 \cdot q_2 < 0$，q_2 受到 q_1 的作用力 $\boldsymbol{F}_{21}$ 与 $\boldsymbol{e}_{r21}$ 反向，即 q_2 受到吸引力的作用。

同样，q_1 受到 q_2 的作用力，记作 $\boldsymbol{F}_{12}$，按照库仑定律有

$$\boldsymbol{F}_{12} = \frac{q_1 q_2}{4\pi\varepsilon_0 r_{12}^2}\boldsymbol{e}_{r12} \tag{4-3}$$

类似于 $\boldsymbol{e}_{r21}$，$\boldsymbol{e}_{r12}$ 是由 q_2 指向 q_1 的单位矢量。比较式（4-2）和式（4-3）可知，$\boldsymbol{F}_{21} = -\boldsymbol{F}_{12}$，即 $\boldsymbol{F}_{21}$ 与 $\boldsymbol{F}_{12}$ 是一对作用力和反作用力，说明两个静止点电荷间的库仑力遵守牛顿第三定律。

静止电荷间的相互作用力，称为库仑力。应该指出，我们在这部分研究的电荷或是处于静止，或是其速率非常小，属于低速情况。此时，牛顿第二定律及由牛顿第二定律导出的结论，都能适用于有库仑力作用的情况。

4.2 电场 电场强度

4.2.1 电场

我们知道力是物体之间的相互作用，它不能脱离物质而存在。但库仑定律表明，真空中两个相互隔开的，没有接触的点电荷也可以发生相互作用，那么两个点电荷之间的相互作用到底是通过什么中间介质而传递的呢？近代科学实验表明，任何电荷都在其周围空间激发一种“特殊”的物质——电场，点电荷之间的电性力（即库仑力）就是通过电场实现的，显然这种作用的产生也是需要时间的。理论和大量实验证明场的观点是正确的，当带电体的电荷分布突然改变或者带电体发生运动时，则无论理论还是实验都能证明带电体周围变化的电磁场以光速在空间传播，一处的电磁扰动和另一处的带电体所受作用力的变化是存在一定的推迟时间的。这也可以证明另一种“超距作用”——不需要介质和时间的作用，对库仑力的解释是错误的。事实上，当点电荷 q_1 处于点电荷 q_2 附近时，即处于 q_2 的电场中，q_1 受到的作用力就是 q_2 的电场施加给它的；同样，当点电荷 q_2 处于点电荷 q_1 附近时，即处于 q_1 的电场中，q_2 受到的作用力就是 q_1 的电场施加给它的。

电场的概念初看较为抽象，但是我们可以通过电场对电荷的作用来认识电场：放在电场中的电荷要受到电场的作用力；电荷在电场中运动时，电场力要对电荷做功。因此我们可以从力和能量的角度来研究电场的性质和规律。

4.2.2 电场强度

在静止电荷周围存在静电场，处于静电场中的带电体会受到电场力的作用。我们把激发电场的电荷称为**场源电荷**。为了描述场源电荷周围的静电场在空间的分布情况，我们把一个试验电荷 q_0（为了方便起见，假设 $q_0 > 0$）置于电场中的不同位置，观察静电场对 q_0 的作用。为了使实验结果能够如实反映静电场中某一点的性质，试验电荷必须满足：（1）其电量必须很小，以避免由于它的引入而对静电场产生影响；（2）其几何尺寸也必须很小，成为名副其实的点电荷，以便能细致地反映出电场中各点的性质。

置于静电场中某点的试验电荷会受到电场力的作用，记为 $\boldsymbol{F}$。实验证明：（1）在静电

场中的不同位置处，同一个试验电荷 q_0 受到的电场力 $\boldsymbol{F}$ 的大小和方向不相同，说明各点的电场性质不相同；(2) 在静电场的同一位置处，$\boldsymbol{F}$ 的大小与试验电荷的带电量成正比，即 $|\boldsymbol{F}| \propto q_0$，但 $\boldsymbol{F}/q_0$ 与 q_0 无关，为一个不变的矢量。显然，$\boldsymbol{F}/q_0$ 是与电场空间位置有关的物理量，我们用这个物理量来描写电场的性质，称为**电场强度**，用 $\boldsymbol{E}$ 表示。其定义为

$$\boldsymbol{E} = \frac{\boldsymbol{F}}{q_0} \tag{4-4}$$

它表明，电场中某点处的电场强度 $\boldsymbol{E}$ 等于位于该处的单位正试验电荷所受的电场力。因为 $\boldsymbol{F}$ 是一个矢量，所以 $\boldsymbol{E}$ 是一个矢量。显然，$\boldsymbol{E}$ 是空间位置的函数，即 $\boldsymbol{E} = \boldsymbol{E}(x, y, z)$。

在国际单位制（SI）中，电场强度的单位为牛顿每库仑，记为 $\mathrm{N \cdot C^{-1}}$；也可以用伏特每米，记为 $\mathrm{V \cdot m^{-1}}$，电工学中的计算常用后者。

应当指出，在已知电场强度分布的情况下，电荷 q 在场中某点所受的力 $\boldsymbol{F}$，可由式（4-4）算得

$$\boldsymbol{F} = q\boldsymbol{E}$$

由库仑定律及电场强度的定义式，可求得真空中点电荷周围的电场强度。

如图4-2所示，在真空中，有一个点电荷 q，在其周围的电场中，点 P 处的电场强度可计算如下。

假设在点 P 放一试验电荷 q_0，按照库仑定律，q_0 所受的力是

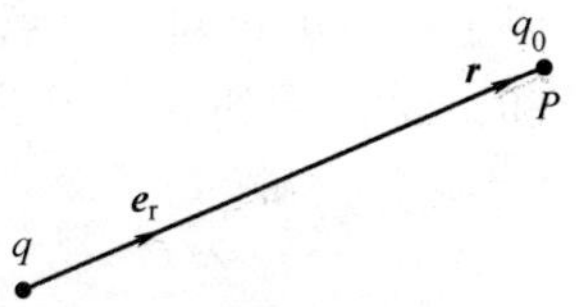

图4-2 点电荷的电场

$$\boldsymbol{F} = \frac{qq_0}{4\pi\varepsilon_0 r^3}\boldsymbol{r} = \frac{qq_0}{4\pi\varepsilon_0 r^2}\boldsymbol{e}_\mathrm{r} \tag{4-5}$$

式中，$\boldsymbol{r}$ 是从点电荷 q 到试验电荷 q_0（点 P 处）的位置矢量；$\boldsymbol{e}_\mathrm{r}$ 为 $\boldsymbol{r}$ 的单位矢量。根据电场强度的定义，点 P 处的电场强度是

$$\boldsymbol{E} = \frac{q}{4\pi\varepsilon_0 r^2}\boldsymbol{e}_\mathrm{r} \tag{4-6a}$$

或

$$\boldsymbol{E} = \frac{q}{4\pi\varepsilon_0 r^3}\boldsymbol{r} \tag{4-6b}$$

如果电荷 $q>0$，即 q 为正电荷，可知 $\boldsymbol{E}$ 的方向与 $\boldsymbol{r}$ 的方向一致；如果电荷 $q<0$，即 q 为负电荷，则 $\boldsymbol{E}$ 的方向与 $\boldsymbol{r}$ 的方向相反。从式（4-6）可以看出，在真空中，点电荷 $+q$ 的电场强度是球对称的，即以电荷 q 为中心，半径为 r 的地方，电场强度 $\boldsymbol{E}$ 的大小相等，方向沿 $\boldsymbol{r}$，如图4-3所示。

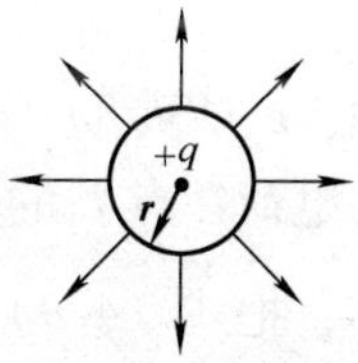

图4-3 点电荷电场分布

4.2.3 电场的叠加原理及电场强度计算中的应用

1. 点电荷系的电场强度

如果真空中的电场是由若干点电荷 q_1，q_2，…，q_n 共同产生的，电场强度如何计算呢？下面从力的叠加原理引出电场强度的叠加原理。

如图4-4所示，真空中点电荷系由 q_1、q_2、q_3 组成，在场点 P 处有一试验电荷 q_0，各点电荷到点 P 的位置矢量分别为 $\boldsymbol{r}_1$、$\boldsymbol{r}_2$ 和 $\boldsymbol{r}_3$。按照库仑定律的表达式（4-5），各点电荷对

试验电荷 q_0 产生的作用力分别为

$$\boldsymbol{F}_1=\frac{q_1q_0}{4\pi\varepsilon_0r_1^2}\boldsymbol{e}_1,\ \boldsymbol{F}_2=\frac{q_2q_0}{4\pi\varepsilon_0r_2^2}\boldsymbol{e}_2,\ \boldsymbol{F}_3=\frac{q_3q_0}{4\pi\varepsilon_0r_3^2}\boldsymbol{e}_3 \tag{4-7}$$

式中，$\boldsymbol{e}_1$、$\boldsymbol{e}_2$ 和 $\boldsymbol{e}_3$ 分别为矢量 $\boldsymbol{r}_1$、$\boldsymbol{r}_2$ 和 $\boldsymbol{r}_3$ 的单位矢量。

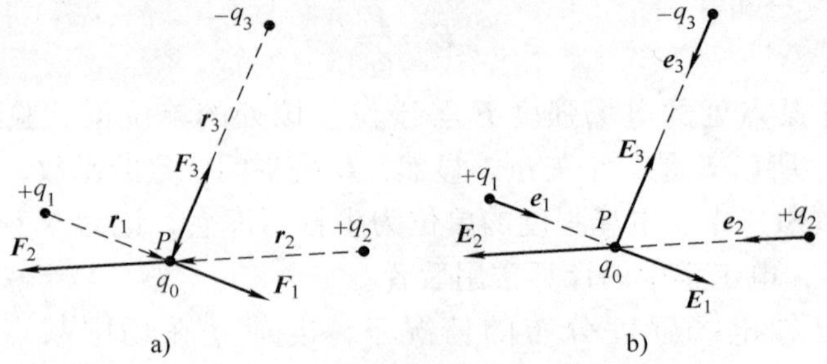

图 4-4　电场强度的叠加原理

实验表明，两个点电荷之间的作用力并不因第三个点电荷的存在而有所改变。因此，两个以上的点电荷对一个点电荷的作用力等于各个点电荷单独存在时对该点电荷的作用力的矢量和，即 q_0受到的力 $\boldsymbol{F}$ 为

$$\boldsymbol{F}=\sum_{i=1}^{n}\frac{q_iq_0}{4\pi\varepsilon_0r_i^2}\boldsymbol{e}_i \tag{4-8}$$

由电场强度的定义，点 P 的电场强度为

$$\boldsymbol{E}=\sum_{i=1}^{n}\frac{q_i}{4\pi\varepsilon_0r_i^2}\boldsymbol{e}_i \tag{4-9}$$

2. 连续分布电荷的电场强度

根据电场强度叠加原理，可以计算连续带电体的电场强度。如图 4-5 所示，带电体的全部电荷 Q 可以看成是许多极小的电荷元 $\mathrm{d}q$ 的集合，在电场中任一点 P 处，每一个电荷元 $\mathrm{d}q$ 激发的电场可以写成

$$\mathrm{d}\boldsymbol{E}=\frac{\mathrm{d}q}{4\pi\varepsilon_0r_i^2}\boldsymbol{e}_\mathrm{r} \tag{4-10}$$

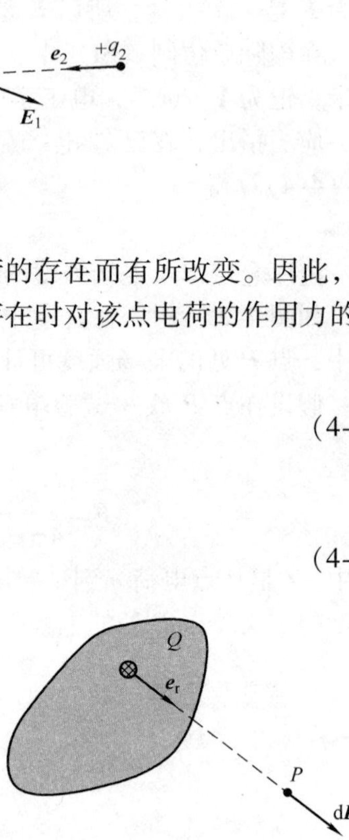

图 4-5　带电体的电场强度

式中，$\boldsymbol{e}_\mathrm{r}$是从 $\mathrm{d}q$ 指向点 P 的位置矢量的单位矢量。要计算全部电荷在点 P 的总电场强度 $\boldsymbol{E}$，就需要对所有电荷元在点 P 产生的各个电场强度 $\mathrm{d}\boldsymbol{E}$ 求矢量和，把式（4-9）中的求和符号"$\sum$"换成积分"$\int$"，求得点 P 的电场强度为

$$\boldsymbol{E}=\int\mathrm{d}\boldsymbol{E}=\int\frac{\mathrm{d}q}{4\pi\varepsilon_0r_i^2}\boldsymbol{e}_\mathrm{r} \tag{4-11}$$

在具体计算中，通常把 $\mathrm{d}\boldsymbol{E}$ 在直角坐标系的三个坐标轴方向上分解，分别进行计算，再求合成矢量 $\boldsymbol{E}$，对于不同的电荷分布，电场强度可按下面的方法进行计算。

（1）若电荷连续分布在一条线上，单位长度的带电量（电荷线密度）为 λ，则 $\mathrm{d}q=\lambda\mathrm{d}l$，其中 $\mathrm{d}l$ 是任意一个线元。此时，式（4-11）写成

$$\boldsymbol{E}=\int\mathrm{d}\boldsymbol{E}=\int\frac{\lambda\mathrm{d}l}{4\pi\varepsilon_0r_i^2}\boldsymbol{e}_\mathrm{r} \tag{4-12a}$$

（2）若电荷连续分布在一个面上，单位面积的带电量（电荷面密度）为 σ，则 $dq = \sigma dS$，其中 dS 是任意一个面元。此时，式（4-11）写成

$$\boldsymbol{E} = \int d\boldsymbol{E} = \int \frac{\sigma dS}{4\pi\varepsilon_0 r_i^2}\boldsymbol{e}_r \tag{4-12b}$$

（3）若电荷连续分布在一个带电体内，单位体积的带电量（电荷体密度）为 ρ，则 $dq = \rho dV$，其中 dV 是任意一个体积元。此时，式（4-11）写成

$$\boldsymbol{E} = \int d\boldsymbol{E} = \int \frac{\rho dV}{4\pi\varepsilon_0 r_i^2}\boldsymbol{e}_r \tag{4-12c}$$

下面用几个例子来说明电场叠加原理的具体应用。

例 4-1 求电偶极子的电场强度。

解：如图4-6所示，有两个电荷相等、符号相反、相距为 r_0 的点电荷 $+q$ 和 $-q$，它们在空间激发电场。若场点 P 到这两个点电荷的距离比 r_0 大得多时，这两个点电荷构成的系统称为电偶极子。从 $-q$ 指向 $+q$ 的矢量 $\boldsymbol{r}_0$ 称为电偶极子的轴，qr_0 称为电偶极子的**电偶极矩**（简称**电矩**），用符号 $\boldsymbol{p}$ 表示，有 $\boldsymbol{p} = q\boldsymbol{r}_0$。电偶极子在理论研究和技术应用中都有很重要的意义。求：（1）电偶极子轴延长线上一点的电场强度；（2）电偶极子轴线的中垂线上一点的电场强度。

（1）如图4-6a 所示，以电偶极子轴线中点为坐标原点 O，沿极轴的延长线为 Ox 轴，建立如图所示的坐标系。轴上场点 P 的坐标为（x，0），由式（4-6a）可得点电荷 $+q$ 和 $-q$ 在场点 P 激发的电场强度分别为

$$\boldsymbol{E}_+ = \frac{1}{4\pi\varepsilon_0}\frac{q}{(x - r_0/2)^2}\boldsymbol{i} \tag{1}$$

$$\boldsymbol{E}_- = -\frac{1}{4\pi\varepsilon_0}\frac{q}{(x + r_0/2)^2}\boldsymbol{i} \tag{2}$$

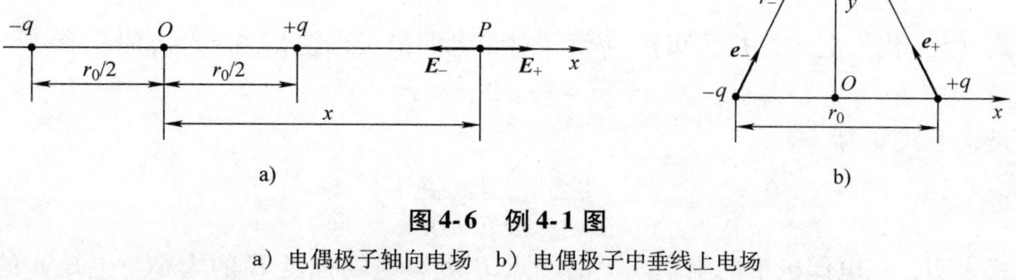

图4-6 例4-1图

a）电偶极子轴向电场 b）电偶极子中垂线上电场

其中，$\boldsymbol{i}$ 是沿 Ox 轴正向的单位矢量。$\boldsymbol{E}_+$ 和 $\boldsymbol{E}_-$ 的方向都沿 Ox 轴，但二者方向相反。由电场强度叠加原理可知，场点 P 处的电场强度 $\boldsymbol{E}$ 为

$$\boldsymbol{E} = \boldsymbol{E}_+ + \boldsymbol{E}_- = \frac{q}{4\pi\varepsilon_0}\frac{2xr_0}{(x^2 - r_0^2/4)^2}\boldsymbol{i}$$

当场点 P 到电偶极子的距离比电偶极子中的 $+q$ 和 $-q$ 之间的距离大得多时，即 $x \gg r_0$ 时，上式中 $(x^2 - r_0^2/4) \approx x^2$，于是上式可写为

$$\boldsymbol{E} = \frac{1}{4\pi\varepsilon_0}\frac{2qr_0}{x^3}i$$

由于电矩 $\boldsymbol{p} = q\boldsymbol{r}_0 = qr_0\boldsymbol{i}$，所以上式变为

$$\boldsymbol{E} = \frac{1}{4\pi\varepsilon_0}\frac{2\boldsymbol{p}}{x^3}$$

上式表明，在电偶极子轴线的延长线上，且 $x \gg r_0$ 的场点 P 处的电场强度 $\boldsymbol{E}$ 的大小与电偶极子的电矩 $\boldsymbol{p}$ 的大小成正比，与电偶极子中点 O 到场点 P 的距离 x 的三次方成反比；电场强度的方向与电矩 $\boldsymbol{p}$ 的方向相同。

（2）以电偶极子轴线中点为坐标原点 O，并取 Ox 和 Oy 轴如图 4-6b 所示。由式 4-6a 可得点电荷 $+q$ 和 $-q$ 对中垂线上场点 P' 的电场强度分别为

$$\boldsymbol{E}_+ = \frac{1}{4\pi\varepsilon_0}\frac{q}{r_+^2}\boldsymbol{e}_+ \tag{3}$$

$$\boldsymbol{E}_- = -\frac{1}{4\pi\varepsilon_0}\frac{q}{r_-^2}\boldsymbol{e}_- \tag{4}$$

式中，r_+ 和 r_- 分别是 $+q$ 和 $-q$ 与场点 P' 之间的距离；$\boldsymbol{e}_+$ 和 $\boldsymbol{e}_-$ 分别是 $+q$ 和 $-q$ 指向场点 P' 的单位矢量。从图中可以看出 $r_+ = r_- = r$，有

$$r_+ = r_- = r = \sqrt{y^2 + \left(\frac{r_0}{2}\right)^2} \tag{5}$$

而单位矢量 $\boldsymbol{e}_+ = \left(-\frac{r_0}{2}\boldsymbol{i} + y\boldsymbol{j}\right)/r$ 和 $\boldsymbol{e}_- = \left(\frac{r_0}{2}\boldsymbol{i} + y\boldsymbol{j}\right)/r$，所以式（3）、式（4）写成

$$\boldsymbol{E}_+ = \frac{1}{4\pi\varepsilon_0}\frac{q}{r^3}\left(-\frac{r_0}{2}\boldsymbol{i} + y\boldsymbol{j}\right) \tag{6}$$

$$\boldsymbol{E}_- = -\frac{1}{4\pi\varepsilon_0}\frac{q}{r^3}\left(\frac{r_0}{2}\boldsymbol{i} + y\boldsymbol{j}\right) \tag{7}$$

根据电场叠加原理，可得场点 P' 处的电场强度为

$$\boldsymbol{E} = \boldsymbol{E}_+ + \boldsymbol{E}_- = -\frac{1}{4\pi\varepsilon_0}\frac{qr_0\boldsymbol{i}}{r^3}$$

将式（5）代入上式，并已知 $\boldsymbol{p} = qr_0\boldsymbol{i}$，对于电偶极子来说，当 $y \gg r_0$ 时，有

$$y^2 + (r_0/2)^2 \approx y^2$$

于是，上式变为

$$\boldsymbol{E} = -\frac{1}{4\pi\varepsilon_0}\frac{\boldsymbol{p}}{y^3}$$

上式表明，在电偶极子的中垂线上的场点 P' 处，电场强度 $\boldsymbol{E}$ 的大小与电矩 $\boldsymbol{p}$ 的大小成正比，与电偶极子的中点到场点 P' 的距离 y 的三次方成反比；电场强度的方向与电矩 $\boldsymbol{p}$ 的方向相反。

例 4-2 如图 4-7 所示，正电荷 q 均匀地分布在半径为 R 的圆环上。计算在环的轴线上任一点 P 处的电场强度。

解：设圆环所处的平面是 yz 平面，坐标原点在环心，建立如图4-7所示的坐标系。点 P 的坐标为（x，0，0）。据题意，电荷 q 均匀地分布，故其电荷线密度 $\lambda=q/2\pi R$，是一个常量。在环上取一线元 dl，其带电荷 $dq=\lambda dl$，此电荷元在点 P 处激起的电场强度为

$$\mathrm{d}\boldsymbol{E}=\frac{1}{4\pi\varepsilon_0}\frac{\lambda \mathrm{d}l}{r^2}\boldsymbol{e}_\mathrm{r}$$

点 P 处的电场强度为

$$E=\int_l \mathrm{d}E_x=\int_l \mathrm{d}E\cos\theta=\frac{\lambda x}{4\pi\varepsilon_0 r^3}\int_0^{2\pi R}\mathrm{d}l$$

$$E=\frac{1}{4\pi\varepsilon_0}\frac{qx}{(x^2+R^2)^{3/2}}$$

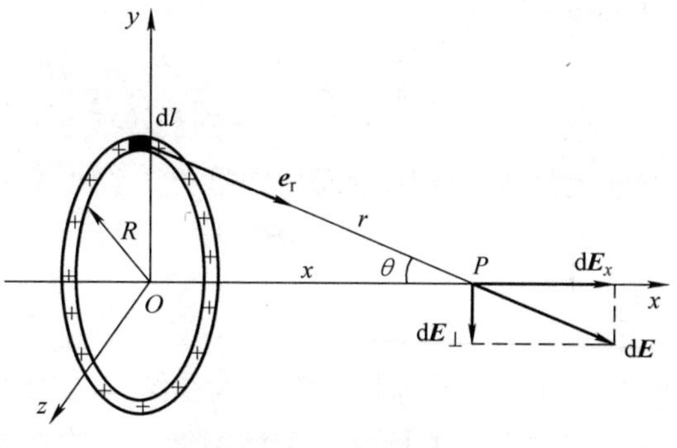

图4-7 带电圆环轴线上的电场 例4-2图

上式表明，均匀带电圆环对轴线上任意一点的电场强度，是该点距环心点 O 距离 x 的单值函数，即 $\boldsymbol{E}=\boldsymbol{E}(x)$，方向沿轴线指向远方。对该电场强度，可做如下讨论：

（1）若 $x\gg R$，则 $(x^2+R^2)^{3/2}\approx x^3$，这时有

$$E\approx\frac{1}{4\pi\varepsilon_0}\frac{q}{x^2}$$

即在远离圆环的地方，可以把带电圆环看成点电荷。

（2）若 $x\approx 0$，$E\approx 0$，这表明环心处的电场强度为零。

（3）由 $\frac{\mathrm{d}E}{\mathrm{d}x}=0$，可求得电场强度极大的位置，得

$$\frac{\mathrm{d}}{\mathrm{d}x}\left[\frac{1}{4\pi\varepsilon_0}\frac{qx}{(x^2+R^2)^{3/2}}\right]=0$$

$$x=\pm\frac{\sqrt{2}}{2}R$$

这表明，圆环轴线上具有最大电场强度的位置，位于原点 O 两侧的 $+\frac{\sqrt{2}}{2}R$ 和 $-\frac{\sqrt{2}}{2}R$ 处。

例4-3 如图4-8所示，正电荷 q 均匀地分布在半径为 R 的圆盘上。计算通过盘心且垂直于盘面的轴线上任一点 P 处的电场强度。

解：设圆盘所处的平面是 Oyz 平面，坐标原点 O 在盘心，建立如图所示的坐标系。点 P 的坐标为（x，0，0）。据题意，电荷 q 均匀地分布，故电荷面密度 $\sigma=q/\pi R^2$，是一个常量。

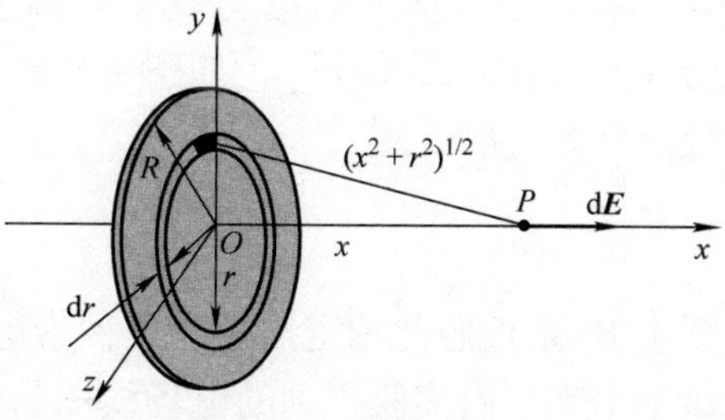

图4-8 带电圆盘轴线上的电场 例4-3图

带电圆盘可以看成由许多同心的带电细圆环组成。取一个半径为 r，宽度为 dr 的细圆环，此环带有电荷 $\sigma\cdot 2\pi r\cdot dr$。由上例可知，此圆环电荷在点 P 的电场强度的大小为

$$\mathrm{d}E_x=\frac{x\mathrm{d}q}{4\pi\varepsilon_0(x^2+r^2)^{3/2}}=\frac{\sigma}{2\varepsilon_0}\frac{xr\mathrm{d}r}{(x^2+r^2)^{3/2}}$$

方向沿轴线指向远方，如图 4-8 所示。由于组成圆盘的各圆环的电场强度的方向都相同，故点 P 的电场强度为

$$E = \int \mathrm{d}E_x = \frac{\sigma x}{2\varepsilon_0}\int_0^R \frac{r\mathrm{d}r}{(x^2 + r^2)^{3/2}} = \frac{\sigma x}{2\varepsilon_0}\left(\frac{1}{\sqrt{x^2}} - \frac{1}{\sqrt{x^2 + R^2}}\right) \tag{1}$$

其方向也是垂直于圆盘面指向远方。在下面两种情况下，圆盘的电场强度可以得到简化。

（1）当 $x \ll R$ 时，电场强度大小为

$$E = \frac{\sigma}{2\varepsilon_0} \tag{2}$$

此时相对于 x，可将此带电圆盘看作“无限大”带电平面。因此，可以说，在一无限大均匀带电平面附近，电场是一个均匀场，其大小由式（2）给出。

（2）当 $x \gg R$ 时，

$$\boldsymbol{E} = \frac{\pi R^2 \sigma}{4\pi\varepsilon_0 x^2}\boldsymbol{i} = \frac{q}{4\pi\varepsilon_0 x^2}\boldsymbol{i}$$

式中，$q = \sigma\pi R^2$ 为圆盘所带的总电量。这一结果也说明，在远离带电圆盘处的电场也相当于一个点电荷的电场。

4.3　电场强度通量　高斯定理

4.3.1　电场线

前面我们研究了描述电场性质的重要物理量——电场强度，接下来为了形象地描述电场强度在空间的分布情形，我们引入电场线。如图 4-9 所示，在电场中作出一系列的曲线，使得曲线上每一点的切线方向都与电场强度的方向一致，这些曲线就叫作电场线，其性质为

（1）曲线上每一点的切线方向表示该点电场强度的方向；

（2）电场中某一点电场强度的大小 $|\boldsymbol{E}|$（或 E）与通过该处且与 $\boldsymbol{E}$ 垂直的单位面积的电场线条数相等。或者作与电场中某点电场强度垂直的面元 $\mathrm{d}S_\perp$，如图 4-9 所示，假设通过此面元的电场线条数为 $\mathrm{d}\Phi_\mathrm{e}$，则

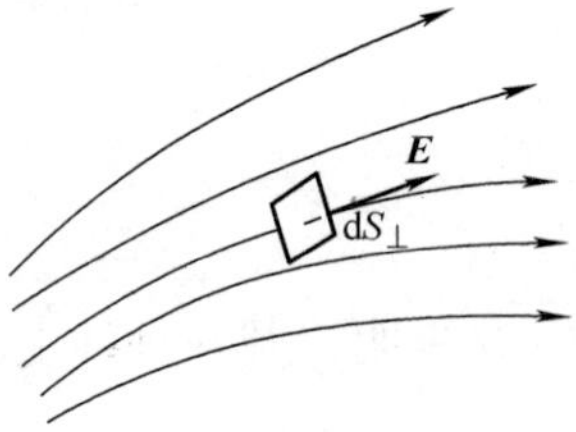

图 4-9　电场线

$$E = \frac{\mathrm{d}\Phi_\mathrm{e}}{\mathrm{d}S_\perp} \tag{4-13}$$

图 4-10 是按照此约定描绘的几种带电系统静电场的电场线分布图。电场线也可以通过实验显示出来，由实验得到的电场线图与按约定画出的电场线是相同的。

通过分析图 4-10，可以得出一些共性的结论，静电场的电场线有如下特点：（1）电场线总是起始于正电荷（或来自无穷远处），终止于负电荷（或伸向无穷远处），不形成闭合曲线；（2）任何两条电场线都不能相交。这是因为电场中每一点的电场强度只能有一个确定方向。还应该注意，引入电场线的目的在于形象地反映电场中电场强度的情况，并不是电场中真有这些电场线存在。

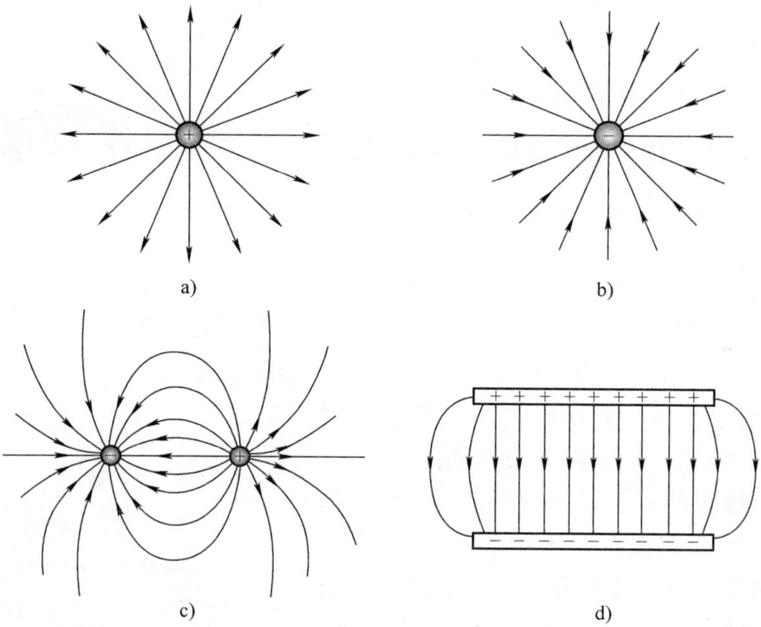

图 4-10 几种典型的电场线分布图形

a）正点电荷 b）负点电荷 c）电偶极子电场 d）正负带电板的电场

4.3.2 电场强度通量

在上节中，式（4-9）和式（4-11）给出了电荷和它们的电场分布的关系。利用电场线的概念，可以用另一种形式——高斯定理把这一关系表示出来。为此，我们先给出电通量的概念。

如图 4-11 所示，以 d$\boldsymbol{S}$ 表示电场中某一个假想的面积元，这是一个矢量，其大小为 dS，方向用它的法向单位矢量 $\boldsymbol{e}_n$ 表示，有 $\mathrm{d}\boldsymbol{S}=\mathrm{d}S\boldsymbol{e}_n$。通过此面元的电场线的条数就是通过这一面元的**电通量**。为求出电通量，我们考虑此面元在垂直于电场强度方向的投影面 $\mathrm{d}S_\perp$。很明显，通过面元 dS 和其投影面 $\mathrm{d}S_\perp$ 的电场线条数是一样的。由图可知，$\mathrm{d}S_\perp=\mathrm{d}S\cos\theta$。将这个结果代入式（4-13），可得通过 d$\boldsymbol{S}$ 的电场线的条数或电通量应为

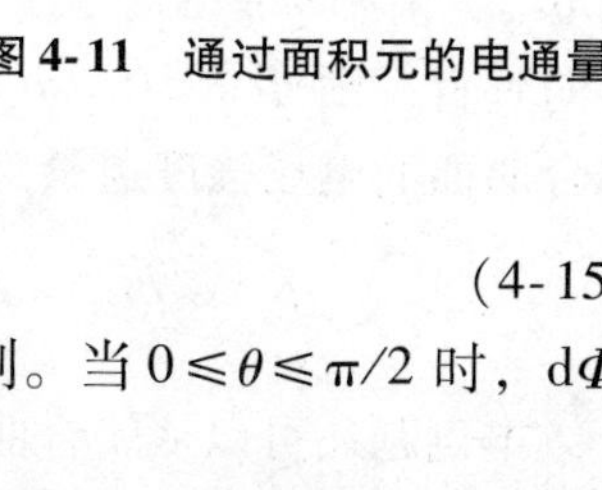

图 4-11 通过面积元的电通量

$$\mathrm{d}\Phi_e=E\mathrm{d}S_\perp=E\mathrm{d}S\cos\theta \qquad (4\text{-}14)$$

由矢量点积的定义，可得

$$\mathrm{d}\Phi_e=\boldsymbol{E}\cdot\mathrm{d}\boldsymbol{S} \qquad (4\text{-}15)$$

需要注意，由式（4-15）决定的电通量 $\mathrm{d}\Phi_e$ 有正、负之差别。当 $0\leqslant\theta\leqslant\pi/2$ 时，$\mathrm{d}\Phi_e$ 为正；当 $0\leqslant\theta\leqslant\pi/2$ 时，$\mathrm{d}\Phi_e$ 为负。

如图 4-12 所示，$\boldsymbol{S}$ 是一任意曲面。为了求出通过的 $\boldsymbol{S}$ 的电通量，可将曲面 $\boldsymbol{S}$ 分割成许多小面元 d$\boldsymbol{S}$，每个面元 d$\boldsymbol{S}$ 都可看成是一个小平面，在面元 d$\boldsymbol{S}$ 处，电场强度 $\boldsymbol{E}$ 处处相等。仿照上面的办法，先计算通过每一小面元的电通量，然后对整个 $\boldsymbol{S}$ 面上所有面元的电通量求和。用数学式表示为

$$\Phi_e = \int_S \boldsymbol{E} \cdot \mathrm{d}\boldsymbol{S} \tag{4-16}$$

式中，“$\int_S$”表示积分遍及整个曲面 S。

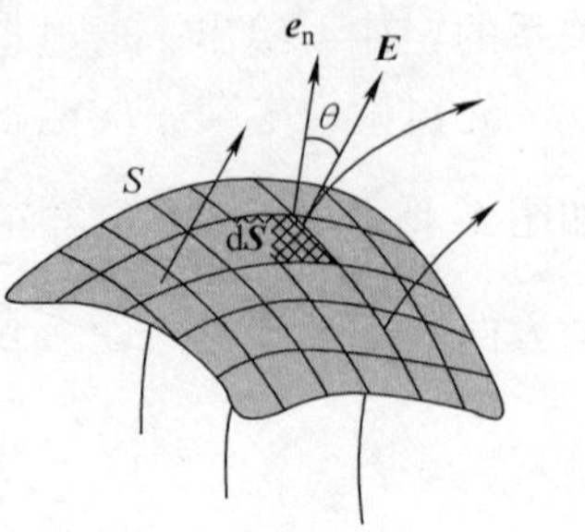

图 4-12　通过任意曲面的电通量

如果曲面是一个封闭曲面，如图 4-13 所示，式（4-16）的曲面积分应换成对闭合曲面积分，闭合曲面积分用“$\oint_S$”表示，则通过闭合曲面的电通量为

$$\Phi_e = \oint_S \mathrm{d}\Phi_e = \oint_S E\mathrm{d}S\cos\theta = \oint_S \boldsymbol{E} \cdot \mathrm{d}\boldsymbol{S} \tag{4-17}$$

一般说来，$\mathrm{d}\boldsymbol{S}$ 的方向决定通过曲面上各个面积元的电场强度通量 $\mathrm{d}\Phi_e$ 的正、负。为此约定面元的法线方向：对于不闭合的曲面，如图 4-12 所示，曲面上各处法向单位矢量 $\boldsymbol{e}_n$ 的正方向可以取垂直于面元的任意一侧。对于闭合曲面，如图 4-13 所示，由于它使整个空间划分成内、外两部分，而通过闭合曲面的电场线，有些是“穿进”的，有些是“穿出”的，以由内向外且垂直于面元的方向为面元的法线正方向。因此，从曲面内向外“穿出”的电场线，通量为正，从曲面外向内“穿入”的电场线，通量为负。式（4-17）表示的通过整个闭合曲面的电通量 Φ_e 就等于穿出与穿入闭合曲面的电场线条数之差，也就是净穿出闭合曲面的电场线的总条数。

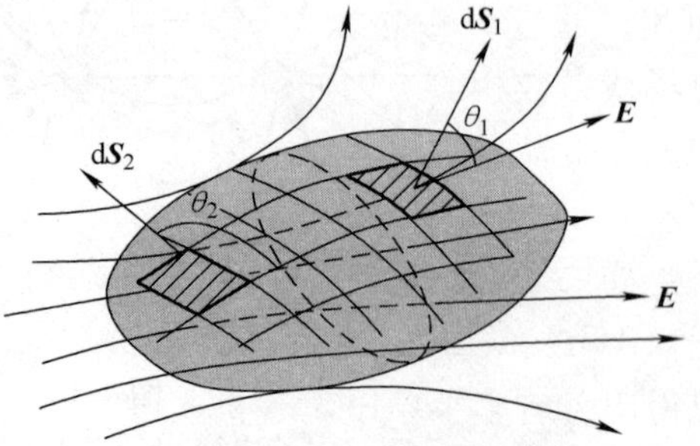

图 4-13　闭合曲面的电通量

例 4-4　如图 4-14 所示，有一个三棱体放在电场强度为 $\boldsymbol{E} = 100\boldsymbol{i}$ N · C^{-1} 的均匀电场中。求通过此三棱体的电场强度通量。

解：三棱体的表面为一闭合曲面，由五个平面构成，设其中 $MNPOM$ 所围的面积为 S_1，$MNQM$ 和 $OPRO$ 所围的面积为 S_2 和 S_3，$MORQM$ 和 $NPRQN$ 所围面积为 S_4 和 S_5。那么，在此均匀电场中通过五个面的电场强度通量分别表示为 Φ_{e1}、Φ_{e2}、Φ_{e3}、Φ_{e4} 和 Φ_{e5}，由于平面 S_2、S_3、S_4 的法线方向与电场强度方向垂直，则 $\Phi_{e2} = 0$，$\Phi_{e3} = 0$，$\Phi_{e4} = 0$，故通过此闭合曲面的电场强度通量为

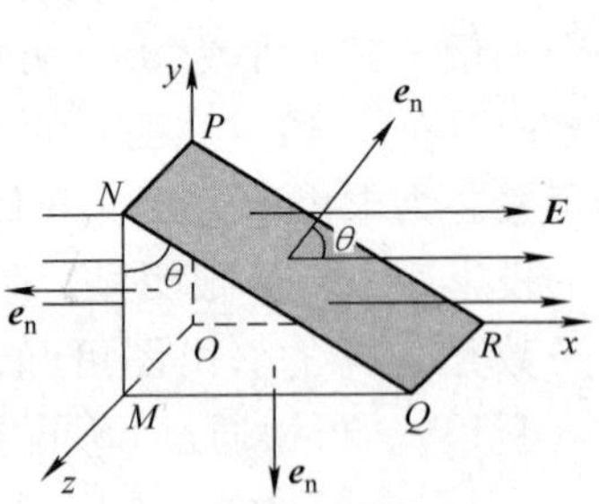

图 4-14　三棱体的电通量　例 4-4 图

$$\Phi_e = \Phi_{e1} + \Phi_{e5} = \int_{S_1} E\mathrm{d}S\cos 180^\circ + \int_{S_5} E\mathrm{d}S\cos\theta = -ES_1 + ES_1 = 0$$

本例题还可以从闭合曲面电通量的物理意义出发，直接得出结论，请大家思考。

4.3.3　高斯定理

高斯是德国物理学家和数学家，他在实验物理和理论物理以及数学方面都做出了很多贡献。他推导出静电场中的一条重要定理——高斯定理，它是用电通量表示的电场和场源电荷

关系的定律，给出了通过任一闭合面的电通量与闭合面内所包含的电荷之间的关系。

先讨论点电荷 q 的电场。以 q 所在点为中心，取任意长度 r 为半径作一球面 S 包围 q，如图4-15a所示。我们知道，球面上任一点的电场强度 $\boldsymbol{E}$ 的大小都是$\dfrac{q}{4\pi\varepsilon_0 r^2}$，方向沿矢径 $\boldsymbol{r}$ 的方向，且处处与球面垂直。根据式（4-17），可得通过这个球面的电通量为

$$\Phi_e = \oint_S \boldsymbol{E}\cdot d\boldsymbol{S} = \oint_S \frac{q}{4\pi\varepsilon_0 r^2}dS = \frac{q}{4\pi\varepsilon_0 r^2}\oint_S dS = \frac{q}{4\pi\varepsilon_0 r^2}4\pi r^2 = \frac{q}{\varepsilon_0}$$

这个结果与球面半径 r 无关，只与它包围的电荷有关。

由于电场线是不中断的，这个结果进一步说明，对包围点电荷 q 的任意的闭合面 S'，通过 S'的电场线条数与通过 S 面的电场线条数相等。因此，通过任意形状的包围点电荷 q 的闭合曲面的电通量都等于 q/ε_0，如图4-15a所示。

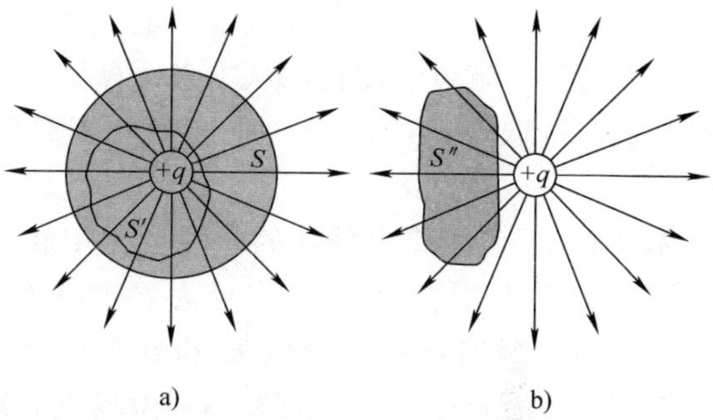

图4-15 高斯定理

如果闭合曲面 S''不包围点电荷 q，如图4-15b所示，则由电场线连续的特性可以得出，有多少条电场线进入 S''，一定有等量的电场线穿出 S''，所以，通过闭合曲面 S''的电通量（净穿过闭合曲面 S''的电场线条数）为零。用公式表示为

$$\Phi_e = \oint_S \boldsymbol{E}\cdot d\boldsymbol{S} = 0$$

以上是关于单个点电荷的电场的结论。对于一个由点电荷 q_1，q_2，…，q_n组成的电荷系来说，在它们的电场中任意一点，由电场强度叠加原理，可得

$$\boldsymbol{E} = \boldsymbol{E}_1 + \boldsymbol{E}_2 + \cdots + \boldsymbol{E}_n$$

式中，$\boldsymbol{E}_1$，$\boldsymbol{E}_2$，…，$\boldsymbol{E}_n$为单个点电荷产生的电场；E 为总电场。这时通过任意闭合曲面 S 的电通量为

$$\Phi_e = \oint_S \boldsymbol{E}\cdot d\boldsymbol{S} = \oint_S \boldsymbol{E}_1\cdot d\boldsymbol{S} + \oint_S \boldsymbol{E}_2\cdot d\boldsymbol{S} + \cdots + \oint_S \boldsymbol{E}_n\cdot d\boldsymbol{S} = \Phi_{e1} + \Phi_{e2} + \cdots + \Phi_{en}$$

式中，Φ_{e1}，Φ_{e2}，…，Φ_{en}为单个点电荷的电场通过闭合曲面的电通量。由上述关于单个点电荷的结论可知，当 q_i在闭合曲面内时，$\Phi_{ei} = q_i/\varepsilon_0$；当 q_i 在闭合曲面外时，$\Phi_{ei} = 0$，所以上式可以写成

$$\Phi_e = \oint_S \boldsymbol{E}\cdot d\boldsymbol{S} = \frac{1}{\varepsilon_0}\sum q_i \tag{4-18}$$

式中，$\sum q_i$ 表示在闭合曲面内的电荷量的代数和。式（4-18）就是**高斯定理的数学表达式**。它表明，在真空中的静电场中，通过任何一闭合曲面 S 的电通量，等于该曲面所包围的电荷电量的代数和的 $1/\varepsilon_0$ 倍。

对于高斯定理的理解应注意以下几个方面：（1）高斯定理表达式左边的电场强度 $\boldsymbol{E}$ 是曲面上各点的电场强度，它是由全部电荷（既包括闭合曲面内又包括闭合曲面外的电荷）共同产生的合电场强度，并非只是由闭合曲面内的电荷 $\sum q_i$ 所产生的；（2）通过闭合曲面

的总电通量只取决于它所包含的电荷，即只有闭合曲面内部的电荷才对这一总电通量有贡献，闭合曲面外部电荷对这总电通量没有贡献。

卡文迪许曾用高斯定理来证明库仑定律的平方反比关系，这说明高斯定理和库仑定律不是相互独立的定律，而是用不同形式表示的电场与场源电荷关系的同一客观规律。对于静止电荷的电场，库仑定律和高斯定理等价。

4.3.4 高斯定理的应用举例

一般来说，当电荷分布给定时，从高斯定理只能求出穿过一闭合曲面的电场强度通量，并不能够把电场中各点的电场强度确定下来。但如果所涉及的电场是均匀电场，或者电场的分布是对称的，就可以使我们从本来计算比较复杂的积分式中把电场计算出来。因此分析对称性，进而选取合适的高斯面将成为利用高斯定理求解电场强度的关键所在，下面举例说明。

例 4-5 求均匀带电球面的电场强度分布。设球面半径为 R，带电量为 q（设 $q>0$）。

解：电荷 q 均匀地分布在半径为 R 的球面上。由于电荷分布是球对称的，所以 $\boldsymbol{E}$ 的分布也是球对称的。$\boldsymbol{E}$ 的方向沿着径矢，$\boldsymbol{E}$ 的大小则由场点到球心的距离决定，即在同一球面上各点 $\boldsymbol{E}$ 的大小相等，且 $\boldsymbol{E}$ 与球面各处的 $\mathrm{d}S$ 垂直。

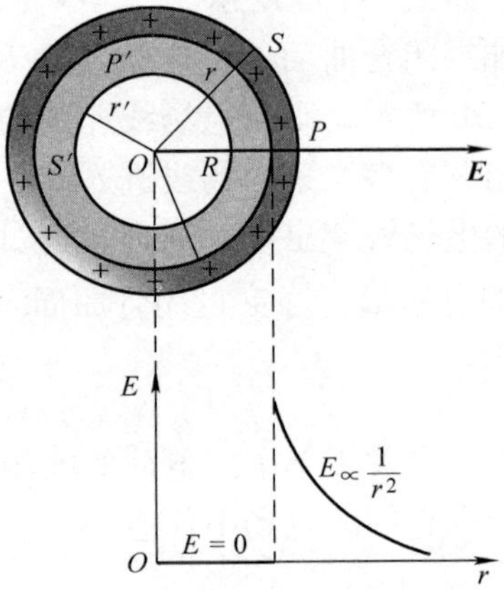

图 4-16 均匀带电球面的电场 例 4-5 图

如果场点 P' 在如图 4-16 所示的球面内部，以球心到点 P' 的距离 r' 为半径作的球面为高斯面，此高斯球面内没有电荷，即

$$\sum q_i = 0$$

由高斯定理，可得

$$\Phi_\mathrm{e} = \oint_S \boldsymbol{E} \cdot \mathrm{d}\boldsymbol{S} = E \cdot 4\pi r^2 = 0$$

有

$$E = 0 (r' < R) \tag{1}$$

如果场点 P 在球面外部，以球心到点 P 的距离 r 为半径作的球面为高斯面，此高斯球面内电荷为 q，即

$$\sum q_i = q$$

由高斯定理，可得

$$\Phi_\mathrm{e} = \oint_S \boldsymbol{E} \cdot \mathrm{d}\boldsymbol{S} = E \cdot 4\pi r^2 = \frac{q}{\varepsilon_0}$$

有

$$E = \frac{q}{4\pi\varepsilon_0 r^2} \quad (r > R) \tag{2}$$

以上结果用矢量表示为

$$\boldsymbol{E} = \frac{q}{4\pi\varepsilon_0 r^2}\boldsymbol{e}_\mathrm{r} \quad (r > R)$$

式中，$\boldsymbol{e}_\mathrm{r}$ 为沿径矢的单位矢量。上式的结果表明，均匀带电球面外的电场强度分布正像球面

上的电荷都集中在球心时所形成的点电荷在该区的电场强度分布。由式（1）和式（2）可作电场强度随距离变化的 $E-r$ 曲线，如图4-16所示。从曲线上可以看出，电场强度值在球面（$r=R$）上是不连续的。

例4-6 求无限长均匀带电直线的电场分布。已知带电直线的线电荷密度为 λ（设 $\lambda>0$）。

解：带电直线的电场分布具有轴对称性。若场点 P 到直线距离为 r，过点 P 作一个圆心 O 在带电线上，其面与带电线垂直的圆环，则圆环半径为 r。由于均匀带电直线为无限长，所以电荷分布对于 OP 直线上、下对称，如图4-17所示。因此，点 P 的电场方向一定垂直于带电直线而沿矢径方向，并且和点在同一圆柱面（以带电直线为轴）上的各点电场强度大小也都相等，方向都沿矢径。

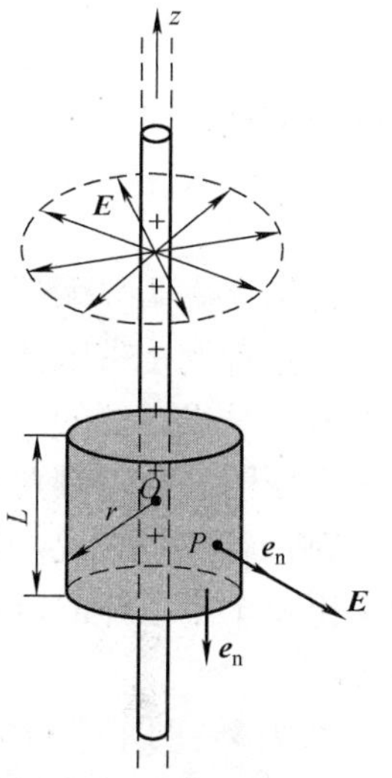

图4-17 无限长均匀带电直线的电场 例4-6图

作一个通过点 P，以带电直线为轴，高为 L 的圆柱形闭合面为高斯面 S，通过该面的电通量为

$$\Phi_e=\oint_S \boldsymbol{E}\cdot d\boldsymbol{S}=\oint_{侧面}\boldsymbol{E}\cdot d\boldsymbol{S}+\oint_{上底面}\boldsymbol{E}\cdot d\boldsymbol{S}+\oint_{下底面}\boldsymbol{E}\cdot d\boldsymbol{S}$$

在 $\boldsymbol{S}$ 面上、下底面，电场强度方向与面的法线方向垂直，因此有

$$\oint_{上底面}\boldsymbol{E}\cdot d\boldsymbol{S}+\oint_{下底面}\boldsymbol{E}\cdot d\boldsymbol{S}=0$$

而在侧面各点 $\boldsymbol{E}$ 的方向与该点面元的法线方向相同，所以有

$$\Phi_e=\oint_S \boldsymbol{E}\cdot d\boldsymbol{S}=\oint_{侧面}\boldsymbol{E}\cdot d\boldsymbol{S}=E\cdot 2\pi rL$$

由于闭合面内包含的电荷为 λL，由高斯定理，得

$$E\cdot 2\pi rL=\lambda L/\varepsilon_0$$

整理得

$$E=\lambda/2\pi r\varepsilon_0$$

例4-7 求无限大均匀带电平面的电场分布，已知带电平面上面电荷密度为 σ（设 $\sigma>0$）。

解：由于均匀带电平面是无限大的，带电平面两侧附近的电场具有对称性，所以平面两侧的电场强度垂直于该平面，如图4-18a所示。考虑距离带电平面为 r 的场点 P，选一个其轴垂直于带电平面的圆柱形的闭合面作为高斯面，带电平面平分此圆柱，而点 P 位于它的一个底面上。

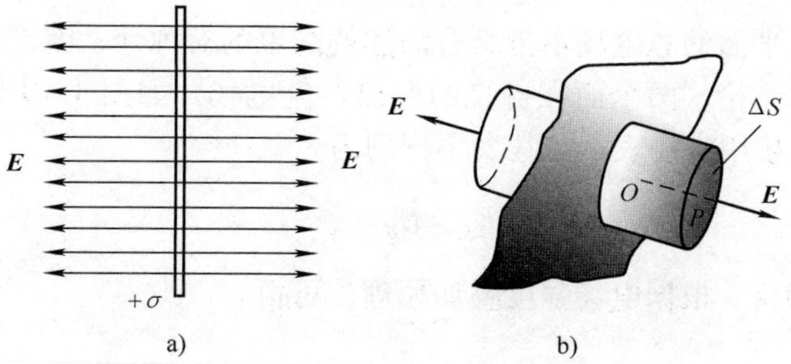

图4-18 无限大均匀带电平面的电场 例4-7图

由于圆筒的侧面上各点的 $\boldsymbol{E}$ 与侧面法线方向垂直，所以通过侧面的电通量为零，只需要计算通过两底面的电通量。以 ΔS 表示一个底的面积，则

$$\Phi_e = \oint_S \boldsymbol{E}\cdot d\boldsymbol{S} = \oint_{上底面} \boldsymbol{E}\cdot d\boldsymbol{S} + \oint_{下底面} \boldsymbol{E}\cdot d\boldsymbol{S} = 2E\Delta S$$

由于

$$\sum q_i = \sigma\Delta S$$

由高斯定理，得

$$E = \frac{\sigma}{2\varepsilon_0}$$

此结果表明，无限大均匀带电平面两侧的电场是均匀的，与场点的位置无关。

上述各例中带电体的电荷分布都具有某种对称性，利用高斯定理计算这类带电体的电场强度分布是很方便的。不具有特定对称性的电荷分布，其电场不能直接由高斯定理求出，但这并不说明高斯定理对这些电荷分布不成立。

对带电体系来说，如果其中每个带电体上的电荷分布都具有对称性，那么可以用高斯定理求出每个带电体的电场，然后再应用场叠加原理求出带点体系的总电场分布。请看下面的例子。

例 4-8 两个平行的无限大均匀带电平面，其电荷面密度分别为 $\sigma_1 = +\sigma$ 和 $\sigma_2 = -\sigma$，求这一带电系统的电场分布，如图 4-19 所示。

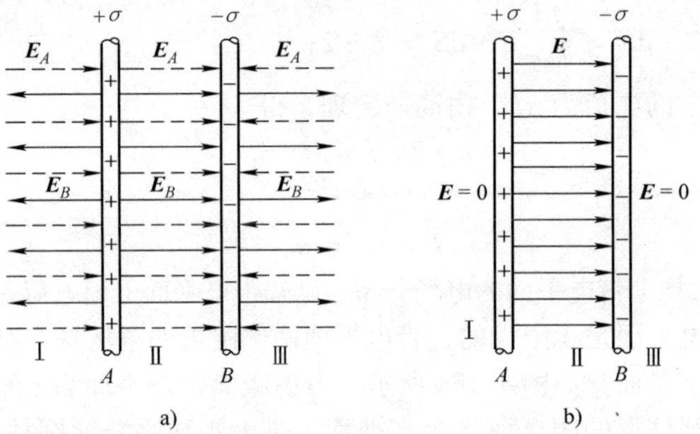

图 4-19 无限大均匀带电平面电场示意图 例 4-8 图

解：这两个带电平面的总电场不再具有前述的简单的对称性，因而不能直接用高斯定理求解。但根据上题的结论，两个面在各自的两侧产生电场，如图 4-19 所示，$-\sigma$ 的电场用虚线表示，$+\sigma$ 的电场用实线表示。其大小分别为

$$E_A = E_B = \frac{\sigma}{2\varepsilon_0}$$

由于二者方向相反，根据电场强度叠加原理，可得

在Ⅰ区：

$$E_1 = E_A - E_B = 0$$

在Ⅱ区：

$$E_2 = E_A + E_B = \frac{\sigma}{\varepsilon_0}，方向水平向右$$

在Ⅲ区：

$$E_3 = E_A - E_B = 0$$

4.4 静电场环路定理 电势

4.4.1 静电场的保守性

本节将从静电场力做功的角度研究静电场的另一个重要性质——保守性，并由此引入另一个描述静电场的物理量——电势。

在图4-20中，在固定在原点 O 的点电荷 q（设 $q>0$）的电场中移动试验电荷 q_0，由点 A 沿路径 ACB 到达点 B，C 是路径中的任意一点，从原点 O 到点 C 的位置矢量为 $\boldsymbol{r}$。将试验电荷 q_0 从点 C 处移动一个微小位移 $\mathrm{d}\boldsymbol{l}$，则电场力对 q_0 做的元功为

$$\mathrm{d}W = q_0 \boldsymbol{E} \cdot \mathrm{d}\boldsymbol{l}$$

已知点电荷 q 的电场强度为

$$\boldsymbol{E} = \frac{q}{4\pi\varepsilon_0 r^2}\boldsymbol{e}_\mathrm{r}$$

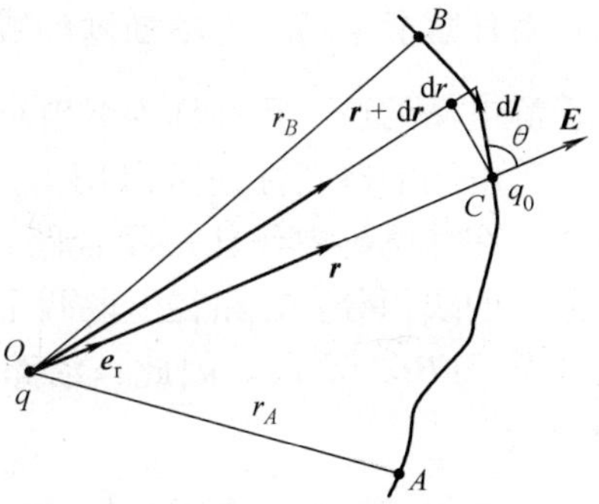

图4-20 点电荷电场中电场力做功

式中，$\boldsymbol{e}_\mathrm{r}$为沿矢径的单位矢量，于是元功可写为

$$\mathrm{d}W = \frac{qq_0}{4\pi\varepsilon_0 r^2}\boldsymbol{e}_\mathrm{r} \cdot \mathrm{d}\boldsymbol{l}$$

从图4-20可以看出，$\boldsymbol{e}_\mathrm{r} \cdot \mathrm{d}\boldsymbol{l} = \mathrm{d}l\cos\theta = \mathrm{d}r$，式中 θ 是 $\boldsymbol{E}$ 与 $\mathrm{d}\boldsymbol{l}$ 之间的夹角。所以，上式可以写成

$$\mathrm{d}W = \frac{qq_0}{4\pi\varepsilon_0 r^2}\mathrm{d}r$$

（注意：$\mathrm{d}\boldsymbol{l}$ 为试验电荷 q_0 移动发生的位移，而 $\mathrm{d}r$ 为试验电荷在不同位置时，位置矢量大小的增量。）于是，在试验电荷 q_0 从点 A 移到点 B 的过程中，电场力所做的总功为

$$W = \int \mathrm{d}W = \frac{qq_0}{4\pi\varepsilon_0}\int_{r_A}^{r_B}\frac{\mathrm{d}r}{r^2} = \frac{qq_0}{4\pi\varepsilon_0}\left(\frac{1}{r_A} - \frac{1}{r_B}\right) \quad (4\text{-}19)$$

式中，r_A 和 r_B 分别为移动试验电荷时的起点和终点距点电荷 q 的距离。式（4-19）表明，在静止点电荷 q 的电场中，电场力对试验电荷 q_0 所做的功，只与试验电荷 q_0 移动时的起始和终止位置有关，与所经历的路径无关，说明点电荷的电场力是保守力。

任何带电体都可以看成由许多点电荷组成的点电荷系。由电场强度叠加原理可知，点电荷系的电场强度 $\boldsymbol{E}$ 为各个点电荷电场强度叠加，即 $\boldsymbol{E} = \boldsymbol{E}_1 + \boldsymbol{E}_2 + \cdots$。因此，在点电荷系的电场中，电场力对试验电荷 q_0 所做的功为

$$W = q_0\int_L \boldsymbol{E} \cdot \mathrm{d}\boldsymbol{l} = q_0\int_L \boldsymbol{E}_1 \cdot \mathrm{d}\boldsymbol{l} + q_0\int_L \boldsymbol{E}_2 \cdot \mathrm{d}\boldsymbol{l} + \cdots \quad (4\text{-}20)$$

式中的每一项都与路径无关，所以它们的代数和也必然与路径无关。由此得出以下结论：一试验电荷 q_0 在静电场中从一点沿任意路径运动到另一点时，静电场力对它所做的功，仅与试验电荷 q_0 及路径的起始和终止位置有关，而与该路径无关。

4.4.2 静电场的环路定理

将式（4-20）两侧除以 q_0，得到

$$\frac{W}{q_0} = \int_L \boldsymbol{E} \cdot \mathrm{d}\boldsymbol{l} = \int_L \boldsymbol{E}_1 \cdot \mathrm{d}\boldsymbol{l} + \int_L \boldsymbol{E}_2 \cdot \mathrm{d}\boldsymbol{l} + \cdots \tag{4-21}$$

式中，$\int_L \boldsymbol{E} \cdot \mathrm{d}\boldsymbol{l}$，$\int_L \boldsymbol{E}_1 \cdot \mathrm{d}\boldsymbol{l}$，$\int_L \boldsymbol{E}_2 \cdot \mathrm{d}\boldsymbol{l}$，…分别称为电场强度 $\boldsymbol{E}$，$\boldsymbol{E}_1$，$\boldsymbol{E}_2$，…沿任意路径 L 的线积分，表示在电场中沿任意路径 L 移动单位正电荷时电场力所做的功。因此可以得出如下结论：对任意静电场，电场强度的线积分 $\int_L \boldsymbol{E} \cdot \mathrm{d}\boldsymbol{l}$ 都只取决于起点和终点的位置，而与路径无关，静电场的这一特性称为**静电场的保守性**。

静电场的保守性还可以用另外一种形式表示。如图 4-21 所示，在静电场中作任一闭合路径 $ACBDA$，考虑电场沿此闭合路径的线积分。在路径上取两个端点 A 和 B，它们把路径分为 ACB 和 BDA 两段。因此，沿路径 $ACBDA$ 的电场强度的线积分为

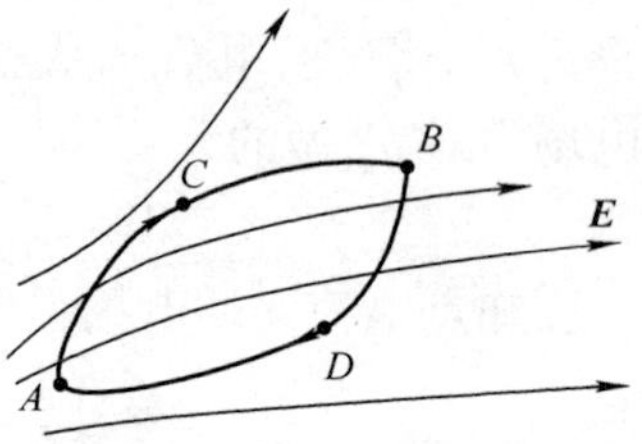

图 4-21　静电场的环路定理

$$W = q_0 \oint_L \boldsymbol{E} \cdot \mathrm{d}\boldsymbol{l} = q_0 \int_{ACB} \boldsymbol{E} \cdot \mathrm{d}\boldsymbol{l} + q_0 \int_{BDA} \boldsymbol{E} \cdot \mathrm{d}\boldsymbol{l} \tag{4-22}$$

$$\int_{BDA} \boldsymbol{E} \cdot \mathrm{d}\boldsymbol{l} = -\int_{ADB} \boldsymbol{E} \cdot \mathrm{d}\boldsymbol{l}$$

由于电场强度的线积分与路径无关，所以式（4-22）最后的两个积分的绝对值相等，但相差一个负号。因此由式（4-22）得

$$\oint_L \boldsymbol{E} \cdot \mathrm{d}\boldsymbol{l} = 0 \tag{4-23}$$

式（4-23）表明，在静电场中，电场强度沿任意闭合路径的线积分等于零。这就是静电场保守性的另外一种说法，称为**静电场的环路定理**。与高斯定理一样，静电场的环路定理也是表述静电场性质的一个重要定理。

4.4.3 电势能

静电场是保守场，类似于万有引力场和重力场，因此也可以引入相应的**电势能**，可以认为电荷在静电场中一定的位置上具有一定的电势能，这个电势能是属于电荷与电场系统的。根据保守力做功和势能的关系可知，静电场力对电荷所做的功等于电荷电势能增量的负值。

如图 4-21 所示，如果用 E_{pA} 和 E_{pB} 分别表示试验电荷 q_0 在电场中点 A 和点 B 的电势能，则试验电荷从点 A 到点 B 移动过程中，静电场力对其做功为

$$W_{AB} = E_{pA} - E_{pB} = -(E_{pB} - E_{pA})$$

或

$$q_0 \int_{AB} \boldsymbol{E} \cdot \mathrm{d}\boldsymbol{l} = E_{pA} - E_{pB} = -(E_{pB} - E_{pA}) \tag{4-24}$$

在国际单位中，电势能的单位是焦耳，用 J 表示。电势能是个相对的概念，在描述某点处的电势能时，需要先指出电势能的零参考点，一般来说，势能零点是任意选取的，但还要注意是否有利于解决实际问题。如果零点 B 处的电势能 $E_{pB}=0$，则有点 A 处的电势能

$$E_{pA} = q_0\int_{AB}\boldsymbol{E}\cdot \mathrm{d}\boldsymbol{l} \tag{4-25}$$

可见，电荷在电场中某点处的电势能，在数值上等于把这个电荷从该点移动到零势能参考点时，电场力所做的功。

4.4.4　电势

电势是描述电场性质的另一个重要物理量，将式（4-24）两边除以 q_0，并取

$$V_A = E_{pA}/q_0,\quad V_B = E_{pB}/q_0$$

V_A 和 V_B 分别表示 A 和 B 两点的**电势**，以 $U_{AB}=V_A-V_B$ 表示点 A 和点 B 两点的**电势差**，式（4-24）可以写成

$$U_{AB} = V_A - V_B = -(V_B - V_A) = \int_{AB}\boldsymbol{E}\cdot \mathrm{d}\boldsymbol{l} \tag{4-26}$$

这就是说，静电场中 A、B 两点间的电势差 U_{AB}，在数值上等于把单位正试验电荷从点 A 移动到点 B 的过程中，静电场力做的功。因此，如果知道了 A、B 两点间的电势差 U_{AB}，就可以很方便地求出把电荷 q_0 从点 A 移动到点 B 的过程中，静电场力所做的功 W_{AB}，即

$$W_{AB} = q\int_{AB}\boldsymbol{E}\cdot \mathrm{d}\boldsymbol{l} = qU_{AB} = q(V_A - V_B) = -q(V_B - V_A) \tag{4-27}$$

顺便指出，在原子物理和核物理中，电子、质子的能量（包括电势能 E_p 和动能 E_k）常用电子伏特作单位，符号为 eV，两者之间的关系为

$$1\mathrm{eV} = 1.602\times 10^{-19}\mathrm{J}$$

式（4-26）也可写成

$$V_A = \int_{AB}\boldsymbol{E}\cdot \mathrm{d}\boldsymbol{l} + V_B \tag{4-28}$$

可见，电场中点 A 的电势 V_A 在数值上等于将单位正试验电荷从点 A 移动到点 B 的过程中，电场力所做的功与点 B 的电势 V_B 之和。因此，要确定点 A 的电势，不仅要知道将单位正试验电荷从点 A 移动到点 B 的过程中电场力所做的功，还要知道点 B 的电势。所以点 B 的电势 V_B 常叫作参考电势。原则上参考电势可以取任意值，但是为方便起见，对电荷分布在有限空间的情况来说，通常选取点 B 在无限远处，即令无限远处的电势能和电势为零，有 $E_{pB}=0$，$V_B=0$。于是，电场中点 A 的电势为

$$V_A = \int_{AB}\boldsymbol{E}\cdot \mathrm{d}\boldsymbol{l} \tag{4-29}$$

式（4-29）表明，电场中某一点 A 的电势 V_A，在数值上等于把单位正试验电荷从点 A 移动到无限远处的过程中，静电场力所做的功。式（4-29）还可写作

$$V_A = \int_{A\infty}\boldsymbol{E}\cdot \mathrm{d}\boldsymbol{l}$$

这样，电场中某一点 A 的电势 V_A，在数值上也等于把单位正试验电荷从无限远处移到点 A 的过程中，静电场力所做的功的负值。

值得一提的是，电势是标量，它的单位是伏特，简称伏，符号是 V。

电势“零点”选定之后，电场中所有各点的电势值就由式（4-28）唯一地确定了，由此确定的电势是空间坐标的标量函数，即 $V=V(x, y, z)$。

应该强调指出，电场中某一点的电势值与电势零点的选取有关，而任意两点间的电势差则与电势零点的选取无关。式（4-29）所表述的电势，是选取无限远处作为电势为零的参考点的。在实际问题中，常常选地球为电势零点。这样，任何导体接地后，就相当于它的电势为零。

4.4.5 电势的计算

1. 点电荷的电势

在点电荷 q 的电场中，点 A 距点电荷 q 的距离为 r。由式（4-6）和（4-27），可得点 A 的电势为

$$V = \int_r^{\infty} \boldsymbol{E} \cdot \mathrm{d}\boldsymbol{l} = \frac{q}{4\pi\varepsilon_0} \frac{1}{r} \tag{4-30}$$

式（4-30）表明，当 $q>0$ 时，电场中各点的电势都是正值，随 r 的增加而减小；但当 $q<0$ 时，电场中各点的电势都是负值，随 r 的增加而增加，在无限远处，电势虽为零，但却是电势最高。

2. 电势叠加原理

已知带电体在真空中的电场分布，可以根据定义式（4-28）计算电势。除此之外，还可以在点电荷电势公式（4-30）的基础上应用叠加原理来计算电势，原理如下。

由若干个带电体组成的场源电荷系中，每个带电体的电场表示为 $\boldsymbol{E}_1$，$\boldsymbol{E}_2$，…，由电场强度叠加原理，总电场强度为 $\boldsymbol{E}=\boldsymbol{E}_1+\boldsymbol{E}_2+\cdots$。由式（4-29），可得此带电体系电场中点 A 的电势为

$$V_A = \int_{A\infty} \boldsymbol{E} \cdot \mathrm{d}\boldsymbol{l} = \int_{A\infty} \boldsymbol{E}_1 \cdot \mathrm{d}\boldsymbol{l} + \int_{A\infty} \boldsymbol{E}_2 \cdot \mathrm{d}\boldsymbol{l} + \cdots + \int_{A\infty} \boldsymbol{E}_n \cdot \mathrm{d}\boldsymbol{l} = V_1 + V_2 + \cdots + V_n$$

因此，有

$$V = \sum V_i \tag{4-31}$$

式（4-31）称作**电势叠加原理**。它表示一个电荷系的电场中任一点的电势等于每一个带电体单独存在时在该点所产生的电势的代数和。

实际应用式（4-31）时，可以从点电荷的电势出发进行计算。对于由点电荷 q_1，q_2，…，q_n 组成的点电荷系中，每个点电荷在点 A 的电势由式（4-30）给出，代入式（4-31），得点电荷系的电场中，点 A 处的电势为

$$V_A = \sum_{i=1}^{n} \frac{1}{4\pi\varepsilon_0} \frac{q_i}{r_i} \tag{4-32a}$$

式中，r_i 为从点电荷 q_i 到点 A 的距离。

对一个电荷连续分布的带电体，可以设想它由电荷元 $\mathrm{d}q$ 组成。将每个电荷元都当成点电荷，就可以由式（4-32a）得出用叠加原理求电势的积分公式

$$V = \frac{1}{4\pi\varepsilon_0}\int \frac{\mathrm{d}q}{r} \tag{4-32b}$$

应该指出的是，由于公式（4-32a）和（4-32b）都是以点电荷的电势公式（4-30）为基础的，因此，电势零点都已选定在无限远处了。

4.4.6 求解电势的典型问题

在真空中，当电荷系的电荷分布已知时，计算电势的方法有两种。

（1）利用式（4-28），即

$$V_A = \int_{AB} \boldsymbol{E} \cdot \mathrm{d}\boldsymbol{l} + V_B$$

在使用上式时，应注意参考点的选取，只有当电荷分布在有限的空间时，才能选无限远处的电势为零（$V_\infty = 0$）；还应注意，在积分路径上，电场强度 $\boldsymbol{E}$ 作为空间函数的表达式必须是知道的。

（2）利用式（4-32）所表达的点电荷电势的叠加原理，即

$$V_A = \sum_{i=1}^{n} \frac{1}{4\pi\varepsilon_0} \frac{q_i}{r_i} \quad 或 \quad V = \frac{1}{4\pi\varepsilon_0} \int \frac{\mathrm{d}q}{r}$$

下面举几个用上述两种方法计算电势的例子，供读者比较分析。

例 4-9 如图 4-22a 中，一个半径为 R 的均匀带电细圆环，所带总电量为 q，求在圆环轴线上任意点 P 点的电势。

解：以圆环所处的平面作为 yz 平面，坐标原点 O 在环心，如图所示。点 P 的坐标为 $(x, 0, 0)$，在圆环上取任意一个电荷元 $\mathrm{d}q$，点 P 处的电势为

$$V_P = \frac{1}{4\pi\varepsilon_0} \int_l \frac{q}{2\pi R} \frac{1}{r} \mathrm{d}l = \frac{1}{4\pi\varepsilon_0} \frac{q}{r} = \frac{1}{4\pi\varepsilon_0} \frac{q}{\sqrt{x^2 + R^2}}$$

当 P 点位于环心时，$x = 0$，则

$$V = \frac{q}{4\pi\varepsilon_0 R}$$

图 4-22b 给出了 x 轴上电势 V 随着坐标而变化的曲线。请思考：电荷在环上的分布是否影响计算结果？

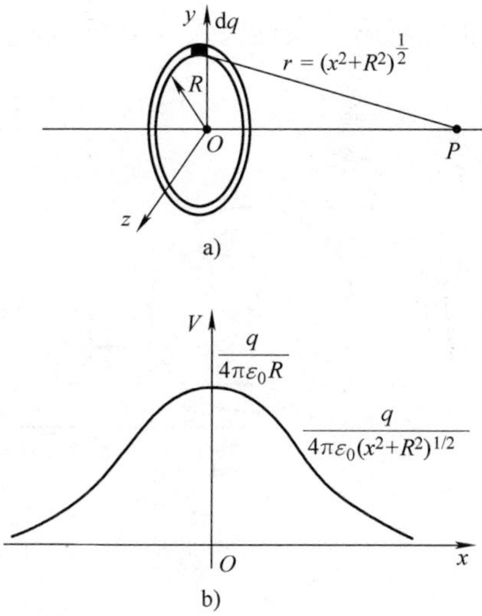

图 4-22 带电圆环的电势 例 4-9 图

例 4-10 如图 4-23 所示，求无限长均匀带电直线周围的电场中的电势分布。

解：为确定点 P 的电势，必须先要确定参考点 B 的电势 V_B。为计算方便，常选取参考点 B 处的电势为零，即 $V_B = 0$。但是值得注意的是，对于电荷分布有限空间的情况，我们通常取“无穷远处”为电势零的参考点。对于本题中的“无限长均匀带电直线”，显然不能选取“无限远”处为零电势的参考点。因此，必须另选零电势的参考点。原则上，除了“无限远”处外，其他地方都可以作为零电势的参考点。为解题方便，我们选取图 4-23中距直导线为 r_0的点 B 为电势零点，于是

$$V_P = \int_r^{r_0} \boldsymbol{E} \cdot \mathrm{d}\boldsymbol{r}$$

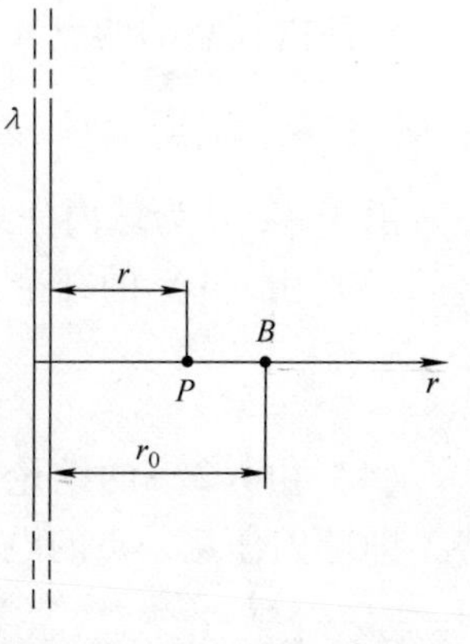

图 4-23 无限长带电直线的电势分布 例 4-10 图

$$\boldsymbol{E}=\frac{\lambda}{2\pi\varepsilon_0 r}\boldsymbol{e}_{\mathrm{r}}$$

积分得

$$V_P=\frac{\lambda}{2\pi\varepsilon_0}\int_r^{r_0}\frac{1}{r}\mathrm{d}r=\frac{\lambda}{2\pi\varepsilon_0}\ln\frac{r_0}{r}\quad(V_B=0)$$

例 4-11 讨论均匀带电球面的电场中的电势分布。球面半径为 R，总带电量为 Q。求（1）球面外任意两点间的电势差；（2）球面内任意两点间的电势差；（3）球面外任意点的电势；（4）球面内任意点的电势。

解：（1）根据前面高斯定理的结论，球面外任意一点的电场强度为

$$\boldsymbol{E}=\frac{1}{4\pi\varepsilon_0}\frac{Q}{r^2}\boldsymbol{e}_{\mathrm{r}}$$

球面外任意的两点 A 和 B 如图 4-24a 所示，则根据电势的定义，A 和 B 的电势差为

$$V_A-V_B=\int_{r_A}^{r_B}\boldsymbol{E}\cdot\mathrm{d}\boldsymbol{r}$$

将电场强度表达式代入上面的式子中，得

$$V_A-V_B=\frac{Q}{4\pi\varepsilon_0}\int_{r_A}^{r_B}\frac{\mathrm{d}r}{r^2}=\frac{Q}{4\pi\varepsilon_0}\left(\frac{1}{r_A}-\frac{1}{r_B}\right)$$

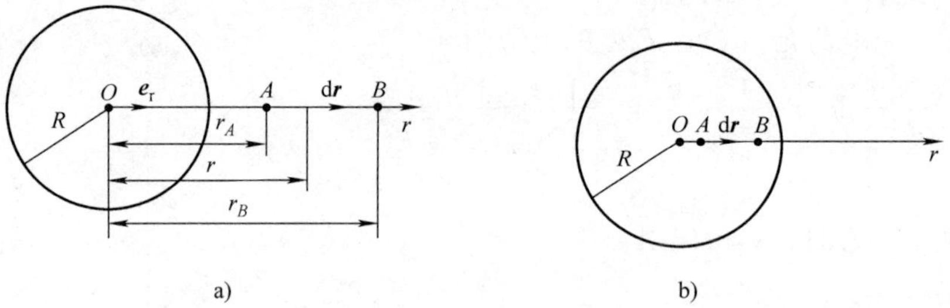

图 4-24 例 4-11 图

（2）根据前面高斯定理的结论，球面内任意一点的电场强度为

$$\boldsymbol{E}=0$$

球面内任意的两点 A 和 B 如图 4-24b 所示，则根据电势的定义，A 和 B 的电势差为

$$V_A-V_B=\int_{r_A}^{r_B}\boldsymbol{E}\cdot\mathrm{d}\boldsymbol{r}=0$$

由于 A、B 为球内任意两点，所以得出结论：球是一个等势体。

（3）由（1）的结论，取 $V_B=0$，则 A 的电势为

$$V=\frac{Q}{4\pi\varepsilon_0 r}\quad(r\geqslant R)$$

（4）由（2）的结论，整个球是一个等势体，所以球面内任一点的电势等于球面的电势，即球内任意一点的电势为

$$V=\frac{Q}{4\pi\varepsilon_0 R}$$

因此可以看出球面内的电场强度为零但电势并不为零。

4.5　电场强度与电势梯度

4.5.1　等势面

我们常用等势面来表示电场中电势的分布。在电场中，电势相等的点所组成的曲面叫**等势面**。不同电荷分布的电场具有不同形状的等势面。对于一个点电荷 q 的电场，根据式（4-30），它的等势面应该是一系列以点电荷所在点为球心的同心球面，如图 4-25a 所示。

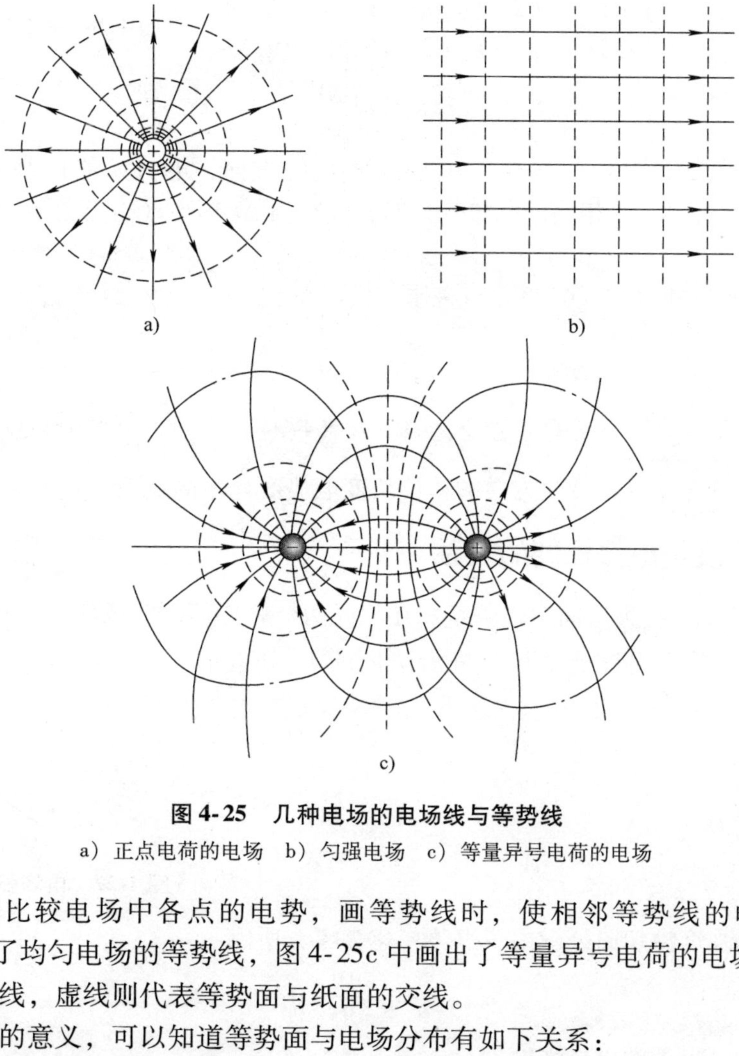

图 4-25　几种电场的电场线与等势线

a）正点电荷的电场　b）匀强电场　c）等量异号电荷的电场

为了直观的比较电场中各点的电势，画等势线时，使相邻等势线的电势差为常数。图 4-25b中画出了均匀电场的等势线，图 4-25c 中画出了等量异号电荷的电场的等势线，其中实线表示电场线，虚线则代表等势面与纸面的交线。

根据等势面的意义，可以知道等势面与电场分布有如下关系：

（1）等势面与电场线处处正交。

（2）两等势面相距较近处的电场强度数值大，相距较远处则电场强度数值小。

等势面的概念在实际问题中应用较多，主要是因为在实际遇到的很多带电问题中等势面（或等势线）的分布容易通过实验条件描绘出来，并由此可以分析电场的分布。

4.5.2 电势梯度

如图4-26所示，设在电场中取两个十分邻近的等势面Ⅰ和Ⅱ，电势分别是V和$V+\Delta V$，在两个等势面上取两个非常邻近的点A和B，间距为Δl，由于间距很小，可以认为它们之间的电场强度$\boldsymbol{E}$不变，$\Delta \boldsymbol{l}$与$\boldsymbol{E}$之间的夹角为θ，则电荷q_0从点A移动到点B，由电场力做功为

$$-[q_0(V+\Delta V)-q_0V]=q_0\boldsymbol{E}\cdot\Delta\boldsymbol{l}=q_0E\Delta l\cos\theta$$

即

$$-\Delta V=\boldsymbol{E}\cdot\Delta\boldsymbol{l}=E\Delta l\cos\theta$$

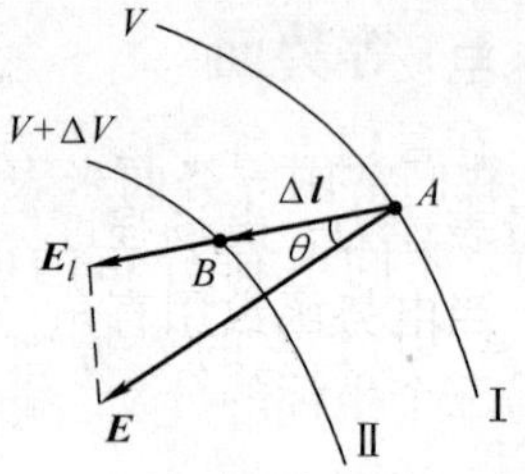

图4-26　电场强度和电势的关系

电场强度$\boldsymbol{E}$在$\Delta\boldsymbol{l}$方向的分量为$E\cos\theta=E_l$，所以有

$$E_l=-\frac{\Delta V}{\Delta l} \tag{4-33}$$

式（4-33）表明，沿着电场线（电场强度）的方向，电势始终由高到低。另外，从式（4-33）也可以看出，在相同的电势变化时，间距为Δl越小（也就是等势面越密集），E_l就越大。

如果令$\Delta l\to0$，并对式（4-33）取极限，则可得

$$E_l=-\frac{\mathrm{d}V}{\mathrm{d}l} \tag{4-34}$$

式中，$\frac{\mathrm{d}V}{\mathrm{d}l}$是沿$\boldsymbol{l}$方向单位长度的电势变化率。式（4-34）表明，电场中某点的电场强度沿某一方向的分量，等于在该点沿此方向的单位长度电势变化率的负值。

4.5.3 电场强度与电势梯度的关系

如图4-27所示，$\boldsymbol{e}_\mathrm{n}$为法向单位矢量。在相同两个等势面之间的所有距离$\mathrm{d}l$中沿法向的$\mathrm{d}l_\mathrm{n}$最小，所以容易看出该处电场强度沿法向的$\boldsymbol{E}_\mathrm{n}$分量最大，为

$$E_\mathrm{n}=-\frac{\mathrm{d}V}{\mathrm{d}l_\mathrm{n}}$$

改写为矢量形式为

$$\boldsymbol{E}_\mathrm{n}=-\frac{\mathrm{d}V}{\mathrm{d}l_\mathrm{n}}\boldsymbol{e}_\mathrm{n} \tag{4-35}$$

图4-27　电场强度和电势的关系

同一点电场强度沿切向分量由于电势变化为零，所以

$$E_\mathrm{t}=-\frac{\mathrm{d}V}{\mathrm{d}l_\mathrm{t}}=0$$

所以电场中某点处的电场强度为

$$\boldsymbol{E}=\boldsymbol{E}_\mathrm{n}+\boldsymbol{E}_\mathrm{t}=-\frac{\mathrm{d}V}{\mathrm{d}l_\mathrm{n}}\boldsymbol{e}_\mathrm{n} \tag{4-36}$$

式（4-36）表明，电场中任一点的电场强度等于该点电势沿等势面法向方向单位长度

变化率的负值。式中的$\frac{dV}{dl_n}\boldsymbol{e}_n$就称为**电势梯度矢量**。所以

$$\boldsymbol{E} = -\frac{dV}{dl_n}\boldsymbol{e}_n \tag{4-37}$$

电场中某点的电势梯度矢量，在方向上与该点电势的单位长度变化率为最大的方向相同，在量值上等于沿该方向上的电势单位长度的变化率。另外，该点的电场强度用电势梯度矢量表述为，电场强度等于电势梯度矢量的负值。

当电势函数用直角坐标系表示，即 $V=V(x, y, z)$ 时，由式（4-37）可以求出电场强度沿三个坐标的分量，它们分别是

$$E_x = -\frac{\partial V}{\partial x}, E_y = -\frac{\partial V}{\partial y}, E_z = -\frac{\partial V}{\partial z}$$

用电场强度矢量来表示为

$$\boldsymbol{E} = -\left(\frac{\partial V}{\partial x}\boldsymbol{i} + \frac{\partial V}{\partial y}\boldsymbol{j} + \frac{\partial V}{\partial z}\boldsymbol{k}\right) \tag{4-38}$$

电势梯度 grad$V$ 在直角坐标系中可以表示为

$$\mathrm{grad}V = \frac{\partial V}{\partial x}\boldsymbol{i} + \frac{\partial V}{\partial y}\boldsymbol{j} + \frac{\partial V}{\partial z}\boldsymbol{k}$$

如果用算符$\nabla = \frac{\partial}{\partial x}\boldsymbol{i} + \frac{\partial}{\partial y}\boldsymbol{j} + \frac{\partial}{\partial z}\boldsymbol{k}$ 表示，有 grad$V=\nabla V$，代入式（4-38）得

$$\boldsymbol{E} = -\nabla V$$

4.6 静电场中的导体　电容器　静电场的能量

4.6.1 静电场中的导体

1. 导体的静电平衡

从微观上说，金属可以看成是由带正电的晶格点阵和带负电的自由电子组成的。当导体不带电，也不受外电场影响时，虽然自由电子可以在导体内做无规则热运动，但就整个或部分金属导体而言，正负电荷的总量是相等的，并且在导体中分布均匀，所以导体呈现电中性，这种情况下，除了微观的热运动以外，没有宏观的自由电子定向运动。

如图4-28 所示，导体内自由电子在电场的作用下，大体上沿着与电场强度相反的方向运动，在导体一端表面聚积起来，另一端因缺少电子而带正电，并且这两种电荷电量相等，这种导体中的电荷在电场的作用下做宏观定向运动，从而使得导体内电荷重新分布，进而呈现出带电现象，就称为**静电感应现象**。

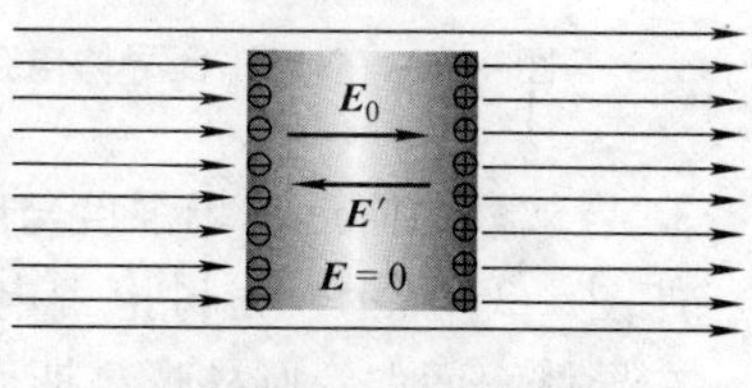

图4-28 静电感应现象

从把导体放入外电场$\boldsymbol{E}_0$中开始，两端聚积的电荷越来越多，形成一个与$\boldsymbol{E}_0$相反方向的附加电场$\boldsymbol{E}'$，在$\boldsymbol{E}' < \boldsymbol{E}_0$时，两端继续聚积电荷，直到$\boldsymbol{E}' = \boldsymbol{E}_0$，内部的总电场$\boldsymbol{E} = \boldsymbol{E}' + \boldsymbol{E}_0 = 0$，两端将不再有电荷聚积，从而使两端带有等量电荷。值得注意的是这个过程很短，大约在10^{-6}s 数量级，并且当撤走外电场$\boldsymbol{E}_0$时，导体又将迅速恢复电中性。

另一种情况是使原来呈电中性的导体带上电荷，刚带电荷瞬间会在导体内激发电场，从而使得自由电子做宏观定向运动，从而使得导体内电荷重新分布。无论以上哪种情况，如果外界能源停止提供能量，自由电子宏观定向运动的过程就将结束，电荷也不再重新分布。一般地说，如果导体内部或表面上都没有宏观定向运动的电荷，我们就说导体处于**静电平衡状态**。

不难证明，静电平衡的条件是：导体内部任何一点处的电场强度为零，导体表面上任何一点处的电场强度都垂直于导体表面。这个条件等价于另一种说法：导体是个等势体，导体表面是个等势面。

2. 静电平衡导体上电荷的分布

简单地说，当导体处于静电平衡状态时，所带净电荷只能分布在导体外表面上。

在静电平衡时，带电导体上电荷的分布可运用高斯定理进行讨论。如图 4-29 所示，对于实心导体带电情况，可以在导体内部任取一高斯面，由于导体处于静电平衡时，内部电场强度处处 $\boldsymbol{E}=0$，所以

$$\Phi_{\mathrm{e}}=\boldsymbol{E}\cdot\mathrm{d}\boldsymbol{S}=0$$

于是根据高斯定理可知，高斯面包围净电荷必然为零；由于高斯面为任意取得，也可以任意的小，所以上述结论对于导体内各点都成立。因此，当导体处于静电平衡时，电荷只能分布于导体表面上。

如图 4-30 所示，对于带有空腔的导体，且空腔内没有其他带电体，按照上面实心导体的讨论仍然知道腔壁内没有净电荷存在。那么是否会在空腔内表面存在等量的异号电荷呢？实际上可以假设这种情况存在，那么空腔内电场强度就不为零，在点 A 和点 B 之间进行积分得

$$U_{AB}=V_A-V_B=\int_{AB}\boldsymbol{E}\cdot\mathrm{d}\boldsymbol{l}\neq 0$$

意味着点 A 和点 B 电势不相等，与静电平衡的条件（处于静电平衡的导体是个等势体）相悖。

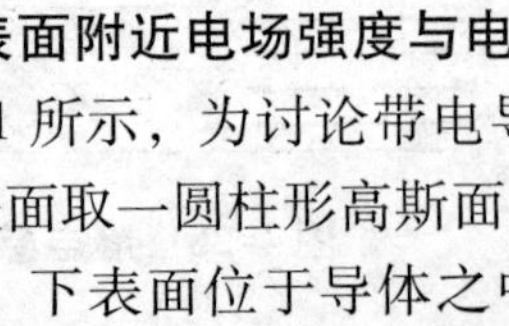

图 4-29　静电平衡导体电荷分布

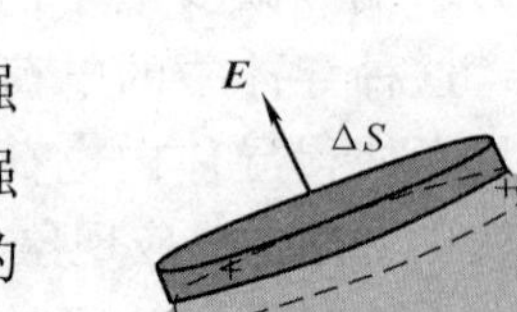

图 4-30　静电平衡导体空腔电荷分布

3. 导体表面附近电场强度与电荷面密度的关系

如图 4-31 所示，为讨论带电导体表面邻近处电场强度，在导体表面取一圆柱形高斯面。由于导体内部电场强度处处 $\boldsymbol{E}=0$，下表面位于导体之中，所以穿过下表面的电通量为零；导体外的侧面与该处的电场强度平行，故穿过侧面的电通量也为零；上表面与该处的电场强度垂直，故穿过上表面的电通量不为零。取面积 ΔS 足够小，于是可认为该面上的电场强度大小都相等，因此高斯定理等号

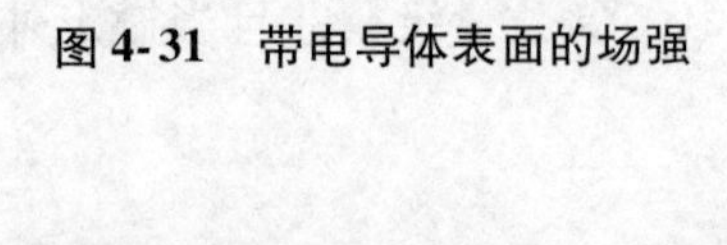

图 4-31　带电导体表面的场强

左边为

$$\Phi_{\varepsilon} = \oint_{S} \boldsymbol{E} \cdot d\boldsymbol{S} = \oint_{S_{上}} \boldsymbol{E} \cdot d\boldsymbol{S} = E\Delta S$$

整个高斯面包围的电荷分布在与 ΔS 相同的导体表面上，因为 ΔS 足够小，可认为电荷分布是均匀的，设电荷面密度为 σ，于是高斯定理等号右端的 $\frac{1}{\varepsilon_0}\sum q_i = \frac{\sigma \Delta S}{\varepsilon_0}$，所以根据高斯定理有

$$E = \frac{\sigma}{\varepsilon_0} \tag{4-39}$$

由式（4-39）可见，带电导体处于静电平衡时，导体表面外邻近处的电场强度数值上与该处电荷面密度成正比，方向垂直于导体表面。至于在导体表面上的电场强度是如何分布的，是一个非常复杂的问题，因为导体表面的电荷分布直接影响着导体表面的电场强度，而电荷面密度——体现导体电荷分布的物理量，不仅和导体本身的形状有关，也和周围的环境有关。即便对于孤立导体表面的电荷面密度也不是只和导体形状有关，但若只考虑导体的形状对电荷面密度影响的话，有如下结论：导体表面凸出的地方曲率大，电荷和电场线密集，电荷面密度大；导体表面平坦的地方曲率小，电荷和电场线稀疏，电荷面密度小；表面凹进去的地方，电荷面密度就更小；在导体表面有尖端凸出的部分，曲率特别大，电荷面密度也特别大。因而尖端邻近的地方电场强度特别大，当超过击穿空气的电场强度时，空气会被电离而形成正负离子，与尖端电荷电性相反的离子被吸附，与尖端电荷中和，与尖端电荷电性相同的离子被排斥，加速离开尖端，这就是我们常说的尖端放电。

4. 静电屏蔽

前面我们曾讨论过静电感应现象和导体空腔内电荷的分布情况。如图4-32所示，电场线将终止于导体的外表面而不能穿过导体的内表面进入腔内，导体和腔内电场强度处处为零。我们可以利用导体空腔来屏蔽外电场，使空腔内导体不受外电场的影响。

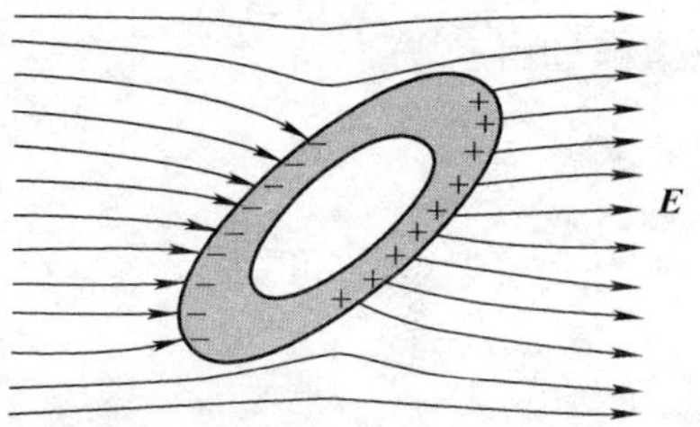

图4-32 金属空腔屏蔽外电场

如图4-33a所示，另一种情况是利用导体空腔把空腔内的电场进行屏蔽。导体空腔内存在正电荷 q，它将激发静电场，使得导体空腔发生静电平衡，内表面感应出等量的负电荷 $-q$，外表面感应出

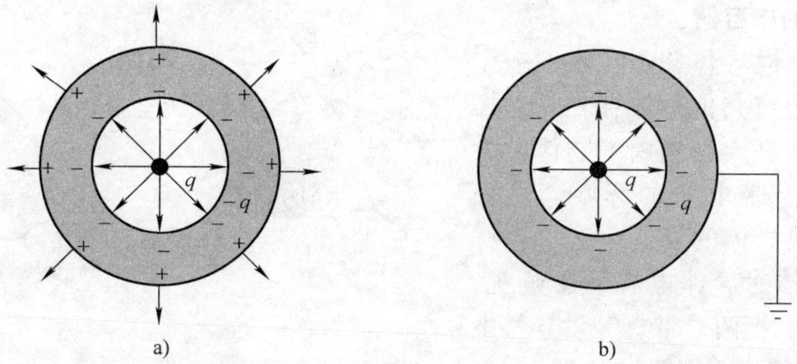

图4-33 接地金属空腔屏蔽内电场

等量的正电荷 q。如图 4-33b 所示，当把导体空腔外表面接地时，外表面的正电荷将被中和，不再向外激发电场，从而使得空腔内正电荷 q 激发的电场不能穿过导体空腔，避免对外界产生影响。

静电屏蔽原理在实际中有很重要的应用。例如有些电子仪器常采用金属外壳保护内部电路不受外电场干扰；在高压设备外部罩上接地金属网，使得高压设备不影响外界等。

4.6.2 电容　电容器

前面几节的内容仅对真空中的静电场进行了讨论。靠近的两个带电导体会通过它们的电场相互发生影响，这在实际的电子线路中是需要考虑的，也常利用这种现象形成特定分布的电场，电容器就是一例。

1. 孤立导体的电容

电容是电学中一个很重要的物理量，它反映了导体的容电本领。在真空中，一个带电量为 Q 的导体，在以无穷远处为电势零点时，它的电势为 V，实验和理论都证明，当导体上所带的电量增加时，它的电势也随之增加，但是电量和电势的比值不变，因此定义**电容** C 为

$$C=\frac{Q}{V} \tag{4-40}$$

在国际单位制中，电容的单位为法拉（F），$1\mathrm{F}=1\mathrm{C}\cdot\mathrm{V}^{-1}$，实际当中法拉是一个很大的单位，往往要用微法（μF）、皮法（pF）作为电容的单位。$1\mathrm{F}=10^{6}\mu\mathrm{F}$，$1\mathrm{F}=10^{12}\mathrm{pF}$。

式（4-40）为电容的定义式，到底哪些因素将决定一个导体的电容呢？比如真空中，一个半径为 R 的孤立导体球，其带电量为 Q，按例 4-11 可知，在以无穷远处为电势零点时，导体球的电势为

$$V=\frac{Q}{4\pi\varepsilon_0 R}$$

由式（4-40）可知

$$C=\frac{Q}{V}=4\pi\varepsilon_0 R$$

由上式不难看出，电容是一个反映导体本身性质的物理量，与导体的大小、形状等因素有关，关系式中还含有真空中电容率 ε_0 这个因素，事实上也一样，电容还和电介质有关，以后我们再详细叙述。

2. 真空中的电容器

事实上，孤立导体并不存在，一个带电体周围总会有其他物体存在，这样带电体的电势势必会受到周围物体的大小、形状，甚至带电量的影响，从而 Q/V 也很难反映导体的真实电容。怎样能消除周围物体对导体电容的影响呢？如图 4-34 所示，把两个带有等量异号电荷所组成的导体系统称之为**电容器**。

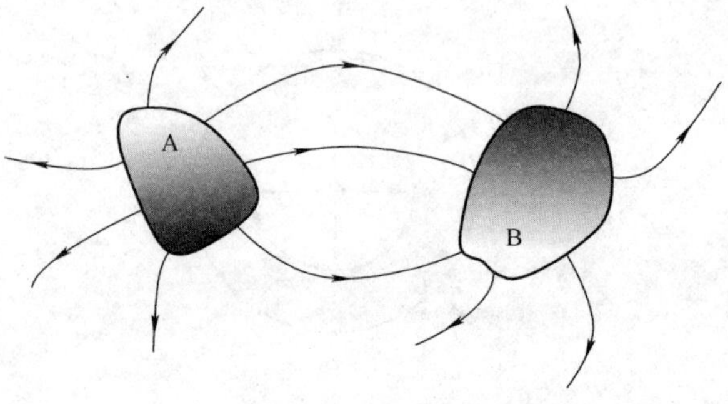

图 4-34　电容器示意图

导体称为电容器的极板或电极，当

两极板 A、B 分别带上等量的异号电荷 $+Q$ 和 $-Q$，这时两板间有一定的电势差 $U=V_+-V_-$。一个电容器所带电量 Q 总与其电势差成正比，比值 Q/U 定义为**电容器的电容**，以 C 表示，即

$$C=\frac{Q}{U} \tag{4-41}$$

电容器的电容取决于电容器本身的结构，即两导体的形状、尺寸等，而与它所带的电量无关。所以，每一只电容器可容电的能力是有限的，它所带的电量越大，两板间的电势差就越大，电场强度越大。当电场强度增加到某一值 $\boldsymbol{E}_\mathrm{d}$ 时，电容器就被击穿了，这时的电场强度值被称作**击穿场强**。

从式（4-41）可以看出，在电势差相同的条件下，电容 C 越大的电容器，所储存的电量越多。这说明电容是反映电容器储存电荷本领大小的物理量。实际上除了储存电量外，电容器在电工和电子线路中起着很多作用。交流电路中电流和电压的控制、发射机中震荡电流的产生、接收机中的调谐、调整电路中的滤波、电子线路中的时间延迟等都要用到电容器。

下面介绍几种电容器的计算方法。

3. 几种常见的电容器

（1）平行板电容器

电容器的最简单而且最基本的形式是平行板电容器。它是用两块平行放置的相互绝缘的金属板 A、B 构成的，如图 4-35 所示。我们讨论板间为真空的情况，平行板电容器两极板的面积为 S，距离为 d，面电荷密度分别为 $+\sigma$ 和 $-\sigma$，这时两板间有一个电场 $\boldsymbol{E}$，大小为

$$E=\frac{\sigma}{\varepsilon_0}=\frac{Q}{\varepsilon_0 S}$$

则两板间有一定的电势差

$$U=V_+-V_-=Ed=\frac{Qd}{\varepsilon_0 S}$$

将此电势差代入定义式（4-41），就可得到**平行板电容器的电容**为

$$C=\frac{\varepsilon_0 S}{d} \tag{4-42}$$

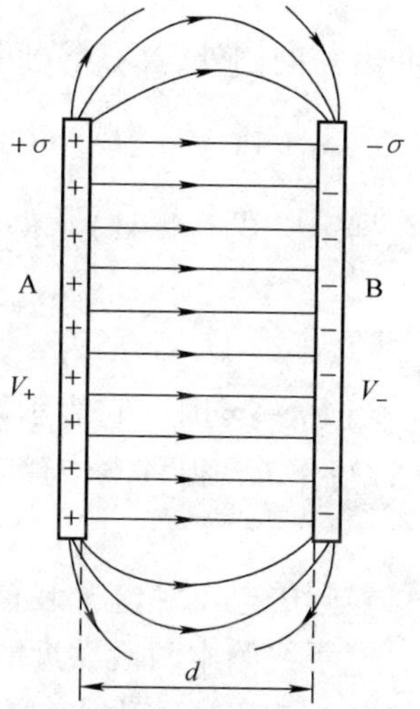

图 4-35　平行板电容器

可见，真空中平行板电容器的电容与极板的面积成正比，与极板间的距离成反比。电容 C 的大小与电容器是否带电无关，只与电容器本身的结构、形状有关，它反映了电容器的容电本领。对击穿场强而言，其大小为

$$E_\mathrm{d}=\frac{U_\mathrm{d}}{d}$$

（2）圆柱形电容器

圆柱形电容器由两个同轴的金属圆筒组成。如图 4-36 所示，如果筒的长度为 L，两筒的半径分别为 R_1 和 R_2，现讨论两筒间为真空的情况。

假设它带的电荷为 Q（即内筒和外筒分别带电 $+Q$ 和 $-Q$），若忽略两端的边缘效应，由高斯定理可以求得两圆筒之间距圆筒的轴线为 r 处的电场强度大小为

$$E=\frac{Q}{2\pi\varepsilon_0 rL}$$

其方向垂直于圆筒的轴线而沿径向。于是，可以求出两圆筒间的电势差为

$$U=\int \boldsymbol{E}\cdot d\boldsymbol{l}=\int_{R_1}^{R_2}\frac{Q dr}{2\pi\varepsilon_0 rL}=\frac{Q}{2\pi\varepsilon_0 L}\ln\frac{R_2}{R_1}$$

将此电势差代入定义式（4-41），就可得到**圆柱形电容器的电容**为

$$C=\frac{2\pi\varepsilon_0 L}{\ln(R_2/R_1)} \tag{4-43}$$

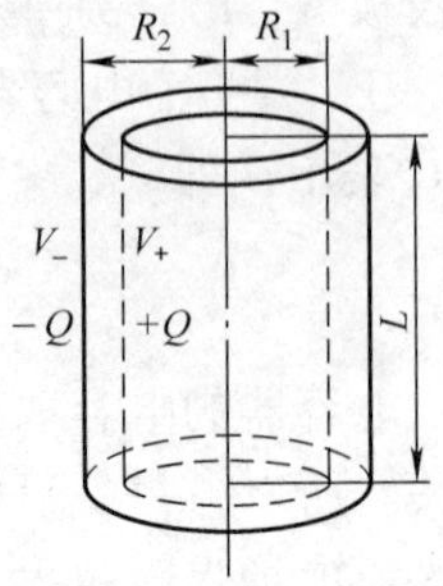

图 4-36　圆柱形电容器

可见，圆柱形电容 C 的大小与电容器是否带电无关，只与电容器本身的结构、形状有关，它反映了电容器的容电本领。

（3）球形电容器及其电容

球形电容器是由两个同心放置的导体球壳构成，现讨论真空情况。如图 4-37 所示，设内、外球壳的半径分别为 R_A 和 R_B，内球壳上带电量 $+Q$，外球壳上带电量 $-Q$ 。据高斯定理可求得两球壳之间的电场强度大小分布为

$$E=\frac{Q}{4\pi\varepsilon_0 r^2}\qquad (R_A<r<R_B)$$

方向沿径向向外，两球壳间的电势差为

$$U_{AB}=\int_{AB}\boldsymbol{E}\cdot d\boldsymbol{l}=\int_{R_A}^{R_B}\frac{Q dr}{4\pi\varepsilon_0 r^2}=\frac{Q}{4\pi\varepsilon_0}\left(\frac{1}{R_A}-\frac{1}{R_B}\right)$$

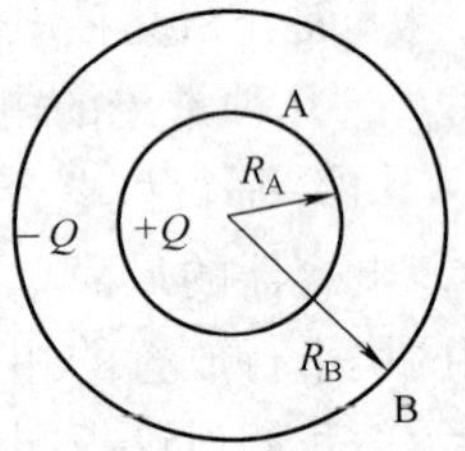

图 4-37　同心球形电容器

据定义式（4-41），得到**同心球形的电容**为

$$C=\frac{4\pi\varepsilon_0 R_A R_B}{R_B-R_A} \tag{4-44}$$

当 $R_B\to\infty$ 时，它表示导体球壳 A 与一个半径为无限大的同心导体球壳组成一个电容器，将 R_A 写作 R，得真空中孤立导体球的电容为

$$C=4\pi\varepsilon_0 R \tag{4-45}$$

实际的电工和电子装置中，任何两个彼此隔离的导体之间都有电容，例如两条输电线之间、电子线路中两段靠近的导线之间都有电容，这种电容实际上反映了两部分导体之间通过电场的相互影响，称作“杂散电容”，有时也称作“分布电容”。在某些情况下（如高频电流），杂散电容对电流产生明显的影响，所以在输变电线路中，需要考虑杂散电容的影响。

衡量一个电容器的性能有两个指标，一个是电容的大小，另一个是耐压（电）能力。在实际使用电容器时，加在电容器两端的电压不能超过规定的耐压值，否则过大的电场会使电容器“击穿”。

4. 电容器的联接

在实际电路中，当遇到单独一个电容器的电容或耐压能力不能满足要求时，就把几个电容器联结起来使用。电容器联结的基本方式有并联和串联两种。

并联电容器组如图 4-38a 所示。这时各电容器的电压相等，即为总电势差 U，而总电荷量 Q 是各电容器所带电量之和，即 $Q=Q_1+Q_2+Q_3$。以 $C=Q/U$ 表示电容器组的总电容，则对电容器组

$$C = C_1 + C_2 + C_3$$

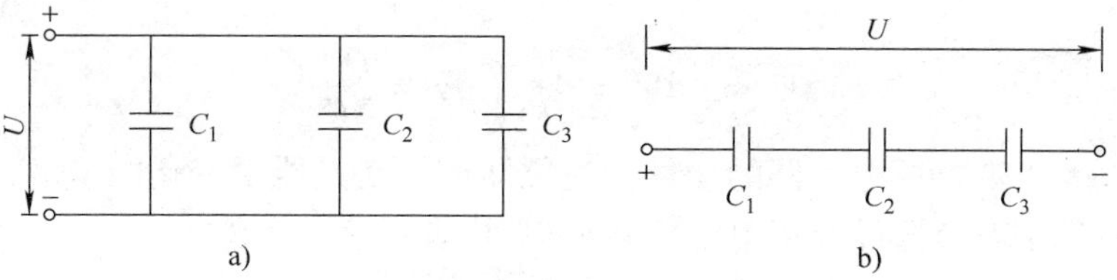

图4-38 电容器的联接

a）并联 b）串联

容易推广，当有 n 个电容器 C_1，C_2，…，C_n进行并联时，其电容器组的总电容为

$$C = C_1 + C_2 + \cdots + C_n = \sum_{i=1}^{n} C_i \tag{4-46}$$

由式（4-46）可见，多个电容器并联时，电容器组总电容等于每个电容器电容之和。

串联电容器组如图4-38b所示。这时各电容器所带的电量相等，即为总电荷 Q，而每个电容器两端的电势差之和是电容器组的电势差 U，即 $U = U_1 + U_2 + U_3$。仍以 $C = Q/U$ 表示电容器组的总电容，则对电容器组

$$\frac{1}{C} = \frac{1}{C_1} + \frac{1}{C_2} + \frac{1}{C_3}$$

容易推广，当有 n 个电容器 C_1，C_2，…，C_n进行串联时，其电容器组的总电容符合

$$\frac{1}{C} = \sum_{i=1}^{n} \frac{1}{C_i} \tag{4-47}$$

由式（4-47）可见，多个电容器串联时，电容器组总电容的倒数等于每个电容器电容倒数之和。

电容器并联时，总电容增大了，但因每个电容器都直接连到电源上，所以电容器组的耐压能力受到耐压能力最低的那个电容器的限。电容器组串联时，总电容比每个电容器的电容都减少了，但是由于总的电动势分配到各个电容器上，所以电容器组的耐压能力比每个电容器都提高了。

4.6.3 静电场的能量

1. 电容器的能量

我们以平行板电容器带电过程为例，来计算电容器所具有的能量。如图4-39所示，电容器的带电过程可以看作是：外力不断地从原来电中性的板上取正的微小正电荷 $\mathrm{d}q$（失去正电荷的极板带负电）送到另一个极板上。作为一个中间过程，当两极板上分别带有电荷 $+q$ 和 $-q$ 时，两极板间的电势差为 u，此时，$u = \dfrac{q}{C}$，式中，C 为电容器的电容。如果此时再将 $\mathrm{d}q$ 从负极板移到正极板上，外力需要做功为

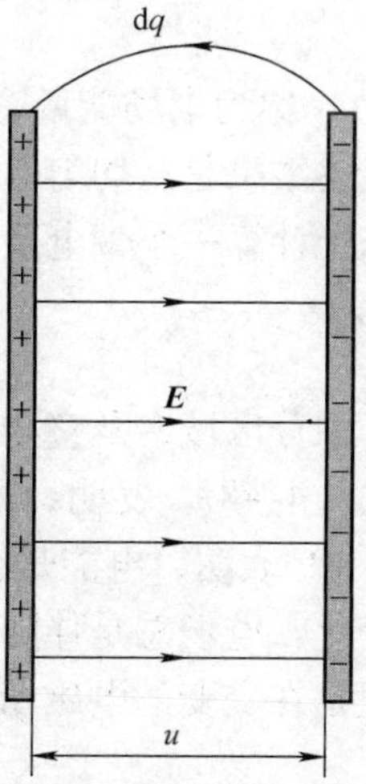

图4-39 平行板电容器的带电过程

$$\mathrm{d}W = u\mathrm{d}q = \frac{q}{C}\mathrm{d}q$$

欲使两极板分别带有电荷 $+Q$ 和 $-Q$（或使两板之间的电势差为 U）时，外力所做的功为

$$W = \int dW = \int_0^Q \frac{q}{C} dq = \frac{Q^2}{2C}$$

这个功应该等于带电后电容器的能量。我们知道，功是能量变化的量度，这个功使电容器能量增加，也就是电容器储存了电能，我们以 W_e 表示这个电能，则

$$W_e = \frac{Q^2}{2C} \tag{4-48a}$$

因为 $Q=CU$，所以式（4-48a）也可写成

$$W_e = \frac{1}{2}CU^2 \tag{4-48b}$$

$$W_e = \frac{1}{2}QU \tag{4-48c}$$

由上述过程可见，在电容器的带电过程中，外力通过克服静电场力做功，把非静电能转换为电容器的能量了。

需要进一步说明的是，无论电容器的结构如何，这一结果总是正确的。

2. 静电场的能量

一带电体或一带电系统的带电过程，实际上也是带电体或带电系统的电场的建立过程。从场论的观点来看，带电体或带电系统的能量也就是电场的能量。将平行板电容器的结论 $U=Ed$ 及 $C=\varepsilon_0 S/d$ 代入式（4-48b）中，得

$$W_e = \frac{1}{2}\varepsilon_0 E^2 V$$

式中，V 表示平行板电容器中的电场的体积。

这一结论说明，真空中平行板电容器所储存的电能与电容器中的电场强度、电场空间的体积有关。由于平板电容器中的电场是均匀分布的，所储存的电场能量也应该是均匀分布的。单位体积所储存的电场能量为

$$w_e = \frac{W_e}{V} = \frac{1}{2}\varepsilon_0 E^2 \tag{4-49}$$

式中，w_e 称为电场能量密度。

上述结果是从均匀电场的特例中推导的，可以证明，这是一个普遍适用的公式。

若要计算一个带电系统的总能量，只需把整个体积内的电场能量加起来，也即求积分

$$W_e = \int w_e dV = \int \frac{1}{2}\varepsilon_0 E^2 dV \tag{4-50}$$

式中，积分区域遍及整个电场空间 V。

式（4-48）表明，能量的存在是由于电荷的存在，电荷是能量的携带者。但是式（4-49）表明，电能是存在于电场中的，电场是电能的携带者。在静电场中，电荷和电场都不变化，电场总是伴随着电荷而存在，因此无法从实验上证明电能究竟是以哪一种形式存在。但是在交变的电磁场的实验中，已经证明能量是储存在电磁场中的。

*4.7 静电场中的电介质

电介质是指在通常条件下导电性能极差的物质，起初电介质只是被作为电气绝缘材料来应用，所以也把电介质看成理想的绝缘体。实际上电介质除了具有电气绝缘性能外，在电场中的电极化是它的一个重要特性。

4.7.1 电介质的极化

电介质是由分子所组成的，根据分子电结构的不同，可将电介质分为两类：一类是由无极分子组成的，如 CH_4、H_2、N_2 等，如图 4-40a 所示，为无极分子甲烷结构示意图；另一类是由有极分子组成的，如 H_2O、HCl、NH_3 等，如图 4-40b 所示，为有极分子氯化氢结构示意图。

1. 无极分子电介质的极化

如图 4-40a 所示，无极分子正、负电荷的等价中心重合，在没有外电场作用时，分子电偶极矩为零；将无极分子电介质放入电场时，由于分子中正、负电荷中心受到电场力的作用，将发生微小的相对位移，从而形成电偶极子，其电偶极矩 $\boldsymbol{p}$ 将趋于电场 $\boldsymbol{E}$ 的方向，这种电偶极矩称为诱导电偶极矩；在电介质均匀分布的电场中，任何微元体积内的异号电荷数量仍然相等，即电荷体密度仍为零，但在与电场强度垂直的电介质表面却要分别出现正电荷和负电荷，如图 4-41 所示，这种电荷称为**极化电荷**，极化电荷是被分子束缚的，不是自由电荷，我们把这种在垂直于电场的电介质表面出现极化电荷的现象称为电介质的极化现象。无极分子的电极化也称为位移极化。在外电场撤销后，无极分子正、负电荷的中心又将恢复重合，极化现象也随之消失。

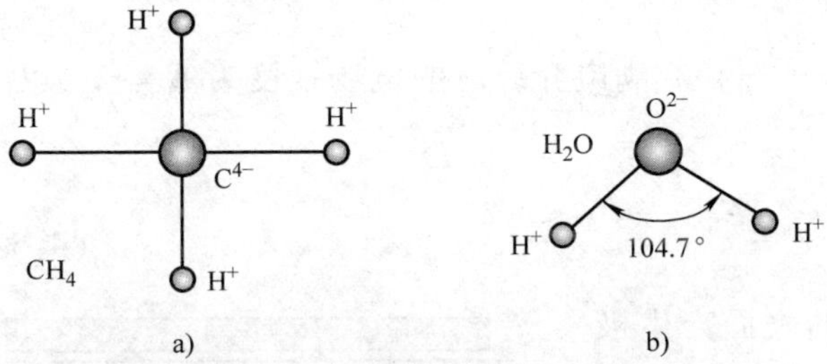

图 4-40 无极分子和有极分子示意图

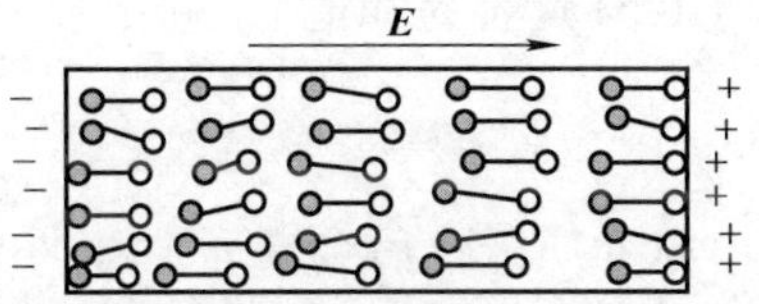

图 4-41 无极分子电极化

2. 有极分子电介质的极化

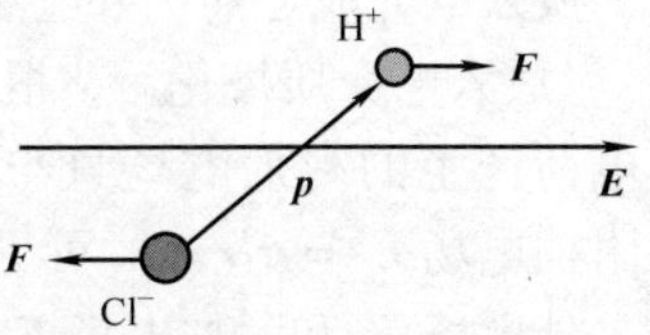

图 4-42 有极分子水电结构示意图

如图 4-42 所示，有极分子正、负电荷的等价中心不重合，在没有外电场作用时，分子电偶极矩也不为零，每个分子相当一个电偶极子，其电偶极矩称为固有电偶极矩，由于分子时刻做无规则的热运动，因此分子的电偶极矩是杂乱的、无序的，电介质对外不显电性；当有极分子电介质放入电场中时，分子在力矩的作用下，其电偶极矩将转向外电场方向，进而也将在与电场强度垂直的电介质表面出现极化电荷，与无极分子的图 4-41 类似，产生电极化现象。有极分子的电极化也称为取向极化。同样在撤去外电场后，由于分子无规则热运动，分子的电偶极矩又将恢复到无序状态。

4.7.2 充满电介质的电容器

电介质具有绝缘和电极化的特性，将其放入电容器后，对电容器内的电容和电场都会产生影响。下面我们来讨论一下这两方面的影响。

1. 电介质对电容的影响

一面积为 S、间距为 d 的平行板电容器，当极板间为真空时，其电容为 C_0，此时测得板间电势差为 U_0，则极板上的电量为 $Q = C_0 U_0$。断开电源，保持极板上电量不变，在极板间注入各向同性的均匀电介质，如图 4-43 所示，再测两极板间电势差为

$$U = \frac{U_0}{\varepsilon_r} \tag{4-51}$$

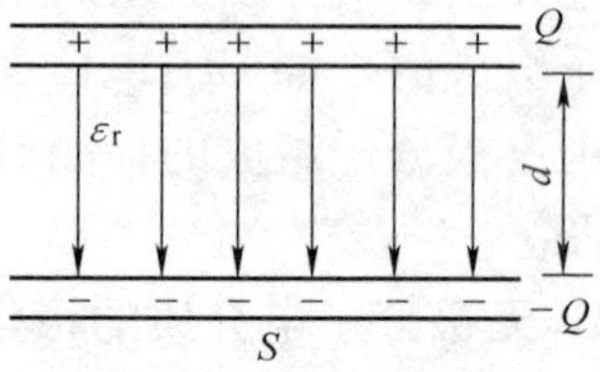

图 4-43 充满电介质的电容器

由电容器电容的定义式（4-40）知，

$$C = \frac{Q}{U} = \varepsilon_r C_0 \tag{4-52}$$

式中，ε_r 称为**相对电容率**（也称**相对介电常数**），它等于电介质的电容率 ε 与真空电容率 ε_0 的比值，即

$$\varepsilon_r = \frac{\varepsilon}{\varepsilon_0} \tag{4-53}$$

由于电介质的电容率都大于真空电容率，也就是一般情况下 $\varepsilon_r > 1$，所以向电容器中注入电介质后，电容器的电容增加为真空时电容的 ε_r 倍。

2. 电介质内的电场强度

电容器极板间为真空时的电场强度 $E_0 = \dfrac{U_0}{d}$，充满电介质时的电场强度为 $E = \dfrac{U}{d}$，再由式（4-51）容易知道

$$\boldsymbol{E} = \frac{\boldsymbol{E}_0}{\varepsilon_r} \tag{4-54}$$

电介质极化后会在垂直于外电场 $\boldsymbol{E}_0$ 的表面产生极化电荷，设极化电荷的面密度分别为 $-\sigma'$ 和 $+\sigma'$，而极板上的自由电荷面密度分别为 $+\sigma_0$ 和 $-\sigma_0$。如图 4-44 所示，放入电介质之前，外电场由自由电荷所激发 $E_0 = \sigma_0/\varepsilon_0$，放入电介质极化后，根据电介质极化的特点知，极化电荷产生的附加电场只与介质表面的极化电荷有关，附加电场 $E' = \sigma'/\varepsilon_0$。可见，电介质内部的总电场应该是外电场 $\boldsymbol{E}_0$ 和附加电场 $\boldsymbol{E}'$ 叠加的结果，即 $\boldsymbol{E} = \boldsymbol{E}_0 + \boldsymbol{E}'$，因为 $\boldsymbol{E}_0$ 和 $\boldsymbol{E}'$ 反向，且 $E_0 > E'$，所以，$E = E_0 - E'$。再结合式 $E = \dfrac{E_0}{\varepsilon_r}$，可得

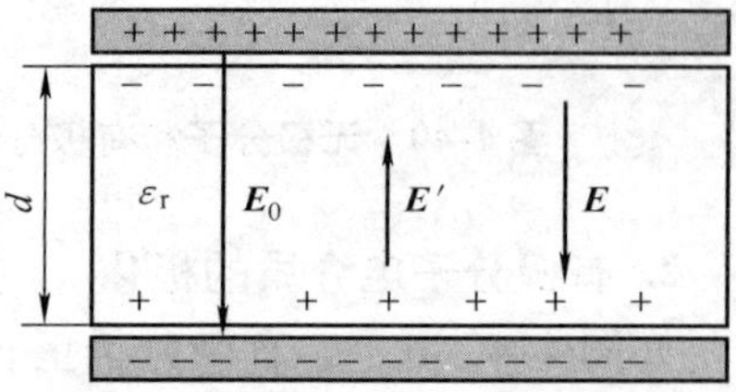

图 4-44 电介质内部的电场强度

$$E' = \frac{(\varepsilon_r - 1)E_0}{\varepsilon_r} \tag{4-55}$$

式（4-55）反映了极化电荷激发的附加电场与自由电荷激发的外电场之间的关系。将$E_0=\sigma_0/\varepsilon_0$和$E'=\sigma'/\varepsilon_0$代入上式，可得

$$\sigma'=\frac{(\varepsilon_r-1)\sigma_0}{\varepsilon_r} \tag{4-56}$$

等式两边同乘以极板的面积S，得

$$Q'=\frac{(\varepsilon_r-1)Q_0}{\varepsilon_r} \tag{4-57}$$

式（4-56）和式（4-57）分别表示放入电介质后，极化电荷面密度与自由电荷面密度之间的关系，以及极化电荷电量与自由电荷电量之间的关系。

3. 电极化强度和电极化率

在前面我们已经知道了什么是电介质的极化现象，那么怎样来反映电介质极化程度呢？从上面的讨论我们知道，外电场越强，电偶极子取向越趋于与外电场方向一致，电介质固定体积内的电偶极矩矢量和越大，所以我们用单位体积内电偶极矩的矢量和来反映电介质的极化程度，称为**电极化强度**，用符号$\boldsymbol{P}$表示，显然$\boldsymbol{P}=\frac{\sum \boldsymbol{p}}{\Delta V}$。电极化强度的国际单位为$\mathrm{C\cdot m^{-2}}$。

如图4-45所示，电介质极化电荷面密度分别为$-\sigma'$和$+\sigma'$。在电介质中取一圆柱体，该圆柱体以极板间距l为高，以ΔS为底面积，不难证明在该圆柱体内所有分子电偶极矩的矢量和为$\sum p=\sigma'\Delta Sl$，根据电极化强度的定义知，电极化强度的大小为

$$P=\frac{\sum p}{\Delta V}=\frac{\sigma'\Delta Sl}{\Delta V}=\sigma' \tag{4-58}$$

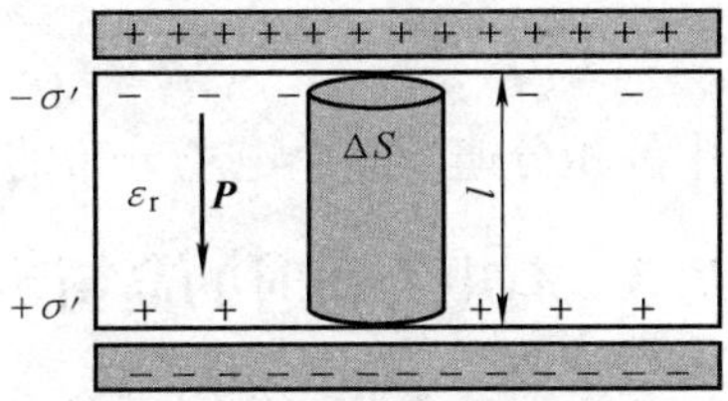

图4-45　电极化强度与极化电荷面密度的关系

由式（4-58）可见，注入平行板电容器中的均匀电介质，其电极化强度的大小等于极化电荷面密度。至于电极化强度的方向，它取决于电偶极矩的统计平均值的方向，而这个方向和外电场的方向一致，也可以通过下面的关系讨论。

由式（4-56）和式（4-58）知

$$P=\sigma'=\frac{(\varepsilon_r-1)\sigma_0}{\varepsilon_r}$$

由$E_0=\sigma_0/\varepsilon_0$知，上式可改写为

$$P=\frac{(\varepsilon_r-1)\varepsilon_0E_0}{\varepsilon_r}$$

由式（4-43）得$E_0=\varepsilon_rE$，代入上式，有

$$P=(\varepsilon_r-1)\varepsilon_0E$$

考虑到矢量关系，有

$$\boldsymbol{P}=(\varepsilon_r-1)\varepsilon_0\boldsymbol{E} \tag{4-59}$$

取$\chi=\varepsilon_r-1$，则式（4-59）为

$$\boldsymbol{P}=\chi\varepsilon_0\boldsymbol{E}$$

式中，χ称为电介质的**电极化率**。

4. 有电介质时静电场的能量

在平行板电容器中，如果忽略边缘效应，认为两个极板间的电场是均匀的，那么单位体积内储存的能量，即能量密度 w_e 也会是均匀的。将式（4-41）、式（4-52）及 $U=Ed$ 代入式（4-48a），可得

$$W_e=\frac{1}{2}CU^2=\frac{1}{2}\varepsilon_r\frac{\varepsilon_0 S}{d}(Ed)^2=\frac{1}{2}\varepsilon E^2 Sd \tag{4-60}$$

根据电场能量密度的定义知

$$w_e=\frac{1}{2}\varepsilon E^2 \tag{4-61}$$

从式（4-61）可见，只要空间任一处存在电场 E，该处单位体积内就储存能量 $\frac{1}{2}\varepsilon E^2$。虽然式（4-62）是从平行板电容器的均匀电场中得到的，不难证明对任意电场这个结论仍然成立。在非均匀电场中，只不过计算关系要引入微积分，取一体积微元 $\mathrm{d}V$，若该处能量密度为 w_e，则体积微元 $\mathrm{d}V$ 内储存的电场能量为

$$\mathrm{d}W_e=w_e\mathrm{d}V$$

整个电场中储存的能量为

$$W_e=\int_V \mathrm{d}W_e=\int_V\frac{1}{2}\varepsilon E^2\mathrm{d}V$$

式中的积分遍及整个电场分布的区域。

4.7.3 有电介质时的高斯定理

在本章第 4 节，我们讨论了真空中静电场的高斯定理，若电场中不再是真空而是有电介质存在，那么高斯定理会有什么变化呢？

1. 有电介质时的高斯定理推导

如图 4-46 所示，设平行板电容器充满各向同性的电介质，相对电容率为 ε_r，电极板上自由电荷的面密度分别为 $\pm\sigma_0$，电介质表面极化电荷的面密度分别为 $\mp\sigma'$。取一闭合的圆柱形高斯面，底面积为 S，由高斯定理有

$$\oint_S \boldsymbol{E}\cdot\mathrm{d}\boldsymbol{S}=\frac{1}{\varepsilon_0}(\sigma_0 S-\sigma' S) \tag{4-62}$$

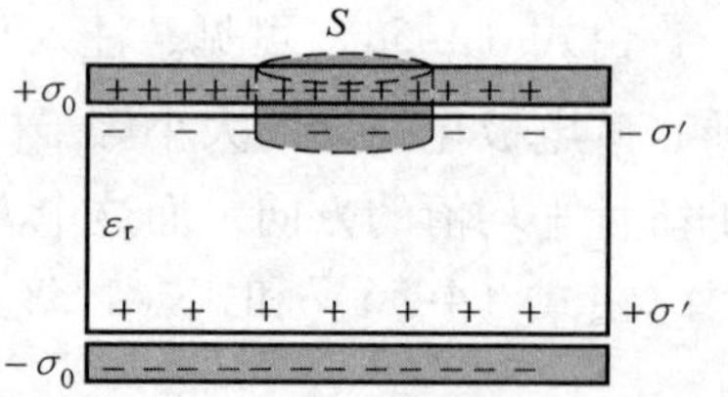

图 4-46　有电介质时的高斯定理

又 $\sum Q_{0i}=\sigma_0 S$，$\sum Q_i'=\sigma' S$，根据式（4-57）知

$$\sum Q_{0i}-\sum Q_i'=\sum Q_{0i}-\frac{(\varepsilon_r-1)\sum Q_{0i}}{\varepsilon_r}=\frac{\sum Q_{0i}}{\varepsilon_r}$$

将上式代入式（4-62），得

$$\oint_S \boldsymbol{E}\cdot\mathrm{d}\boldsymbol{S}=\frac{\sum Q_{0i}}{\varepsilon_0\varepsilon_r}$$

把 $\varepsilon=\varepsilon_r\varepsilon_0$ 代入上式，整理得

$$\oint_S \varepsilon\boldsymbol{E}\cdot\mathrm{d}\boldsymbol{S}=\oint_S \boldsymbol{D}\cdot\mathrm{d}\boldsymbol{S}=\sum Q_{0i} \tag{4-63}$$

式中的$\boldsymbol{D}=\varepsilon\boldsymbol{E}$，称为**电位移**，它是一个辅助矢量。$\oint_S \boldsymbol{D}\cdot \mathrm{d}\boldsymbol{S}$ 则是通过曲面 S 的**电位移通量**，$\boldsymbol{D}$ 的单位为 $\mathrm{C\cdot m^{-2}}$。

可见，通过电介质中任一闭合曲面的电位移通量等于该曲面所包围的自由电荷的代数和，这就是**有电介质时的高斯定理**。显然，有电介质时的高斯定理比真空中的高斯定理更为广义。

2. $\boldsymbol{D}$、$\boldsymbol{E}$、$\boldsymbol{P}$ 之间的关系

由$\boldsymbol{P}=\chi\varepsilon_0\boldsymbol{E}$ 和$\boldsymbol{D}=\varepsilon\boldsymbol{E}$ 可知，$\boldsymbol{D}$、$\boldsymbol{P}$ 均与 $\boldsymbol{E}$ 有关。由于$\chi=\varepsilon_r-1$，所以

$$\boldsymbol{P}=\chi\varepsilon_0\boldsymbol{E}=(\varepsilon_r-1)\varepsilon_0\boldsymbol{E}=\varepsilon_r\varepsilon_0\boldsymbol{E}-\varepsilon_0\boldsymbol{E}=\varepsilon\boldsymbol{E}-\varepsilon_0\boldsymbol{E}$$

因为$\boldsymbol{D}=\varepsilon\boldsymbol{E}$，所以

$$\boldsymbol{P}=\boldsymbol{D}-\varepsilon_0\boldsymbol{E}$$

即

$$\boldsymbol{D}=\boldsymbol{P}+\varepsilon_0\boldsymbol{E} \tag{4-64}$$

式（4-64）虽然是从各向同性电介质中推导出来的关系，但对各向异性电介质也仍然适用。此外，式（4-64）虽然用电场强度 $\boldsymbol{E}$ 和电极化强度 $\boldsymbol{P}$ 表示了电位移 $\boldsymbol{D}$，但是 $\boldsymbol{D}$ 并不像 $\boldsymbol{E}$（单位正电荷所受的力）和 $\boldsymbol{P}$（单位体积内的电偶极矩）那样具有明显的物理意义。鉴于课程深度，这里不再赘述过多的内容。

习 题

4-1 如图4-47所示，均匀带电细棒，棒长$L=20\mathrm{cm}$，电荷线密度为$\lambda=3\times10^{-8}\mathrm{C\cdot m^{-1}}$，求棒的延长线上与棒的近端 $d_1=8\mathrm{cm}$ 处的电场强度。

4-2 如图4-48所示，试证明均匀带电圆环轴线上任一给定点 P 处的电场强度公式为 $E=\frac{1}{4\pi\varepsilon_0}\cdot\frac{qx}{(x^2+R^2)^{3/2}}$，式中，$q$ 为圆环所带电量；R 为圆环半径；x 为 P 点到环心的距离。

4-3 内半径为R_1、外半径为R_2的环形薄板均匀带电，电荷面密度为σ，如图4-49所示，求：(1) 环心处 O 点的电势和电场强度；(2) 中垂线上距离中心为 x 的点 P 的电势和电场强度。

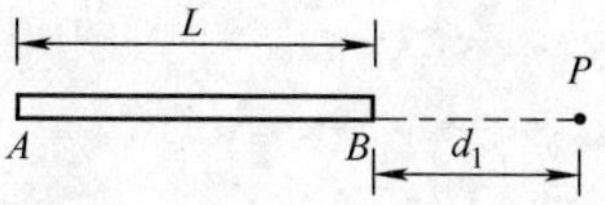

图4-47 习题4-1图

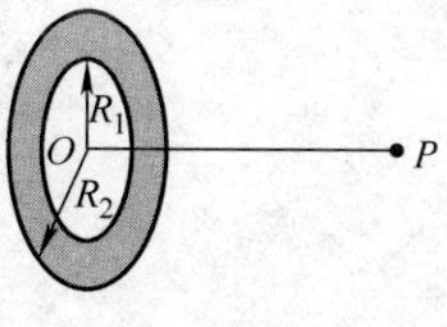

图4-48 习题4-2图

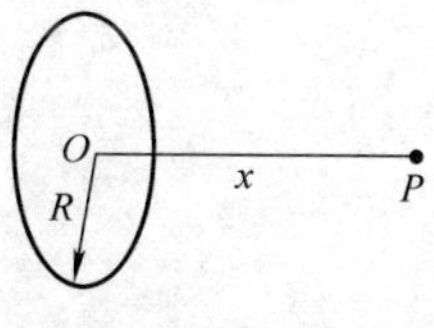

图4-49 习题4-3图

4-4 一宽为 b 的无限长均匀带电平面薄板，其电荷密度为 σ，试求平板所在平面内，距薄板边缘为 a 处的电场强度。

4-5 如图4-50所示，三平行金属板A、B、C面积均为$100\mathrm{cm^2}$，A、B间相距2.0mm，A、C间相距1.0mm，B和C两板都接地。如果使A板带正电$3\times10^{-7}\mathrm{C}$，求：(1) B和C板上的感应电荷；(2) A板的电势。

4-6 如图4-51所示，两块相同的金属板A和B，面积均为 S，平行放置，两板间距远小于板的线度，两板分别带电 q_A 和 q_B，求两板四个表面的电荷密度。

4-7　如图4-52所示，一长直导线横截面半径为a，导线外同轴地套一半径为b的导体薄圆筒，设导线单位长度的电荷为$+\lambda$，外导体圆筒接地，电势为零，求两导体之间任意一点P的电场强度大小和电势。

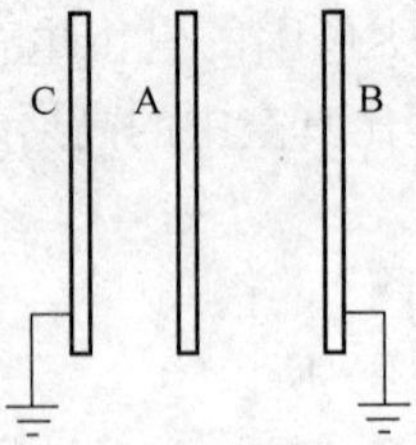

图4-50　习题4-5图

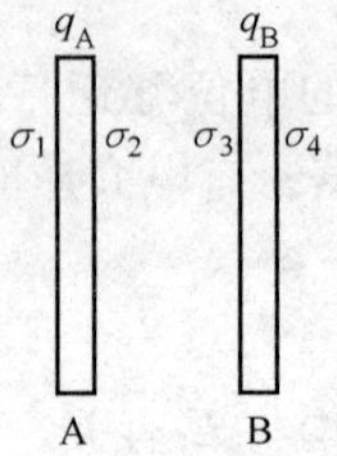

图4-51　习题4-6图

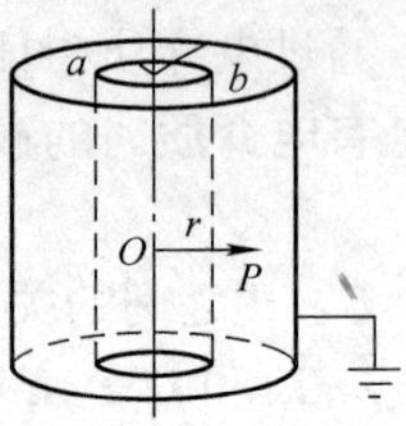

图4-52　习题4-7图

4-8　两个同心的均匀带电球面，内球面半径为R_1，带电量Q_1，外球面半径为R_2，带电量为Q_2。设无穷远处为电势零点，求在两个球面之间距中心为r处的P点电势。

4-9　在边长为a的等边三角形的三个顶点上分别放置电量均为q的三个正点电荷。若将另一正点电荷Q从无限远处移到等边三角形的中心，求外力做功。

4-10　真空中面积为S、间距为d的两平行板（$S>>d^2$），均匀带等量异号电荷$+q$和$-q$，忽略边缘效应，求两板间相互作用力的大小。

第5章 稳恒磁场

本章将着重讨论磁场的产生，磁场的基本规律，磁场与介质的相互作用。首先，引入描述磁场的物理量——磁感应强度 $\boldsymbol{B}$；然后，介绍电流激发磁场的规律——毕奥－萨伐尔定律，并分析反映磁场性质的基本定律——磁场的高斯定理和安培环路定理；最后，说明磁场对运动电荷的作用力——洛伦磁力和磁场对电流的作用力——安培力。

5.1 磁场 磁感应强度

5.1.1 磁场

对于磁现象通常是利用磁力来认识的，比如常见的两个磁铁同极相互排斥、异极相互吸引等。在历史上，我国是最早发现和应用磁现象的国家。在春秋和战国时期就有了“磁石”“司南”等记载，北宋时，科学家沈括创制了航海用的指南针，比哥比布早400余年。

静电场的研究使我们看到，静止电荷之间的相互作用力通过电场来传递，那么，电流间（包括运动电荷间）的相互作用力又是通过什么来传递的呢？1820年，丹麦物理学家奥斯特发现了通电导线周围的小磁针发生偏转。1822年安培提出分子电流的假说，他认为一切磁现象起源于电流，这使人们认识到电与磁的内在联系，从而开辟了利用电来研究磁的新纪元。回到上面的问题，电流间（包括运动电荷间）的相互作用力也是通过“场”进行传递的，不过这种场是由电流或运动电荷所激发，我们称之为**磁场**。可以说，所有的磁力都是电流（或运动电荷）处于其他的电流（或运动电荷）所激发的磁场中产生的。

5.1.2 磁感应强度

电场的性质利用电场强度 $\boldsymbol{E}$ 来反映，磁场的性质利用磁感应强度 $\boldsymbol{B}$ 来描述。类似于电场强度，磁感应强度 $\boldsymbol{B}$ 也是一个矢量，对它的描述既要反映其大小，又要反映其方向。在研究静电场时，曾根据试验电荷 q_0 在电场中某处受力 $\boldsymbol{F}$ 作用的性质，用 $\boldsymbol{E}=\boldsymbol{F}/q_0$ 来定义该处的电场强度。与此类似，我们将利用磁场对运动电荷的作用力来定义磁感应强度 $\boldsymbol{B}$，进而反映磁感应强度。

如图5-1a所示为一阴极射线管，当阴极与阳极之间有一定的电压时，从阴极射出一束沿水平方向运动的电子束。若电子束所经过的区域没有外磁场，电子束沿水平方向运动。若将一条形磁铁的N极（或S极）靠近电子束时，电子束的路径将发生弯曲，如图5-1b所示，这表明运动电子受到磁场的作用。

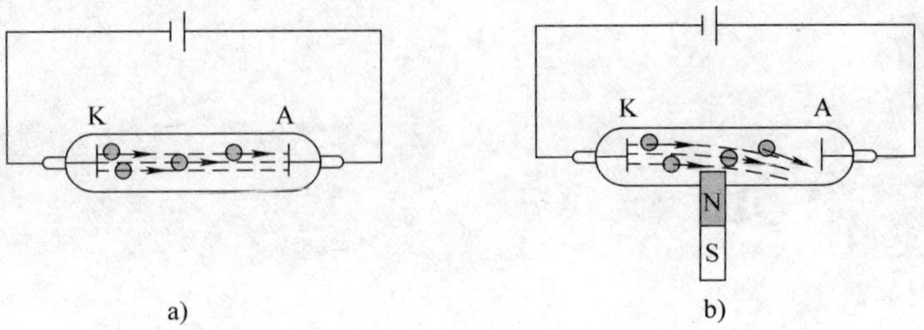

图 5-1　磁场对运动电荷的作用

为了单纯地研究磁场，去除电场因素的影响，我们设计在电流的周围，存在一个运动的带电粒子，该粒子所受的力即为**磁场力**（也称为**洛伦兹力**）。如图 5-2 所示，在通有恒定电流 I 的导线附近存在速度为 $\boldsymbol{v}$ 的运动电荷 q_0（试验电荷），该电荷所受的磁场力为 $\boldsymbol{F}_{\mathrm{m}}$。通过以下实验步骤利用试验电荷 q_0 所受的磁场力，来确定空间任一点 P 处的磁感应强度 $\boldsymbol{B}$ 的大小和方向。

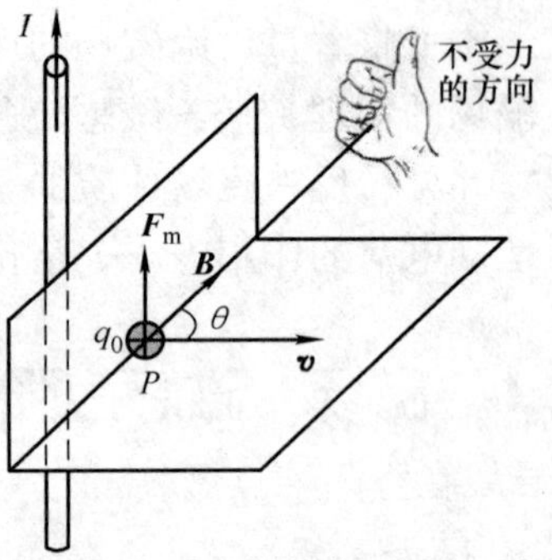

图 5-2　磁感应强度的定义

（1）将一试验电荷 q_0（$q_0>0$，带正电）以同一运动速率 v 沿不同方向通过磁场中某点 P，这时可发现当 q_0 沿某一个特定的方向（或其反方向）运动时，所受到的磁场力为零。规定这一特定方向（或其反方向）为点 P 处磁感应强度 $\boldsymbol{B}$ 的方向，具体操作时，可以在 P 处放置一小磁针，小磁针 N 极指向为 $\boldsymbol{B}$ 的方向。

（2）试验电荷 q_0 在点 P 沿与上述 $\boldsymbol{B}$ 的方向不同的其他方向运动时，它所受到的磁场力 $\boldsymbol{F}_{\mathrm{m}}$ 的方向总是垂直于上述 $\boldsymbol{B}$ 的方向及速度 $\boldsymbol{v}$ 的方向，即 $\boldsymbol{F}_{\mathrm{m}}$ 垂直于 $\boldsymbol{B}$ 与 $\boldsymbol{v}$ 所确定的平面。$\boldsymbol{F}_{\mathrm{m}}$、$\boldsymbol{B}$ 和 $\boldsymbol{v}$ 三者之间符合右手螺旋法则，由正电荷速度 $\boldsymbol{v}$ 的方向沿小于 180° 的角度转向 $\boldsymbol{B}$ 的方向，这时大拇指的指向为正电荷在该点所受磁场力 $\boldsymbol{F}_{\mathrm{m}}$ 的方向。

（3）在 $\boldsymbol{B}$ 不变且 $\boldsymbol{v}$ 的大小不变的情况下，试验电荷 q_0 在点 P 沿着与磁感应强度 $\boldsymbol{B}$ 垂直的方向上运动时，所受的磁场力最大，写作 $\boldsymbol{F}_{\perp}$，这个最大磁场力 $\boldsymbol{F}_{\perp}$ 的大小正比于运动试验电荷的电量 q_0 和运动的速率 v，但比值 $F_{\perp}/q_0v$ 在该点具有确定的量值，与运动试验电荷的电量 q_0 以及 $\boldsymbol{v}$ 的大小无关，这个性质反映出了该点磁场强弱。所以规定：比值 $F_{\perp}/q_0v$ 为该点**磁感应强度**的大小，即

$$B=F_{\perp}/q_0v \tag{5-1}$$

如前所述，$\boldsymbol{F}_{\mathrm{m}}$ 既与运动电荷的速度 $\boldsymbol{v}$ 垂直，又与磁感应强度 $\boldsymbol{B}$ 垂直，且相互构成右手螺旋关系，它们间的矢量关系可写成

$$\boldsymbol{F}_{\mathrm{m}}=q\boldsymbol{v}\times\boldsymbol{B} \tag{5-2}$$

式（5-2）称为**洛伦兹力公式**。即，如果 $\boldsymbol{v}$ 与 $\boldsymbol{B}$ 之间夹角为 θ，那么 $\boldsymbol{F}_{\mathrm{m}}$ 的大小为 $F_{\mathrm{m}}=q_0vB\sin\theta$，方向按右手螺旋法则有：以右手四指由 $\boldsymbol{v}$ 经小于 180° 的角弯向 $\boldsymbol{B}$，此时，大拇指的指向就是正电荷所受洛伦兹力的方向。显然，当 $\theta=0$ 或 $\theta=\pi$，即 $\boldsymbol{v}/\!/\boldsymbol{B}$ 时，$\boldsymbol{F}_{\mathrm{m}}=0$；当 $\theta=\pi/2$，即 $\boldsymbol{v}\perp\boldsymbol{B}$ 时，$\boldsymbol{F}_{\mathrm{m}}=\boldsymbol{F}_{\perp}$。需要指出的是，对于正电荷来说，$\boldsymbol{F}_{\mathrm{m}}$ 的方向与 $\boldsymbol{v}\times\boldsymbol{B}$ 的方向相同；而对于负电荷来说，$\boldsymbol{F}_{\mathrm{m}}$ 的方向与 $\boldsymbol{v}\times\boldsymbol{B}$ 的方向相反。

磁感应强度（$\boldsymbol{B}$ 矢量）是描写磁场性质的基本物理量。在国际单位制中，$\boldsymbol{B}$ 的单位为特斯拉，符号为 T。

5.2 毕奥－萨伐尔定律及应用

在第 4 章中，我们研究了任意形状的带电体所激发的电场强度 $\boldsymbol{E}$，可以看成是由许多电荷元 $\mathrm{d}q$ 所激发的电场强度 $\mathrm{d}\boldsymbol{E}$ 的叠加。现在仿照这个思路，我们来研究任意形状的载流导线在给定点 P 处激发的磁感应强度 $\boldsymbol{B}$。不随时间发生变化的电流称为恒定电流，恒定电流所激发的磁场，称为静磁场或稳恒磁场。在稳恒磁场中，任意一点的磁感应强度 $\boldsymbol{B}$ 仅是空间坐标的函数，而与时间无关。

5.2.1 毕奥－萨伐尔定律

如图 5-3 所示，为了求得任意形状的载流导线所产生的磁场，可以把电流分割成许多小段电流，称为电流元，用矢量式 $I\mathrm{d}\boldsymbol{l}$ 表示，其中 $\mathrm{d}\boldsymbol{l}$ 是载流导线上沿电流方向所取的线元矢量，方向规定为电流沿线元的流向，I 为导线中的电流。根据叠加原理，任意形状的载流导线在空间某点激发的磁场 $\boldsymbol{B}$ 等于各段电流元所激发磁场 $\mathrm{d}\boldsymbol{B}$ 的矢量和。

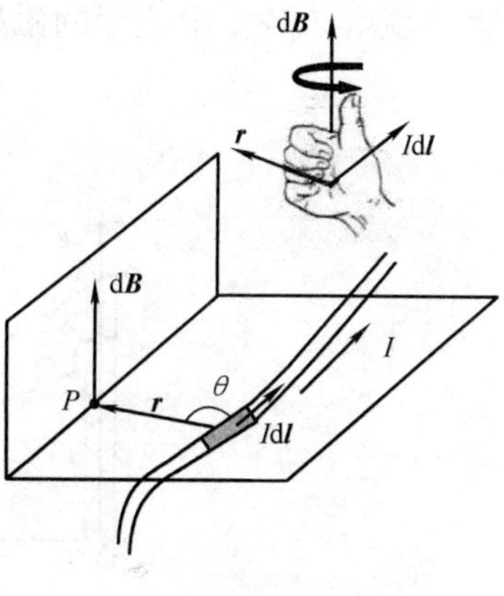

图 5-3 电流元与磁感应强度的关系

19 世纪 20 年代，物理学家毕奥和萨伐尔对电流产生的磁场分布做了许多实验研究，找到了电流元 $I\mathrm{d}\boldsymbol{l}$ 与它在空间任一点 P 处激发的磁感应强度 $\mathrm{d}\boldsymbol{B}$ 之间的关系，称为毕奥－萨伐尔定律，其数学表达式为

$$\mathrm{d}\boldsymbol{B}=\frac{\mu_0}{4\pi}\frac{I\mathrm{d}\boldsymbol{l}\times\boldsymbol{e}_{\mathrm{r}}}{r^2} \tag{5-3}$$

式中，$\mu_0=4\pi\times10^{-7}\mathrm{N}\cdot\mathrm{A}^{-2}$，称为**真空磁导率**。$\boldsymbol{r}$ 是电流元 $I\mathrm{d}\boldsymbol{l}$ 到点 P 的位矢，r 是 $\boldsymbol{r}$ 的大小，$\boldsymbol{e}_{\mathrm{r}}$ 是 $\boldsymbol{r}$ 方向上的单位矢量。$\mathrm{d}\boldsymbol{B}$ 的大小为

$$\mathrm{d}B=\frac{\mu_0}{4\pi}\frac{I\mathrm{d}l\sin\theta}{r^2}$$

$\mathrm{d}\boldsymbol{B}$ 的方向垂直于 $I\mathrm{d}\boldsymbol{l}$ 和 $\boldsymbol{r}$ 所组成的平面，符合右手螺旋法则，即由 $I\mathrm{d}\boldsymbol{l}$ 开始，经小于 180°的夹角 θ 转向 $\boldsymbol{r}$ 时，大拇指指示的方向，如图 5-3 所示。

按照磁场的叠加原理，任一有限长的线电流的磁场在场点 P 的磁感应强度 $\boldsymbol{B}$ 等于载流导线上各个电流元在该场点 P 的磁感应强度 $\mathrm{d}\boldsymbol{B}$ 的矢量和，即

$$\boldsymbol{B}=\int\mathrm{d}\boldsymbol{B}=\int\frac{\mu_0}{4\pi}\frac{I\mathrm{d}\boldsymbol{l}\times\boldsymbol{e}_{\mathrm{r}}}{r^2} \tag{5-4}$$

需要说明的是，毕奥－萨伐尔定律是在大量实验基础上间接总结出来的。由于电流元不能孤立存在，所以式（5-4）不是对实验数据的总结，但是它的正确性可以从由它所得的结果与实验符合而得到承认。

5.2.2 毕奥-萨伐尔定律的应用

下面应用毕奥-萨伐尔定律来讨论几种载流导体所激发起的磁场。

例 5-1 载流长直导线的磁场。如图 5-4a 所示，在真空中有一通有电流 I 的长直导线 CD，试求此长直导线附近任意一点 P 处的磁感强度 $\boldsymbol{B}$。已知点 P 与长直导线间的垂直距离为 r_0。

解：选取如图 5-4a 所示的坐标系，其中 Oy 轴通过点 P，Oz 轴沿载流直导线 CD，在载流直导线上取一电流元 $I\mathrm{d}z$，根据毕奥-萨伐尔定律，此电流元在点 P 激发的磁感应强度 $\mathrm{d}\boldsymbol{B}$ 的大小为

$$\mathrm{d}B=\frac{\mu_0}{4\pi}\frac{I\mathrm{d}z\sin\theta}{r^2}$$

式中，θ 为电流元 $I\mathrm{d}z$ 与位矢 $\boldsymbol{r}$ 之间的夹角，$\mathrm{d}\boldsymbol{B}$ 的方向垂直于 $I\mathrm{d}z$ 与 $\boldsymbol{r}$ 所组成的平面（即 yz 平面），沿 Ox 轴负向。由于直导线上各电流元的 $\mathrm{d}\boldsymbol{B}$ 方向都相同，因此，点 P 的磁感应强度的大小就等于各个电流元的磁感应强度之和，用积分表示，有

$$\boldsymbol{B}=\int\mathrm{d}\boldsymbol{B}=\int\frac{\mu_0}{4\pi}\frac{I\mathrm{d}z\sin\theta}{r^2}$$

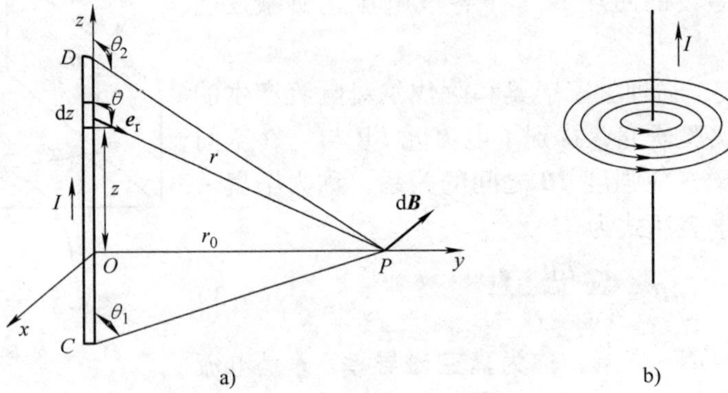

图 5-4 载流长直导线的磁场 例 5-1 图

从图 5-4a 中可以看出，z、r、θ 之间有如下关系：

$$z=-r_0\cot\theta,\ r=r_0/\sin\theta$$

于是，$\mathrm{d}z=r_0\dfrac{\mathrm{d}\theta}{\sin^2\theta}$，故上式可写成

$$B=\frac{\mu_0 I}{4\pi r_0}\int_{\theta_1}^{\theta_2}\sin\theta\mathrm{d}\theta$$

θ_1、θ_2 分别是直电流的起始点 C 和终止点 D 处的电流流向与它们到点 P 的矢量 $\boldsymbol{r}$ 间的夹角。由上式积分得

$$B=\frac{\mu_0 I}{4\pi r_0}(\cos\theta_1-\cos\theta_2)$$

若长直载流导线可视为“无限长”直导线，则 $\theta_1=0$，$\theta_2=\pi$，这样上式可得

$$B=\frac{\mu_0 I}{2\pi r_0}$$

需要说明的是，距长直导线的垂直距离为 r_0 的点并不唯一，应该是分布在垂直于长直导线、半径为 r_0 的圆环上，该圆环的圆心在带电线上。由于本问题点 P 处的磁感应强度的方向垂直于纸面向内，故可分析出长直导线的磁感线如图 5-4b 所示，这和实验得到的结论相同。

例 5-2 圆电流轴线上的磁场。如图 5-5 所示，设在真空中有一半径为 R 的载流导线，电流为 I，通常称为圆电流。试求通过圆心并垂直于圆形导线平面的轴线上任意一点 P 处的磁感应强度。

解：选取如图 5-5 所示的坐标系，其中 Ox 轴通过圆心 O，并垂直圆形导线的平面，在圆上任取一电流元 $I\mathrm{d}\boldsymbol{l}$，该电流元到点 P 的位矢为 $\boldsymbol{r}$，它在点 P 所激发的磁感应强度为

$$\mathrm{d}\boldsymbol{B} = \frac{\mu_0}{4\pi}\frac{I\mathrm{d}\boldsymbol{l}\times\boldsymbol{e}_r}{r^2}$$

由于 $\mathrm{d}\boldsymbol{l}$ 与矢量 $\boldsymbol{r}$ 垂直，$\mathrm{d}\boldsymbol{B}$ 的大小

$$\mathrm{d}B = \frac{\mu_0}{4\pi}\frac{I\mathrm{d}l}{r^2}$$

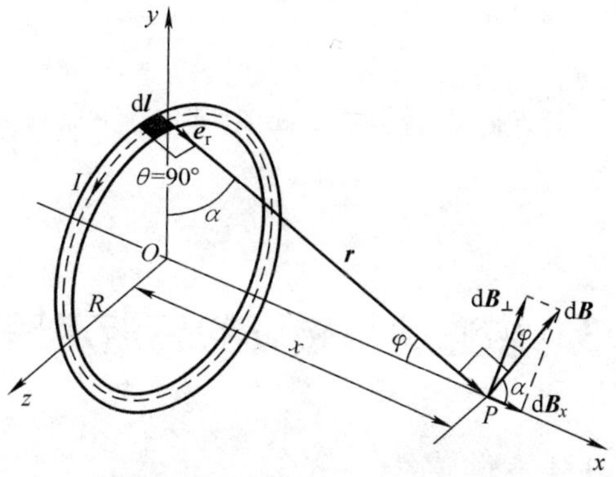

图 5-5 圆电流的磁场 例 5-2 图

而 $\mathrm{d}\boldsymbol{B}$ 的方向垂直于电流元 $I\mathrm{d}\boldsymbol{l}$ 与矢量 $\boldsymbol{r}$ 所组成的平面，方向如图 5-5 所示。由于在圆电流上的各电流元在点 P 的磁感强度 $\mathrm{d}\boldsymbol{B}$ 的方向各不相同，需将 $\mathrm{d}\boldsymbol{B}$ 分解成平行于 Ox 轴的分量 $\mathrm{d}\boldsymbol{B}_x$ 和垂直于 Ox 的分量 $\mathrm{d}\boldsymbol{B}_\perp$，其大小分别为

$$\mathrm{d}B_x = \mathrm{d}B\cos\alpha$$

$$\mathrm{d}B_\perp = \mathrm{d}B\sin\alpha$$

这里，α 为 $\mathrm{d}\boldsymbol{B}$ 与 Ox 轴的夹角。考虑到一个直径两端的电流元对 Ox 轴的对称性，它们的垂直分量 $\mathrm{d}\boldsymbol{B}_\perp$ 两两抵消，所有电流元在点 P 的磁感应强度的 $\mathrm{d}\boldsymbol{B}$ 垂直分量的总和为零，所以整个圆电流在点 P 的磁感应强度的大小等于平行于 Ox 轴的分量，即

$$B = \int_l \mathrm{d}B_x = \int_l \mathrm{d}B\cos\alpha = \int_l \frac{\mu_0}{4\pi}\frac{I\mathrm{d}l}{r^2}\cos\alpha$$

总磁感应强度的方向沿 Ox 轴方向，与电流构成右手螺旋关系。

由于 $\cos\alpha = R/r$，代入上式得

$$B = \frac{\mu_0}{4\pi}\frac{IR}{r^3}\int_0^{2\pi R}\mathrm{d}l = \frac{\mu_0}{2}\frac{R^2 I}{r^3} = \frac{\mu_0}{2}\frac{R^2 I}{(R^2+x^2)^{3/2}} \tag{1}$$

讨论：

（1）在圆心点 O 处，$x=0$，由式（1）可得

$$B = \frac{\mu_0 I}{2R} \tag{2}$$

（2）在远离线圈处，即场点 P 远离原点 O 的 Ox 轴上，$(R^2+x^2)^{3/2}\approx x^3$，由式（1）可得

$$B = \frac{\mu_0 I R^2}{2x^3} \tag{3}$$

5.2.3 磁矩

在静电场中，曾引入电矩 $\boldsymbol{p}$ 这一物理量，与此相似，我们引入磁矩

$$\boldsymbol{m} = IS\boldsymbol{e}_{\mathrm{n}} \tag{5-5a}$$

$\boldsymbol{m}$ 的大小等于 IS，它的方向与线圈平面的法向方向（由线圈中电流的流向按照右手螺旋定则确定，见图 5-6）相同，式中的 $\boldsymbol{e}_{\mathrm{n}}$ 表示法线方向的单位矢量。如果线圈有 N 匝，则磁场增强 N 倍，这时线圈的磁矩定义为

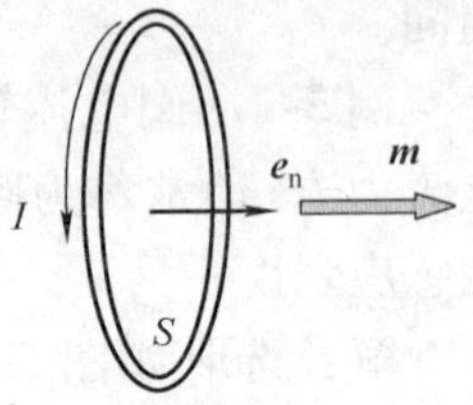

图 5-6 磁矩

$$\boldsymbol{m} = NIS\boldsymbol{e}_{\mathrm{n}} \tag{5-5b}$$

引入磁矩后，例 5-2 中圆电流的磁感应强度式（3）可表示为

$$\boldsymbol{B} = \frac{\mu_0 \boldsymbol{m}}{2\pi x^3}$$

5.3 磁通量 磁场的高斯定理

5.3.1 磁感线

为了形象地描述静电场，第 4 章中我们曾用引入了电场线的概念。同样在磁场中也可以引入一些假想的曲线来描绘磁场的分布，这些曲线称为磁感线。为使磁感线能够形象地反映出磁场强弱和方向的分布，我们规定：（1）磁感线上任一点的切线方向与该点的磁感应强度方向一致；（2）在与磁场方向垂直的单位面积上穿过曲线的条数与该处磁感应强度的大小成正比，即曲线分布稠密的地方磁感应强度的数值大，曲线分布稀疏的地方磁感应强度数值小。对均匀磁场来说，磁场中的磁感线相互平行，各处磁感线密度相等；对非均匀磁场来说，磁场中的磁感线相互不一定平行，各处磁感线密度不一定相等。磁场中的磁感线可借助小磁针或铁屑显示出来。图 5-7 分别为两种不同形状的电流周围磁场的磁感线。

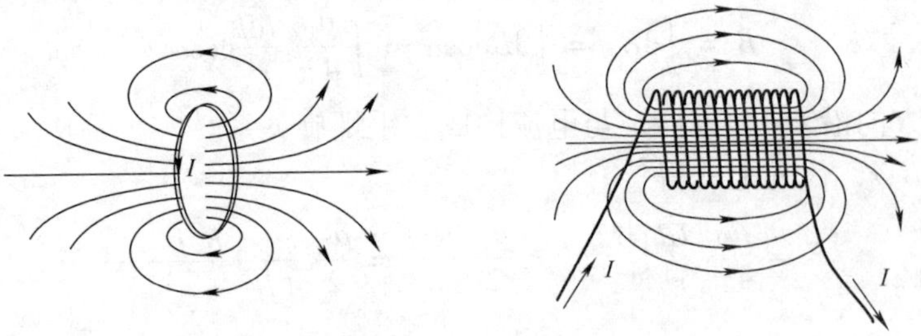

图 5-7 两种不同形状的电流周围磁场的磁感线

从图 5-7 可看出磁感线具有以下特点：（1）磁场中任意两条磁感线不相交；（2）每一条磁感线都是环绕电流的无头无尾的闭合曲线。

5.3.2 磁通量及磁场的高斯定理

与电通量的定义相类似，通过磁场中某一曲面的磁感线条数，称为通过该曲面的磁通

量，用 Φ 表示。如图 5-8a 所示，在磁感应强度为 $\boldsymbol{B}$ 的磁场中，$\mathrm{d}\boldsymbol{S}$ 是曲面 $\boldsymbol{S}$ 上任一小面元，其大小为 $\mathrm{d}S$，其方向用它的法线单位矢量 $\boldsymbol{e}_{\mathrm{n}}$ 来表示，有 $\mathrm{d}\boldsymbol{S}=\mathrm{d}S\boldsymbol{e}_{\mathrm{n}}$。此面元所在处的磁感强度 $\boldsymbol{B}$ 可以看作是均匀的，与面元的单位法线矢量 $\boldsymbol{e}_{\mathrm{n}}$ 之间的夹角为 θ，根据磁通量的定义，通过面元 $\mathrm{d}\boldsymbol{S}$ 的磁通量为

$$\mathrm{d}\Phi = B\cos\theta \mathrm{d}S = \boldsymbol{B}\cdot\mathrm{d}\boldsymbol{S} \tag{5-6}$$

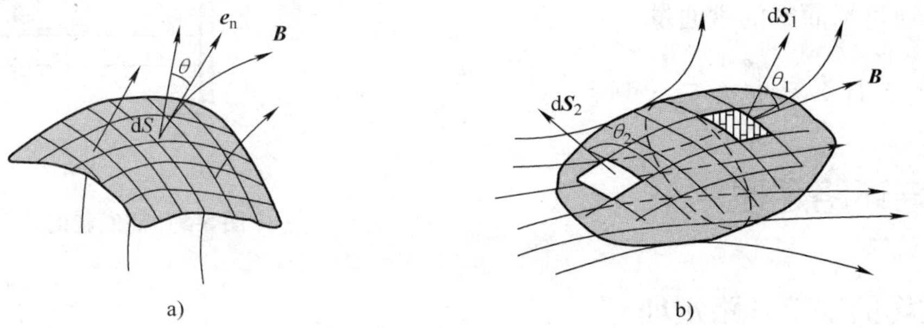

图 5-8 磁通量

则通过整个曲面 $\boldsymbol{S}$ 的磁通量等于其上所有面元磁通量的总和，即

$$\Phi = \int_S B\cos\theta \mathrm{d}S = \int_S \boldsymbol{B}\cdot\mathrm{d}\boldsymbol{S} \tag{5-7}$$

我们规定闭合曲面 $\boldsymbol{S}$ 的正法线单位矢量 $\boldsymbol{e}_{\mathrm{n}}$ 方向垂直于曲面由内向外。按照这个规定，当磁感线从曲面内穿出时 $\left(\theta<\frac{\pi}{2},\ \cos\theta>0\right)$，磁通量是正的；当磁感线从曲面外穿入时 $\left(\theta>\frac{\pi}{2},\ \cos\theta<0\right)$，磁通量是负的。

由于磁感线为一系列闭合曲线，因此，对任意闭合曲面来说，有多少条磁感线进入闭合曲面，就一定有多少条磁感线穿出闭合曲面。也就是说，通过任意闭合曲面的磁通量必等于零，即

$$\oint_S B\cos\theta \mathrm{d}S = 0 \tag{5-8}$$

上述结论也叫作**磁场的高斯定理**，它是表明磁场性质的重要定理之一。它不仅对稳恒磁场适用，对非稳恒磁场也同样适用。

虽然式（5-8）和静电场的高斯定理 $\left(\Phi_{\mathrm{e}}=\oint_S \boldsymbol{E}\cdot\mathrm{d}\boldsymbol{S}=\frac{1}{\varepsilon_0}\sum_{i=1}^{n}q_i\right)$ 在形式上相似，但两者有着本质上的区别：静电场的高斯定理表明静电场是有源场，磁场的高斯定理表明磁场是无源场。

在国际单位制中，磁通量的单位为韦伯，用 Wb 表示，即 $1\mathrm{Wb}=1\mathrm{T}\cdot\mathrm{m}^2$。

例 5-3 在真空中有一无限长直载流导线，电流为 I，其旁有一矩形回路与直导线共面，如图 5-9 所示。求通过该回路所围面积的磁通量。

解：由于长直导线周围的磁场为非匀强磁场，与场点位置到导线的垂直距离有关。为此，建立一个坐标系，如图 5-9 所示，则距导线的垂直距离可用 x 表示，该处的磁感应强度

的大小为 $B=\dfrac{\mu_0 I}{2\pi x}$，方向为垂直纸面向里。在矩形回路所围平面 S 上取一面积元 $\mathrm{d}S=h\mathrm{d}x$，取此面积元的法线单位矢量 $\boldsymbol{e}_\mathrm{n}$ 与磁感应强度方向一致。通过此面元的磁通量为

$$\mathrm{d}\Phi=\boldsymbol{B}\cdot\mathrm{d}\boldsymbol{S}=\frac{\mu_0 I}{2\pi x}h\mathrm{d}x$$

由此得通过平面 S 的磁通量

$$\Phi=\int\mathrm{d}\Phi=\int_a^{a+b}\frac{\mu_0 I}{2\pi x}h\mathrm{d}x=\frac{\mu_0 Ih}{2\pi}\ln\frac{a+b}{a}$$

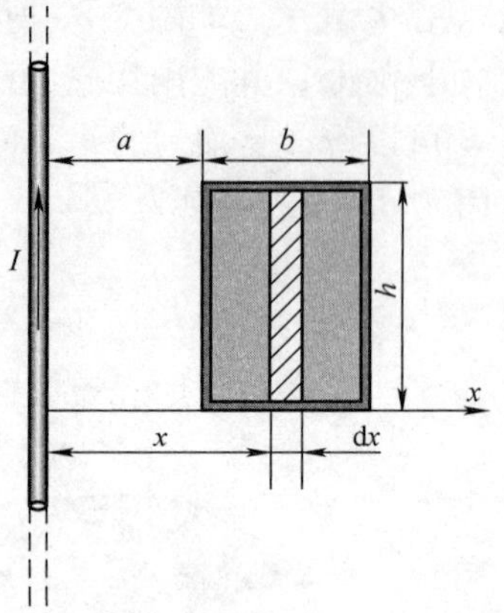

图 5-9　磁通量的计算　例 5-3 图

5.4　安培环路定理

5.4.1　磁场的安培环路定理

在第 4 章静电场中，电场强度 $\boldsymbol{E}$ 沿任意闭合路径的线积分等于零，即 $\oint_l \boldsymbol{E}\cdot\mathrm{d}\boldsymbol{l}=0$，说明静电场是保守场。那么，在稳恒磁场中 $\boldsymbol{B}$ 沿任意闭合路径的线积分，即 $\oint_l \boldsymbol{B}\cdot\mathrm{d}\boldsymbol{l}$ 等于什么？又具有什么意义呢？

下面，我们来研究真空中一无限长载流直导线产生的磁场对应的 $\oint_l \boldsymbol{B}\cdot\mathrm{d}\boldsymbol{l}$。

（1）无限长载流直导线的电流方向如图 5-10a 所示，取一平面与载流直导线垂直，并以该平面与导线的交点 O 为圆心，在平面上作一半径为 R 的圆周 l 为闭合路径，规定圆周的绕行方向为逆时针方向。由例 5-1 的结论可知，圆周上任意一点的磁感应强度的大小均为 $B=\dfrac{\mu_0 I}{2\pi R}$，方向与线元 $\mathrm{d}\boldsymbol{l}$ 的方向相同，即 $\boldsymbol{B}$ 与 $\mathrm{d}\boldsymbol{l}$ 之间的夹角 $\theta=0$，这样 $\boldsymbol{B}$ 沿着上述闭合路径的积分为

$$\oint_l \boldsymbol{B}\cdot\mathrm{d}\boldsymbol{l}=\oint_l B\cos\theta\mathrm{d}l=\oint_l\frac{\mu_0 I}{2\pi R}\mathrm{d}l=\frac{\mu_0 I}{2\pi R}\oint_l\mathrm{d}l$$

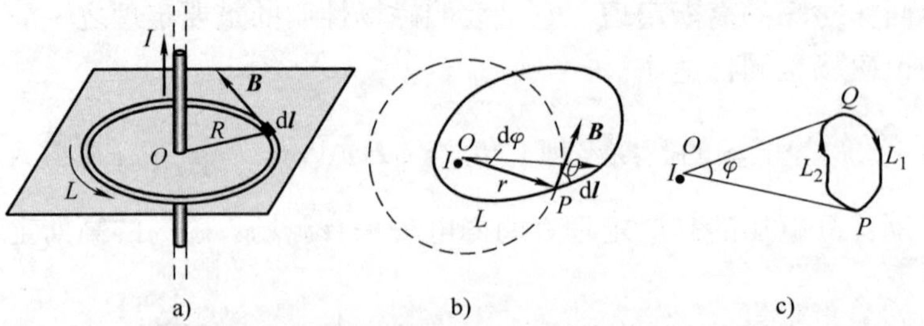

图 5-10　无限长载流直导线 $\boldsymbol{B}$ 的线积分

上式右端的积分值为闭合路径的周长 $2\pi R$，所以

$$\oint_l \boldsymbol{B}\cdot\mathrm{d}\boldsymbol{l}=\mu_0 I \tag{5-9a}$$

式（5-9a）表明，在无限长载流直导线产生的恒定磁场中，磁感应强度 $\boldsymbol{B}$ 沿半径为 R 的圆形闭合路径的线积分，等于此闭合路径包围的电流与真空磁导率的乘积。

如果电流方向相反，仍按图5-10a所示的路径 l 积分，由于 $\boldsymbol{B}$ 的方向与图示方向相反，则

$$\oint_l \boldsymbol{B} \cdot \mathrm{d}\boldsymbol{l} = -\mu_0 I = \mu_0(-I) \tag{5-9b}$$

（2）如图5-10b所示，在垂直于导线的平面内作一包围电流的任意形状的闭合路径 L，绕行方向如图。沿路径 L 计算 $\boldsymbol{B}$ 的线积分 $\oint_L \boldsymbol{B} \cdot \mathrm{d}\boldsymbol{l}$，先计算 $\boldsymbol{B} \cdot \mathrm{d}\boldsymbol{l}$。在路径上任意一点 P 处，$\mathrm{d}\boldsymbol{l}$ 与 $\boldsymbol{B}$ 的夹角为 θ，它对电流的张角为 $\mathrm{d}\varphi$。P 处的磁感应强度为 $B=\dfrac{\mu_0 I}{2\pi r}$，其中 r 是该平面内由导线（点 O）指向点 P 的位矢 $\boldsymbol{r}$ 的大小。由于 $\boldsymbol{B}$ 垂直于位矢 $\boldsymbol{r}$，由图可知，$|\mathrm{d}\boldsymbol{l}|\cos\theta = r\mathrm{d}\varphi$，所以

$$\boldsymbol{B} \cdot \mathrm{d}\boldsymbol{l} = Br\mathrm{d}\varphi$$

然后，计算沿闭合路径 $\boldsymbol{L}$ 的 $\boldsymbol{B}$ 的线积分

$$\oint_L \boldsymbol{B} \cdot \mathrm{d}\boldsymbol{l} = \oint_L Br\mathrm{d}\varphi$$

将 $\boldsymbol{B}$ 值代入上式，可得

$$\oint_L \boldsymbol{B} \cdot \mathrm{d}\boldsymbol{l} = \frac{\mu_0 I}{2\pi}\oint_L \mathrm{d}\varphi = \frac{\mu_0 I}{2\pi}2\pi = \mu_0 I \tag{5-10}$$

（3）如果闭合路径中不包围电流，如图5-10c所示。此时，从点 O 作闭合曲线的两条切线 OP 和 OQ，切点 P 和 Q 把闭合曲线分割为 L_1 和 L_2 两段。在 L_1 段，$\boldsymbol{B} \cdot \mathrm{d}\boldsymbol{l} = \dfrac{\mu_0 I}{2\pi r} r\mathrm{d}\varphi < 0$，而在 L_2 段，$\boldsymbol{B} \cdot \mathrm{d}\boldsymbol{l} = \dfrac{\mu_0 I}{2\pi r} r\mathrm{d}\varphi > 0$。按照上面同样的分析，可以得出

$$\oint_L \boldsymbol{B} \cdot \mathrm{d}\boldsymbol{l} = 0 \tag{5-11}$$

上面的讨论只涉及在垂直于长直电流的平面内的闭合路径。可以进一步证明，对于任意的闭合恒定电流，上述 $\boldsymbol{B}$ 的环路积分和电流的关系仍然成立。

若上述闭合路径周围有多根载流导线，其中一些被闭合路径包围，另一些在闭合路径外，则闭合路径上任意一点的磁感应强度应是所有电流激发的磁场的叠加，考虑式（5-10）和式（5-11），$\boldsymbol{B}$ 沿闭合路径的线积分

$$\oint_l \boldsymbol{B} \cdot \mathrm{d}\boldsymbol{l} = \mu_0 \sum_{i=1}^{n} I_i \tag{5-12}$$

这里，$\sum\limits_{i=1}^{n} I_i$ 是闭合路径包围的所有电流的代数和。值得强调的是，式（5-12）中电流的正负与积分时闭合路径所取的绕行方向有关，如果闭合路径的绕行方向与电流流向满足右手螺旋法则关系，则电流为正，反之电流为负。

以上结果虽然是从长直载流导线的磁场特例导出的，但其结论具有普遍性。对任意几何形状的通有稳恒电流的导线及任意形状、任意放置的闭合积分路径都是适用的。式（5-12）被

称为**真空中磁场的安培环路定理**，它表明，在真空稳恒磁场中，沿任意闭合路径 $\boldsymbol{B}$ 矢量的线积分，等于 μ_0 乘以该闭合路径所包围的各电流的代数和。

需要强调指出的是，式（5-12）右边的 $\sum_{i=1}^{n} I_i$ 只是穿过闭合路径的电流的代数和，它说明 $\boldsymbol{B}$ 的环流 $\oint_l \boldsymbol{B} \cdot \mathrm{d}\boldsymbol{l}$ 只与穿过闭合路径的电流有关，而与未穿过闭合路径的电流无关，但是闭合路径上各点的磁感应强度 $\boldsymbol{B}$ 却是所有电流（无论是否穿过闭合曲面）在该点激发的磁场的矢量和。

安培环路定理表达了电流与它所激发磁场之间的普遍规律。$\boldsymbol{B}$ 沿闭合路径的线积分又叫 $\boldsymbol{B}$ 的环流。从式（5-12）的结论可以看出，磁感应强度 $\boldsymbol{B}$ 的环流 $\oint_l \boldsymbol{B} \cdot \mathrm{d}\boldsymbol{l}$ 一般不等于零，说明磁场不是保守力场。由于这个特征，通常将磁场叫作有旋场，相应地将静电场叫作无旋场。

5.4.2 用安培环路定理计算磁场

应用安培环路定理求解磁感应强度时，首先应对电流和磁场的分布进行对称性分析，找到一条合适的、过场点的积分路径，使该回路上各点的磁感应强度大小都相等，或者在该回路某些线段上均相等，而在其余部分的磁感应强度为零或磁感应强度方向均与积分回路方向垂直，使 $\boldsymbol{B} \cdot \mathrm{d}\boldsymbol{l} = 0$。下面举例说明应用安培环路定理解出磁感应强度。

例 5-4 求无限长载流圆柱体的磁场。

解： 当考察的场点 P（或 Q）离圆柱体的距离与圆柱体两端的距离相比小得多时，可以把圆柱体看作无限长，如图 5-11a 所示。

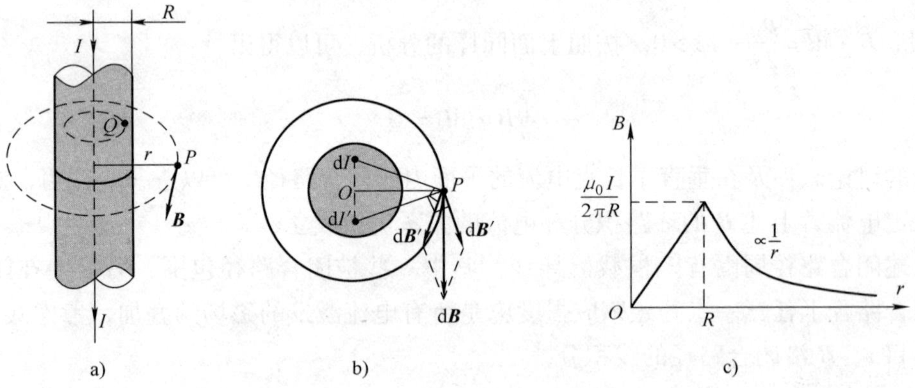

图 5-11 载流长直导线的磁场及分布 例 5-4 图

对点 P 而言，若其距离圆柱体轴线的垂直距离为 r，则 $r > R$。下面进行对称性分析。导体内部的电流，可以看成是由许多微小电流构成的，如图 5-11b 所示。任选一对相同电流 $\mathrm{d}I$，它们对圆柱体轴心 O 对称，二者在点 P 形成的磁场均为 $\mathrm{d}\boldsymbol{B}'$。显然，这两个 $\mathrm{d}\boldsymbol{B}'$ 经矢量合成后得到的合磁场的方向垂直 OP。可见，长直载流圆柱体的磁场具有对称性，磁感线是在垂直于轴线平面内，以轴线为中心的同心圆。过点 P 取一半径为 r 的圆形积分路径，中心在点 O，路径所在平面与轴线垂直。由于对称性，积分线上任一点 $\boldsymbol{B}$ 的量值相等，方向与该

点的 d$\boldsymbol{l}$ 方向一致，所以，$\boldsymbol{B}$ 矢量的环流为

$$\oint_l \boldsymbol{B} \cdot \mathrm{d}\boldsymbol{l} = B \cdot 2\pi r$$

由于全部电流 I 穿过积分路径，由安培环路定理，得

$$B \cdot 2\pi r = \mu_0 I$$

即

$$B = \frac{\mu_0 I}{2\pi r}$$

由此可见，长载流圆柱体外的磁场与长直载流圆柱面（或导线）激发的磁场相同。

对点 Q 而言，其距离圆柱体轴线的垂直距离 $r < R$，由于电流均匀分布于圆柱形圆柱体截面上，则穿过积分路径的电流应是 $I' = (I/\pi R^2)\pi r^2$，应用安培环路定理得

$$\oint_l \boldsymbol{B} \cdot \mathrm{d}\boldsymbol{l} = B \cdot 2\pi r = \mu_0 \frac{\pi r^2}{\pi R^2} I$$

由此算出点 Q 的磁感应强度为

$$B = \frac{\mu_0 I r}{2\pi R^2}$$

可见，在圆柱形圆柱体内部，磁感应强度和离开轴线的距离 r 成正比，图 5-11c 绘出了磁感应强度与轴线距离 r 的关系曲线。

例 5-5 求载流长直密绕螺旋管内的磁场。

解：取一个长直密绕螺旋管中间的一段，如图 5-12 所示，在单位长度上绕有 n 匝线圈，通过的电流为 I。根据电流分布的对称性，可以确定管内的磁感应强度 $\boldsymbol{B}$ 的方向处处与管轴平行，且大小均相等；在管外贴近管壁处的磁感应强度很弱，可以忽略不计，即在螺线管外，$\boldsymbol{B} = 0$。

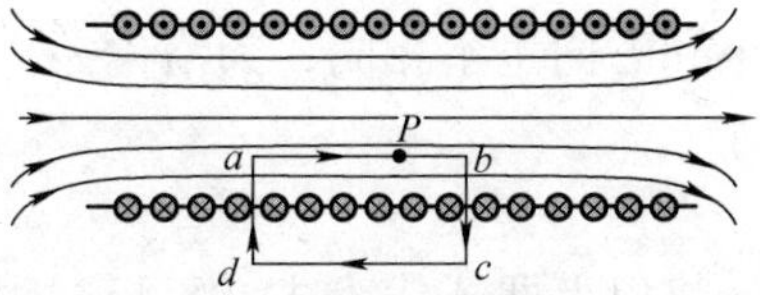

图 5-12 长直密绕螺线管内的磁场 例 5-5 图

设点 P 是管内中间部分的一点，通过点 P 作一矩形积分路径 $abcda$（见图 5-12）。线段 cd，以及线段 bc 和 da 的部分位于管外处，$\boldsymbol{B} = 0$；bc 和 da 的位于管内部分，虽然 $\boldsymbol{B} \neq 0$，但 d$\boldsymbol{l}$ 与 $\boldsymbol{B}$ 垂直，所以又有 $\boldsymbol{B} \cdot \mathrm{d}\boldsymbol{l} = 0$；线段 ab 上各点的磁感应强度大小相等，方向都与积分路径 d$\boldsymbol{l}$ 一致。所以 $\boldsymbol{B}$ 矢量沿积分路径 $abcda$ 的线积分为

$$\oint_L \boldsymbol{B} \cdot \mathrm{d}\boldsymbol{l} = \int_{ab} \boldsymbol{B} \cdot \mathrm{d}\boldsymbol{l} + \int_{bc} \boldsymbol{B} \cdot \mathrm{d}\boldsymbol{l} + \int_{cd} \boldsymbol{B} \cdot \mathrm{d}\boldsymbol{l} + \int_{da} \boldsymbol{B} \cdot \mathrm{d}\boldsymbol{l} = B \cdot \overline{ab}$$

若通过每匝线圈的电流为 I，设螺线管的长度为 l，总共有 N 匝，则 $n = N/l$，所以积分路径 $abcda$ 所包围的电流总和为 $I \cdot n \cdot \overline{ab}$。于是，由安培环路定理得

$$\oint_L \boldsymbol{B} \cdot \mathrm{d}\boldsymbol{l} = B \cdot \overline{ab} = \mu_0 I \cdot n \cdot \overline{ab}$$

所以

$$B = \mu_0 n I$$

由于矩形积分路径是任取的，与 ab 段在管内的位置无关。因此，无限长螺线管内任一点的磁感应强度都相同，方向都平行于轴线，即无线长螺线管内的磁场是一个均匀磁场。

从本例可以看出，在应用安培环路定理解决实际问题时，要根据具体的电流分布选择合理的积分路径。

5.5 带电粒子在电场和磁场中运动

这一节我们将讨论带电粒子在磁场中所受的力——洛伦兹力，以及带电粒子在电场和磁场中运动同时受到电场力和洛伦兹力的一些例子。

5.5.1 电场力和洛伦兹力

实验表明，在某一惯性参考系 S 中观察一个运动电荷 q 在另外的运动电荷（或电流或永磁体）周围运动时，它受到的作用力包括电场力和洛伦兹力，合力 $\boldsymbol{F}$ 可以表示成两部分的矢量和，如图 5-13 所示，即

$$\boldsymbol{F}=\boldsymbol{F}_{\mathrm{e}}+\boldsymbol{F}_{\mathrm{m}} \tag{5-13a}$$

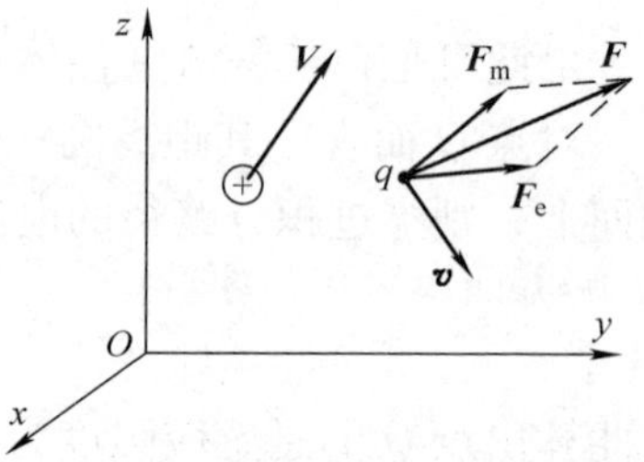

图 5-13　运动电荷间的力

其中第一部分力 $\boldsymbol{F}_{\mathrm{e}}$ 与电荷的运动速度无关，即使 q 静止它也受到这种力的作用。我们已经把静止电荷受到的力归之于电场的作用。以 $\boldsymbol{E}$ 表示相应的电场强度，电荷受到的电场力为

$$\boldsymbol{F}_{\mathrm{e}}=q\boldsymbol{E}$$

式（5-13a）中的第二部分力 $\boldsymbol{F}_{\mathrm{m}}$ 与电荷的运动速度 $\boldsymbol{v}$ 有关。$\boldsymbol{v}$ 的大小和方向不同，这部分力的大小和方向也不相同，为洛伦兹力，即若以 $\boldsymbol{B}$ 表示相应的磁感应强度，则电荷 q 以 $\boldsymbol{v}$ 通过点 P 时

$$\boldsymbol{F}_{\mathrm{m}}=q\boldsymbol{v}\times\boldsymbol{B}$$

将以上两式代入式（5-13a）中，得到

$$\boldsymbol{F}=q\boldsymbol{E}+q\boldsymbol{v}\times\boldsymbol{B} \tag{5-13b}$$

式（5-13b）表示运动电荷在另外的运动电荷周围受到的力为电场力和洛伦兹力的合力。

5.5.2 带电粒子在电磁场中受力举例

一个带电荷 q 的粒子以一定速度 $\boldsymbol{v}_0$ 进入匀强磁场后，它会受到洛伦兹力 $\boldsymbol{F}_{\mathrm{m}}=q\boldsymbol{v}_0\times\boldsymbol{B}$ 的作用，改变其运动状态。下面我们分析几种情况。

1. 回旋半径和回旋频率

设电荷为 $+q$、质量为 m 的带电粒子，以初速度 $\boldsymbol{v}_0$ 进入磁感应强度为 $\boldsymbol{B}$ 的匀强磁场中，且 $\boldsymbol{v}_0$ 垂直于 $\boldsymbol{B}$，如图 5-14 所示。忽略重力，则粒子仅受到洛伦兹力的作用，该力大小为 $F_{\mathrm{m}}=qv_0B$，方向与粒子的运动速度与磁场方向均垂直。因此，粒子的速度大小保持不变，而只改变方向。所以带电粒子将在垂直于磁场的平面内做圆周运动。根据牛顿第二定律有

$$qv_0B=m\frac{v_0^2}{R}$$

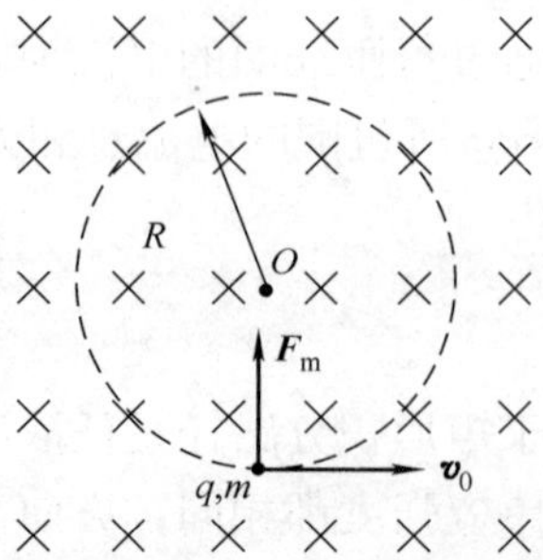

图 5-14　带电粒子在匀强磁场中

式中，R 为带电粒子做匀速圆周运动的轨道半径，称作回旋半径。由上式得

$$R=\frac{mv_0}{qB} \tag{5-14}$$

式（5-14）表明，回旋半径 R 与带电粒子的速率 v_0 成正比，与磁感应强度 $\boldsymbol{B}$ 的大小成反比。

我们把粒子运行一周所需要的时间叫作回旋周期，用符号 T 表示，有

$$T=\frac{2\pi R}{v_0}=\frac{2\pi m}{qB} \tag{5-15a}$$

单位时间内粒子所运行的圈数叫作回旋频率，用 f 表示，有

$$f=\frac{1}{T}=\frac{qB}{2\pi m} \tag{5-15b}$$

由上面讨论可以看出，回旋频率 f 与粒子的速率无关，但回旋半径 R 与速率有关，粒子的速率越大，其回旋半径也越大。

应该指出，以上结论只适用于带电粒子速率远小于光速的非相对论情况。如果带电粒子的速率接近于光速，上述公式仍可沿用，但粒子的质量 m 不再为常量，而是随速率的增加而增加的，周期将变长，回旋频率将减小，根据这个原理，人们研制了同步回旋加速器。

2. 磁聚焦

前面讨论了带电粒子的初速度 $\boldsymbol{v}_0$ 与 $\boldsymbol{B}$ 相互垂直时，带电粒子做圆周运动的情形。下面将讨论 $\boldsymbol{v}_0$ 与 $\boldsymbol{B}$ 之间有任意夹角时，带电粒子的运动规律。如图5-15所示，假设空间某一区域有一沿 z 轴的均匀磁场，带电粒子的初速度 $\boldsymbol{v}_0$ 与 $\boldsymbol{B}$ 的夹角为 θ。

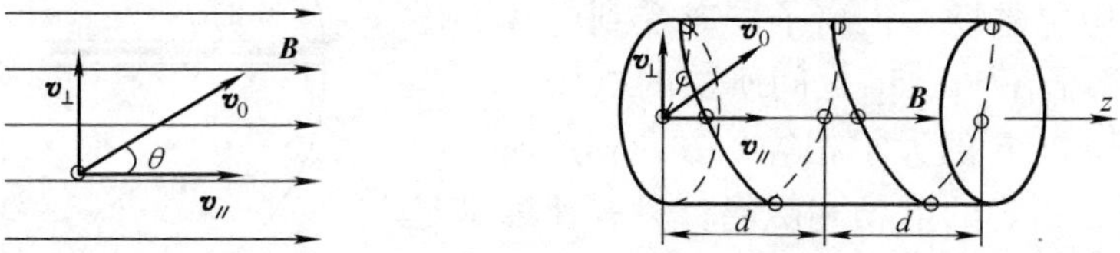

图5-15 带电粒子在均匀磁场中的螺旋运动

可将初速度 $\boldsymbol{v}_0$ 分解为平行于 $\boldsymbol{B}$ 的纵向分量 $v_{/\!/}=v_0\cos\theta$ 和垂直于 $\boldsymbol{B}$ 的横向分量 $v_{\perp}=v_0\sin\theta$。我们已经知道，速度的横向分量 $\boldsymbol{v}_{\perp}$ 在磁场的作用下将使粒子在垂直于 $\boldsymbol{B}$ 的平面内做匀速圆周运动；而速度的纵向分量 $\boldsymbol{v}_{/\!/}$ 与 $\boldsymbol{B}$ 平行而不受磁场力，粒子将在这个方向上做匀速直线运动。由于粒子同时参与两个运动，其结果是粒子将沿螺旋线向前运动。显然，螺旋线的半径为

$$R=\frac{mv_{\perp}}{qB} \tag{5-16}$$

回旋周期为

$$T=\frac{2\pi R}{v_{\perp}}=\frac{2\pi m}{qB} \tag{5-17}$$

我们把粒子回转一周所前进的距离叫作螺距，显然其值为

$$d=v_{/\!/}T=\frac{2\pi m v_{/\!/}}{qB} \tag{5-18}$$

式（5-18）表明，螺距 d 与初速度的纵向分量 $v_{/\!/}$ 成正比，而与初速度的横向分量无关。这意味着，无论带电粒子以多大速率进入磁场，也无论沿何种方向进入磁场，只要它们平行于磁场的速度分量 $v_{/\!/}$ 是相同的，它们运动轨迹的螺距就一定相等，利用上述结果可实现磁聚焦。如图5-16所示，若从磁场中某点 A 发射出一束很窄的带电粒子流，它们的速率 v 都很相近，且与 $\boldsymbol{B}$ 的夹角 θ 都很小，则尽管 $v_{\perp}=v_0\sin\theta$ 会使各个粒子沿不同半径的螺旋线运动，但是 $v_{/\!/}=v_0\cos\theta$ 却近似相等，由式（5-18）决定的螺距 d 也近似相等，所以各个粒子经过距离 d 后又会重新会聚在一起，这就是磁聚焦。它在电子显微镜中起了与光学仪器中的透镜类似的作用。

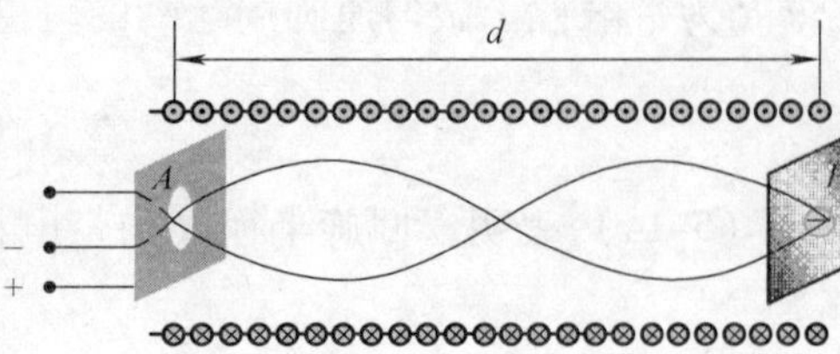

图 5-16　磁聚焦

3. 质谱仪

质谱仪是一种研究物质同位素的装置。所谓同位素，是指原子序数相同而原子质量不同的原子。由于其化学性质相同，不能用化学方法加以区分，需采用物理方法将其区分开。质谱仪是由英国实验化学家、核物理学家阿斯顿在1919年创制的，当年用它发现了氯和汞的同位素，特别是一些非放射性的同位素，为此，阿斯顿于1922年获诺贝尔化学奖。

图5-17是一种质谱仪结构示意图。从离子源产生的带电为 q 的正离子，以速度 $\boldsymbol{v}$ 经过狭缝 S_1、S_2 之后，进入速度选择器。在速度选择器中的两个平行电极板 P_1、P_2 之间存在电场强度为 $\boldsymbol{E}$ 的均匀电场，又存在磁感应强度为 $\boldsymbol{B}$ 的均匀磁场。正离子同时受到电场和磁场的作用，当正离子在 P_1、P_2 之间所受的电场力 $\boldsymbol{F}_e=q\boldsymbol{E}$ 与磁场力 $\boldsymbol{F}_m=q\boldsymbol{v}\times\boldsymbol{B}$ 的大小相等、方向相反时，有关系 $v=E/B$。对于给定的电场和磁场，只有速度满足 $v=E/B$ 的正离子才能径直通过 P_1、P_2，从狭缝 S_3 射出。

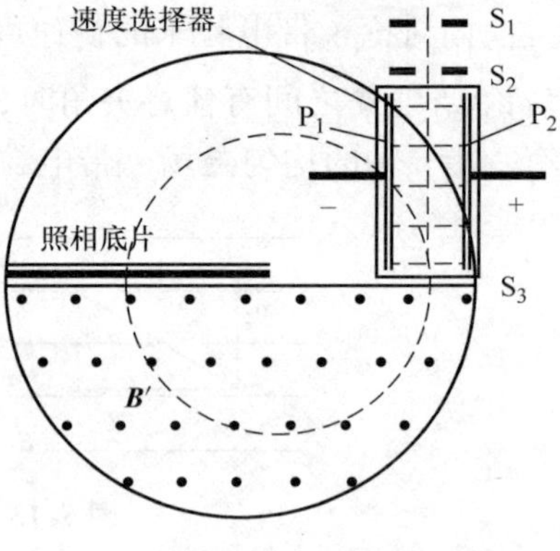

图 5-17　质谱仪结构示意图

正离子从 S_3 射出后，进入另一个磁感应强度为 $\boldsymbol{B}'$ 的匀强磁场区域，磁场方向为垂直纸面向外，在此区域没有电场。这时，正离子在洛伦兹力的作用下将以半径 R 做匀速圆周运动。若正离子的质量为 m，则有

$$qvB'=m\frac{v^2}{R}$$

即

$$m=\frac{qB'R}{v}$$

由于 $\boldsymbol{B}'$ 和离子的速度都是已知的，且假设每个离子的电荷都是相等的，从上式可以看出，离子的质量和它的轨道半径成正比。

如果这些离子中有不同质量的同位素，他们的轨道半径就会不同，将分别射到照相底片的不同位置而形成若干线状谱的细条纹，每一条纹相当于一定质量的离子。从条纹的相应位置可以推算出轨道半径 R，从而计算出它们的相应质量，故而这种仪器叫作质谱仪。图5-18

表示锗元素的同位素质谱，数字 70、72、73、74、76 为锗的不同同位素的质子数。

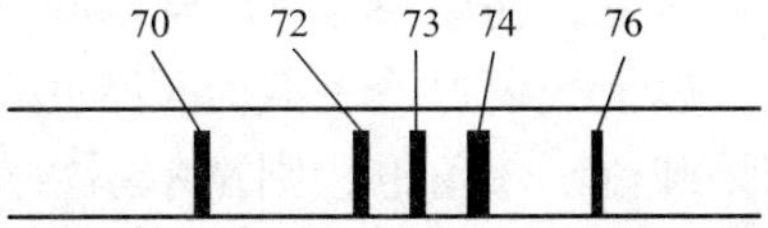

图 5-18　锗元素的同位素质谱

4. 霍尔效应

1879 年，霍尔首先观察到，把一通以纵向电流 I 的导体薄片放在磁场中时，如果磁场方向垂直于薄片平面，则在薄片的横向两侧会出现微弱的电势差，如图 5-19 所示。这一现象称为**霍尔效应**，此电势差称为霍尔电势差。实验测定，霍尔电势差的大小与电流 I 及磁感应强度成正比，而与薄片沿 $\boldsymbol{B}$ 方向的厚度 d 成反比，它们的关系可写成

$$U_{\mathrm{H}} = R_{\mathrm{H}} \frac{IB}{d} \tag{5-19}$$

式中，R_{H} 称为霍尔系数。如果撤去磁场，或者撤去电流，霍尔电势差就随之消失。

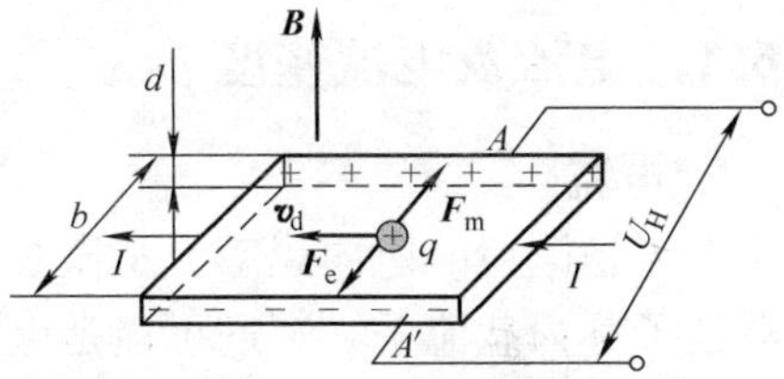

图 5-19　霍尔效应

霍尔效应可以用洛伦兹力来解释。在图 5-19 中，设导体板中的载流子为正电荷 $+q$，其漂移速度为$\boldsymbol{v}_{\mathrm{d}}$。于是，导体板内的载流子在洛伦兹力 $\boldsymbol{F}_{\mathrm{m}}$ 的作用下，将向板的 A 端移动，从而使 A、A'两侧面上分别积累正、负电荷。这样，便在 A、A'之间建立起电场强度为 $\boldsymbol{E}$ 的电场，于是，载流子将要受到一个与洛伦兹力方向相反的电场力的作用。随着 A、A'上电荷的积累，$\boldsymbol{F}_{\mathrm{e}}$也不断增大。当载流子受到的电场力增大到正好等于洛伦兹力时，就达到了动态平衡。这时，导体板 A、A'两侧面之间的横向电场称为霍尔电场$\boldsymbol{E}_{\mathrm{H}}$，它的大小与霍尔电势差 U_{H} 之间的关系为

$$E_{\mathrm{H}} = \frac{U_{\mathrm{H}}}{b}$$

由于动态平衡时电场力与洛伦兹力相等，所以有

$$qE_{\mathrm{H}} = qv_{\mathrm{d}}B$$

得

$$E_{\mathrm{H}} = v_{\mathrm{d}}B$$

于是

$$\frac{U_{\mathrm{H}}}{b} = v_{\mathrm{d}}B \tag{5-20a}$$

上式给出了霍尔电压 U_{H} 和磁感应强度 $\boldsymbol{B}$ 以及载流子漂移速率$\boldsymbol{v}_{\mathrm{d}}$之间的关系。考虑到$\boldsymbol{v}_{\mathrm{d}}$与电流的关系式（5-27）（详见下节内容），有

$$I = nqv_{\mathrm{d}}bd$$

于是，式（5-20a）可写为

$$U_{\mathrm{H}} = \frac{IB}{nqd} \tag{5-20b}$$

对于一定材料，载流子数密度 n 和电荷 q 都是一定的。所以式（5-20b）与（5-19）比较可得到霍尔系数为

$$R_{\mathrm{H}} = \frac{1}{nq} \tag{5-21}$$

可见，霍尔系数 R_H 与载流子数密度 n 成反比。

以上我们讨论了载流子为正的情况，这时的霍尔系数也是正的，这与实验结论相吻合。如果载流子带负电，则霍尔系数是负的。这个原理可用于判断半导体材料是空穴型导电（P 型半导体）还是电子型半导体（N 型半导体），还可以测定载流子数密度 n。由于在半导体中载流子数密度 n 小于单价金属中自由电子数密度，可得到较大的霍尔电势差，所以常用半导体材料制成各种霍尔效应传感器，用来测量磁感应强度、电流、压力、转速等。在自动控制和计算技术等方面，霍尔效应都有广泛的应用。

5.6 载流导线在磁场中受的力和力矩

5.6.1 电流及电流密度

1. 电流

电流是电荷的定向运动，从微观上看，电流实际上是带电粒子的定向运动。形成电流的带电粒子称为载流子。它们可以是电子、质子、正的或负的离子，在半导体中还可能是带正电的“空穴”。金属中的自由电子总是在不停地做无规则热运动，它们沿任意方向运动的概率是相等的，所以，在无外加电场的情况下，金属内部的电场强度 $\boldsymbol{E}=0$，这时导体内没有电荷做定向运动，不能形成电流。如果在导体两端加上电势差，就可以在导体内形成电场，这样，导体内的自由电子除了做热运动外，还要在电场力的作用下做宏观的定向运动，形成传导电流。

电流的强弱用电流强度（简称电流）来描述，用符号 I 来表示。电流是标量，表示单位时间内通过导体截面的电荷量。人们在实际应用中常说“电流的方向”，只是指正电荷沿着导体的“流向”而已。如图 5-20 所示，在截面积为 S 的一段导体上，有正电荷从左向右运动，若在 $\mathrm{d}t$ 的时间间隔内，通过该截面的电荷量为 $\mathrm{d}q$，则导体中的电流为

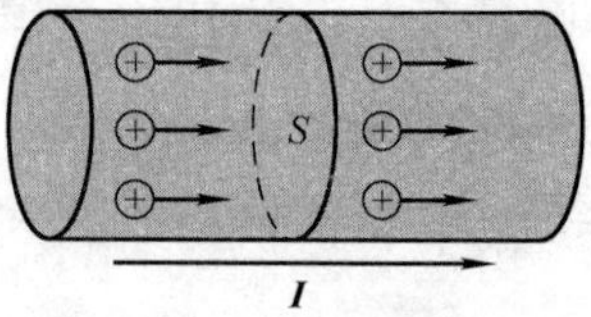

图 5-20 导体中的电流

$$I=\frac{\mathrm{d}q}{\mathrm{d}t} \tag{5-22}$$

即是通过截面 S 的电荷随时间的变化率。

如果导体中的电流不随时间而变化，这种电流就是恒定电流。由于历史上的原因，我们把正电荷从高电势端向低电势端移动的方向规定为电流的流向，因此，电流的流向与金属导体内负电荷运动的方向相反。

在国际单位制中，电流的单位是安培，用符号 A 表示，$1\mathrm{A}=1\mathrm{C}\cdot\mathrm{s}^{-1}$。

2. 电流密度

我们注意到，电流 I 虽然能描写电流的强弱，但它只能反映通过导体截面的整体电流特征，并不能说明电流通过截面各点的情况。在实际问题中，常会遇到电流在粗细不等或材料不均匀、甚至大块金属中流过的情况，这时导体内各处的电流分布将是不均匀的。图 5-21 为半球形接地电极的电流分布情况，图中仿照电场线的办法用带有箭头的线段表示出电流的流向称为电流线，电流线的密度表示电流的大小。从图中可以看出，靠近电极，电流线密度

大；远离电极，电流线密度小，各点电流线的方向也不相同。

为了细致地描述体系电流分布情况，需引入一个新的物理量——电流密度。电流密度是矢量，用符号 $\boldsymbol{j}$ 表示。电流密度矢量的方向与该点正电荷运动的方向一致，大小等于通过垂直于电流方向的单位面积的电流。

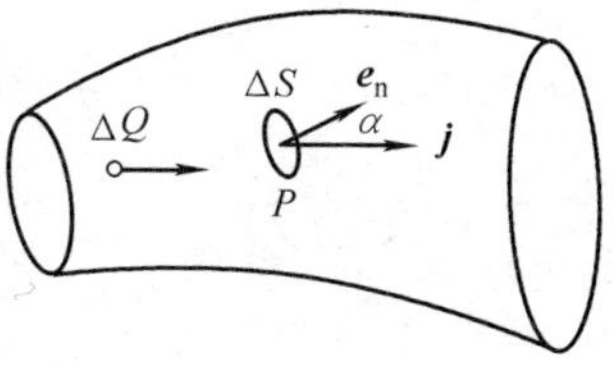

图 5-21 电流密度

如图 5-21 所示，在导体中点 P 处任取一面积元 ΔS，若 ΔS 的单位法向矢量 $\boldsymbol{e}_n$ 与正电荷的运动方向（即电流密度 $\boldsymbol{j}$ 的方向）间成 α 角，在 Δt 时间内有正电荷 ΔQ 通过面积元 ΔS，那么按照上述规定，可得点 P 处电流密度的大小为

$$j=\frac{\Delta Q}{\Delta t\Delta S\cos\alpha}=\frac{\Delta I}{\Delta S\cos\alpha}$$

式中，$\Delta S\cos\alpha$ 为面积元 ΔS 在垂直于电流密度方向上的投影。上式可以写成

$$\Delta I=j\Delta S\cos\alpha \tag{5-23}$$

通过导体任意有限截面的电流强度为

$$I=\oint_S \boldsymbol{j}\cdot \mathrm{d}\boldsymbol{S} \tag{5-24}$$

可见，电流密度是空间位置的矢量函数，它能精确地描述带电体系中电流的分布情况。导体内各处电流密度不随时间改变的电流就是恒定电流。

下面简略讨论金属导体内的电流密度与自由电子的数密度及自由电子漂移速度之间的关系。

从导电机制来看，金属中存在着大量的自由电子和正离子，正离子构成金属的晶格，而自由电子则在金属晶格间做无规则的热运动，并不断地与晶格相碰撞。所以在通常情况下，电子不做有规则的定向运动，因而导体中没有电流形成。当导体两端存在电势差时，在导体内部就存在电场，这时自由电子受到电场力作用，沿着与电场强度 $\boldsymbol{E}$ 相反的方向相对于晶格做定向运动。这时，自由电子除了热运动以外，还相对于晶格做定向运动。自由电子在电场力作用下产生的定向运动的平均速度叫漂移速度，用符号 $\boldsymbol{v}_d$ 表示。正是由于漂移速度的存在，才在导体中形成了宏观电流。漂移速度的大小也叫漂移速率。如图 5-22 所示，设导体中自由电子数密度为 n，每个电子的漂移速度均为 $\boldsymbol{v}_d$，在导体内取一面积元 $\Delta \boldsymbol{S}$，并使 $\Delta \boldsymbol{S}$ 与 $\boldsymbol{v}_d$ 垂直。于是在时间间隔 Δt 内，处于任一长为 $v_d\Delta t$、截面积为 ΔS 的柱体里的自由电子都要通过截面积 ΔS，即有 $nv_d\Delta t\Delta S$ 个电子通过 ΔS，考虑到每个电子电荷的大小均为 e，故在 Δt 时间内通过 ΔS 的电荷为 $\Delta q=env_d\Delta t\Delta S$。由前几项表达式可得导体中 ΔS 处的电流和电流密度大小分别为

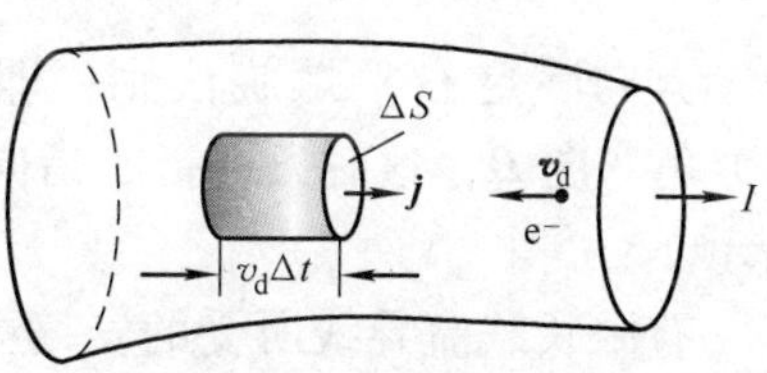

图 5-22 电流与电子漂移速度的关系

$$\Delta I=env_d\Delta S \tag{5-25}$$

$$j=env_d \tag{5-26}$$

上述两式表明，金属导体中的电流和电流密度均与自由电子数密度和自由电子的漂移速率成正比。式（5-25）和式（5-26）对一般导体或半导体也适用，只不过要把电子的电荷换成载流子的电荷 q，把自由电子的漂移速率换成载流子的平均定向运动速率 v 就可以了，再考虑到矢量关系，有

$$j = \pm qn\boldsymbol{v} \tag{5-27}$$

式中，$q>0$ 取“+”；$q<0$ 取“-”。

5.6.2 安培力

导线中的电流是由载流子的定向移动形成的。当把载流导线置于磁场中时，这些运动的载流子就要受到洛伦兹力的作用，其结果将表现为载流导线受到磁场力的作用。

为了计算一段载流导线受到的磁场力，先考虑一个电流元 $I\mathrm{d}\boldsymbol{l}$ 受到的作用力，如图 5-23 所示。设导线截面积为 S，其中有电流 I 通过，导线内载流子数密度为 n，每一个载流子的电荷为 q。为简单起见，我们认为每个载流子都以漂移速度 $\boldsymbol{v}_d$ 运动，则每一个载流子受的磁场力都是 $\boldsymbol{F}_m = q\boldsymbol{v}_d \times \boldsymbol{B}$。在 $\mathrm{d}\boldsymbol{l}$ 段中，载流子的数目为 $n\mathrm{d}lS$，这些载流子受的力的总和就是

$$\mathrm{d}\boldsymbol{F} = n\mathrm{d}lSq\boldsymbol{v}_d \times \boldsymbol{B}$$

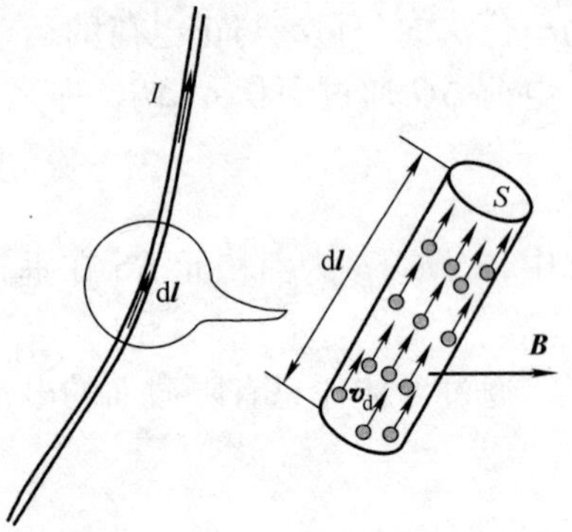

图 5-23 电流元受到的磁场力

由于漂移速度 $\boldsymbol{v}_d$ 的方向与 $\mathrm{d}\boldsymbol{l}$ 方向相同，所以

$$q\mathrm{d}l\boldsymbol{v}_d = qv_d\mathrm{d}\boldsymbol{l}$$

于是，上式写成

$$\mathrm{d}\boldsymbol{F} = nv_dSq\mathrm{d}\boldsymbol{l} \times \boldsymbol{B}$$

根据式（5-25），$I = nqv_dS$ 就是通过导线的电流。所以，上式写成

$$\mathrm{d}\boldsymbol{F} = I\mathrm{d}\boldsymbol{l} \times \boldsymbol{B} \tag{5-28}$$

电流元 $I\mathrm{d}\boldsymbol{l}$ 中的载流子在磁场力的作用下，动量增加，而增加的动量最终要传导给导线本体的正离子结构，所以这一公式也就给出了这一段电流元受到的磁场力。载流导线受磁场的作用力通常叫作**安培力**，式（5-28）称为**安培定律**。

载流导线在磁场中受到的安培力的微观机制，实质上是载流导线中大量载流子受到洛伦兹力的结果。式（5-28）表明，磁场对电流元 $I\mathrm{d}\boldsymbol{l}$ 作用的安培力的大小是

$$\mathrm{d}F = BI\mathrm{d}l\sin\theta$$

方向满足右手螺旋法则：即右手四指从 $I\mathrm{d}\boldsymbol{l}$ 出发，经小于 180°角弯向 $\boldsymbol{B}$，这时大拇指的指向就是安培力的方向，如图 5-24 所示。

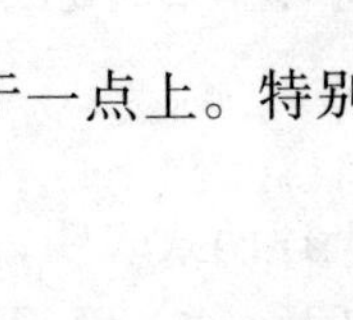

图 5-24 安培力方向

有限长载流导线所受的安培力，等于各电流元所受磁场力的矢量叠加，即

$$\boldsymbol{F} = \int_l \mathrm{d}\boldsymbol{F} = \int_l I\mathrm{d}\boldsymbol{l} \times \boldsymbol{B} \tag{5-29}$$

式（5-29）说明，安培力是作用在这个载流导线上，而不是作用于一点上。特别值得一提的是，式中的 $\boldsymbol{B}$ 为电流元所处位置的磁感应强度。

下面就几种特殊情况进行一下讨论。

（1）如果有一个长为 l、通有电流为 I 的直导线，放在磁感应强度为 $\boldsymbol{B}$ 均匀的磁场中，如图 5-25a 所示。由式（5-29），此载流长直导线所受安培力为

$$\boldsymbol{F} = I\boldsymbol{l} \times \boldsymbol{B} \tag{5-30}$$

大小为

$$F = BIl\sin\theta \tag{5-31}$$

方向垂直于直导线和磁感应强度所组成的平面，即垂直于纸面向内。这里，θ 为电流的流向与 $\boldsymbol{B}$ 之间的夹角。由式（5-31）可以看出，当 $\theta = 0°$，即通过此导线的电流流向与 $\boldsymbol{B}$ 的方向相同时，载流导线所受的安培力为零；当 $\theta = 90°$，即通过此导线的电流流向与 $\boldsymbol{B}$ 的方向垂直时，载流导线所受的安培力最大，为 $F = BIl$。这个结果熟悉吗？

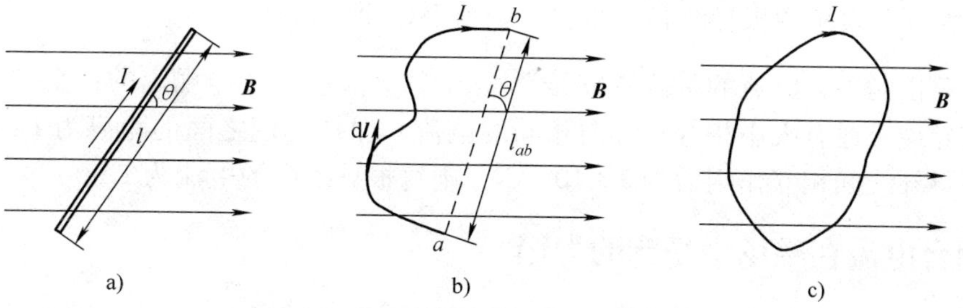

图 5-25　均匀磁场中的载流导线

（2）如果有一段通电流为 I 的弯曲导线 ab，如图 5-25b 所示，放在磁感应强度为 $\boldsymbol{B}$ 均匀的磁场中，此段导线上受的磁场力大小为

$$\boldsymbol{F} = \int_a^b I\mathrm{d}\boldsymbol{l}_{ab} \times \boldsymbol{B} = I\int_a^b \mathrm{d}\boldsymbol{l}_{ab} \times \boldsymbol{B}$$

此式中，积分的结果是各段矢量长度元 $\mathrm{d}\boldsymbol{l}$ 的矢量和，它等于从 a 到 b 的矢量直线段 $\boldsymbol{l}_{ab}$。因此得

$$\boldsymbol{F} = I\boldsymbol{l}_{ab} \times \boldsymbol{B}$$

上式在形式上与式（5-30）相同，说明在均匀磁场中，整个弯曲导线受到的磁场力等于从起点到终点连起的直导线通过相同电流时受的磁场力。

（3）在如图 5-25c 中，一通电流为 I 的任意形状的闭合电流，由于 $l = 0$，则由上式，得 $\boldsymbol{F} = 0$，也就是说，在均匀磁场中的闭合载流回路整体上不受磁力作用。

例 5-6　如图 5-26 所示，在真空中，由两根相距为 d 的无限长平行直导线，分别通以电流 I_1 和 I_2，且电流方向相同。试求单位长度的导线受到的安培力是多少？

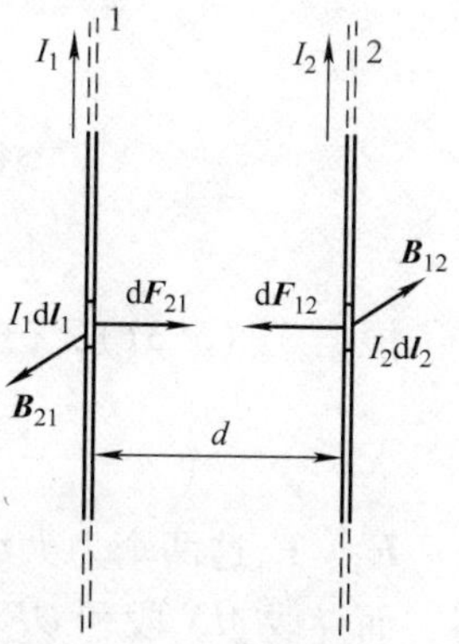

图 5-26　直导线间安培力　例 5-6 图

解：在载流导线 2 上取电流元 $I_2\mathrm{d}l_2$，由例 5-1 的结论可知，无限长直线电流 I_1 在电流元 $I_2\mathrm{d}l_2$ 所在处的磁感应强度 $\boldsymbol{B}_{12}$ 的大小为

$$B_{12} = \frac{\mu_0 I_1}{2\pi d}$$

方向垂直导线 1 和导线 2 所在平面，如图 5-26 所示。根据安培定律，作用在 $I_2\mathrm{d}l_2$ 上的安培力 $\mathrm{d}\boldsymbol{F}_{12}$ 的大小为

$$\mathrm{d}F_{12} = B_{12}I_2\mathrm{d}l_2 = \frac{\mu_0 I_1 I_2}{2\pi d}\mathrm{d}l_2$$

方向在两平行导线所在的平面内，垂直指向导线 1。这样，导线 2 单位长度上受到的安培力

大小为

$$\frac{dF_{12}}{dl_2}=\frac{\mu_0 I_1 I_2}{2\pi d}$$

同理，可求得单位长度导线 1 受到导线 2 的安培力大小为

$$\frac{dF_{21}}{dl_1}=\frac{\mu_0 I_1 I_2}{2\pi d}$$

方向与$\frac{dF_{12}}{dl_2}$相反，表示两根导线相互吸引，如图 5-26 所示。

在国际单位制中，电流的单位“安培”是基本量，它是这样规定的：真空中平行放置的两根长直导线，通有大小相等且方向相同的电流，保持它们之间的距离为 1m，调整电流的大小，使得导线间相互作用力为 2×10^{-7}N，则每根导线中的电流为 1A。

5.6.3 闭合电流在磁场中受到的力矩

下面我们用安培定律来研究磁场对载流线圈的作用。

如图 5-27 所示，在磁感应强度为 $\boldsymbol{B}$ 的均匀磁场中，有一刚性矩形载流线圈 $MNOP$，它的边长分别为 l_1 和 l_2，电流为 I，电流流向为 $M\to N\to O\to P\to M$。线圈平面的单位法向矢量 $\boldsymbol{e}_n$ 与磁感应强度之间夹角为 θ，即线圈平面与 $\boldsymbol{B}$ 之间夹角为 $\varphi=\frac{\pi}{2}-\theta$，且 MN 边及 OP 边均与 $\boldsymbol{B}$ 垂直。

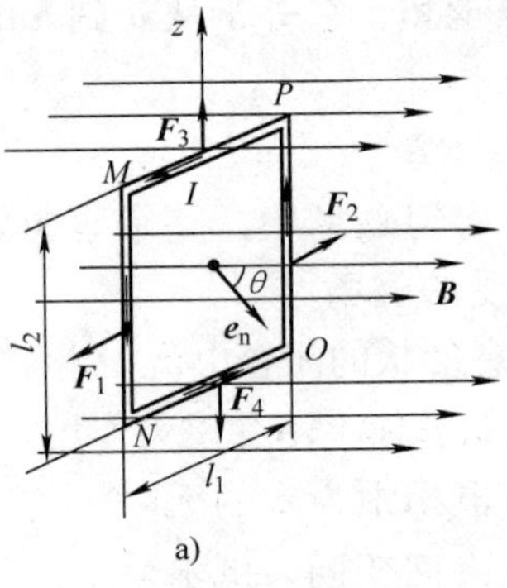

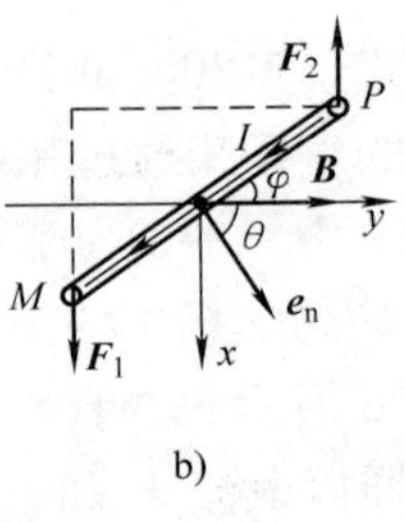

图 5-27　矩形载流线圈在均匀磁场中所受的磁力矩

a）立体图　b）俯视图

根据式（5-31），磁场对导线 NO 及 PM 段作用力的大小分别为

$$F_4=BIl_1\sin\varphi$$

$$F_3=BIl_1\sin(\pi-\varphi)=BIl_1\sin\varphi$$

$\boldsymbol{F}_3$、$\boldsymbol{F}_4$这两个力大小相等、方向相反，并且在同一直线上，所以整个线圈的合力矩为零。而导线 MN 段和 OP 段所受磁场作用力的大小则分别为

$$F_1=BIl_2$$

$$F_2=BIl_2$$

这两个力的大小相等，方向相反，但不作用在同一直线上，也就是虽然二者合力为零，但它们对线圈要产生磁力矩

$$M = F_1 l_1 \cos\varphi = F_1 l_1 \cos\left(\frac{\pi}{2} - \theta\right) = BIl_1 l_2 \sin\theta$$

或

$$M = BIS\sin\theta \quad (5\text{-}32a)$$

式中，$S = l_1 l_2$ 为矩形线圈的面积。由于 IS 为线圈的磁矩 $\boldsymbol{m}$ 的大小，其矢量式为 $\boldsymbol{m} = IS\boldsymbol{e}_n$，此处 $\boldsymbol{e}_n$ 为线圈平面的单位法向矢量，又 θ 为 $\boldsymbol{e}_n$ 和磁感应强度 $\boldsymbol{B}$ 之间的夹角，所以式（5-32a）可用矢量式表示为

$$\boldsymbol{M} = IS\boldsymbol{e}_n \times \boldsymbol{B} = \boldsymbol{m} \times \boldsymbol{B} \quad (5\text{-}32b)$$

如果线圈共有 N 匝，则线圈所受磁力矩为

$$\boldsymbol{M} = NIS\boldsymbol{e}_n \times \boldsymbol{B} \quad (5\text{-}32c)$$

下面就线圈的几种位置进行讨论：

（1）当载流线圈的 $\boldsymbol{e}_n$ 方向与磁感应强度 $\boldsymbol{B}$ 的方向相同（即 $\theta = 0°$），亦即磁通量为正的最大时，$M = 0$。此时，线圈处于平衡状态，如图5-28a所示。

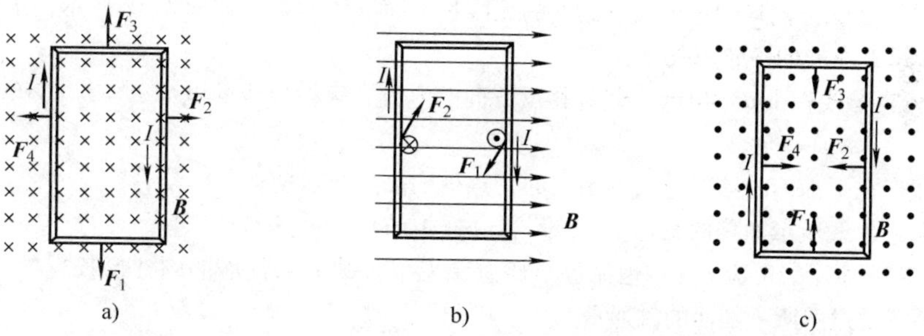

图5-28 载流线圈的 $\boldsymbol{e}_n$ 与磁场 $\boldsymbol{B}$ 成不同角度时所受的磁力矩

a）$\theta = 0$　b）$\theta = \pi/2$　c）$\theta = \pi$

（2）当载流线圈的 $\boldsymbol{e}_n$ 方向与磁感应强度 $\boldsymbol{B}$ 的方向相互垂直（即 $\theta = 90°$），亦即磁通量为零时，$M = NBIS$，磁力矩最大，如图5-28b所示。

（3）当载流线圈的 $\boldsymbol{e}_n$ 方向与磁感应强度 $\boldsymbol{B}$ 的方向相反（即 $\theta = 180°$）时，$M = 0$，这时也没有磁力矩作用到线圈上，如图5-28c所示。但是，在这种情况下，只要线圈稍稍偏过一个微小角度，它就会在磁力矩的作用下离开这个位置，最终稳定在 $\theta = 0°$ 的平衡状态。所以通常把 $\theta = 180°$ 时线圈的状态叫作不稳定平衡状态，而把 $\theta = 0°$ 时线圈的状态叫作稳定平衡状态。总之，磁场对载流线圈作用的磁力矩，总是具有这样的趋势：使线圈转到它的 $\boldsymbol{e}_n$ 方向与磁场 $\boldsymbol{B}$ 方向一致的平衡位置。

平面载流线圈在均匀磁场中任意位置上所受的合力均为零，仅受磁力矩的作用。因此在均匀磁场中的平面载流线圈只发生转动，不会发生整个线圈的平动。如果平面载流线圈处在非均匀磁场中，各个电流元所受的作用力的大小和方向一般也都不可能相同，因此，合力和合力矩也一般不会为零，所以线圈除转动外还有平动。必须指出，式（5-32）虽然是从矩形线圈推导出来的，但可以证明它对任意形状的平面线圈都是适用的。

习　题

5-1　如图5-29所示，边长为 a 的正方形线圈中通有电流 I，求线圈在 A 点产生的磁感应强度的大小。

5-2 如图 5-30 所示，被折成120°角的一长直导线中通有 20A 的电流，A 点距折点 O 的距离为 2cm，求 A 点的磁感应强度大小。

5-3 一个半径为 R 的半球面放在均匀磁场中，如图 5-31 所示，求通过半球面 S 的磁通量的大小。

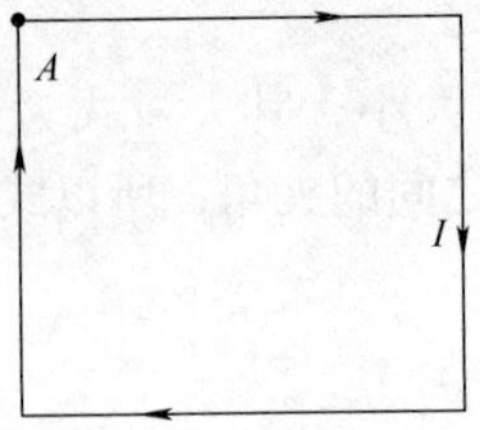

图 5-29 习题 5-1 图

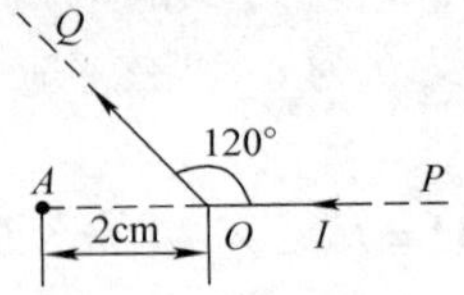

图 5-30 习题 5-2 图

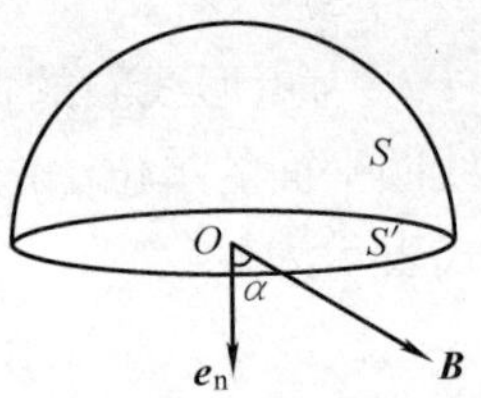

图 5-31 习题 5-3 图

5-4 两根无限长平行直导线载有方向相反的电流，$I_1 = 10A$，$I_2 = 20A$，若两者的垂直距离为 $d = 0.5m$，求单位长度受力大小。

5-5 高为 h 的等边三角形的回路载有电流 I，试求该三角形中心处的磁感应强度。

5-6 电流 I 沿板长方向均匀地流过宽为 b 的无限长平面导体薄板，如图 5-32 所示。求在薄板平面内，距板的一边为 b 的 P 点处的磁感应强度。

5-7 两平行直导线相距 $d = 40cm$，载有相反方向的电流，每根导线的电流 $I_1 = I_2 = 20A$，如图 5-33 所示，求：

（1）两导线所在平面内与该两导线等距离的一点处的磁感应强度；

（2）通过图中斜线所示面积的磁通量。（设 $r_1 = r_3 = 10cm$，$a = 25cm$）

5-8 如图 5-34 所示，电流 I 均匀地流过半径为 R 无限长载流圆柱面的圆柱形长直导线，试计算长度为 L 的导线内磁场通过图所示剖面的磁通量。

5-9 三根平行的无限长直导线分别相距 10cm，导线中各通有 10A 同方向的电流，试求各导线上每 1m 上作用力的大小。

5-10 如图 5-35 所示，半径为 R 的半圆线圈 ACD 通有电流 I_2，置于电流为 I_1 的无限长直线电流的磁场中，直线电流 I_1 恰过半圆的直径，两导线相互绝缘。求半圆线圈受到长直线电流 I_1 的磁场力。

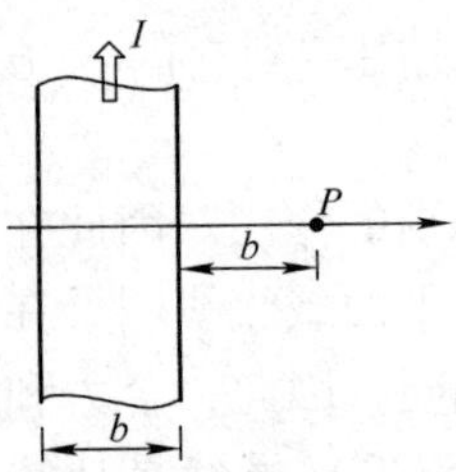

图 5-32 习题 5-6 图

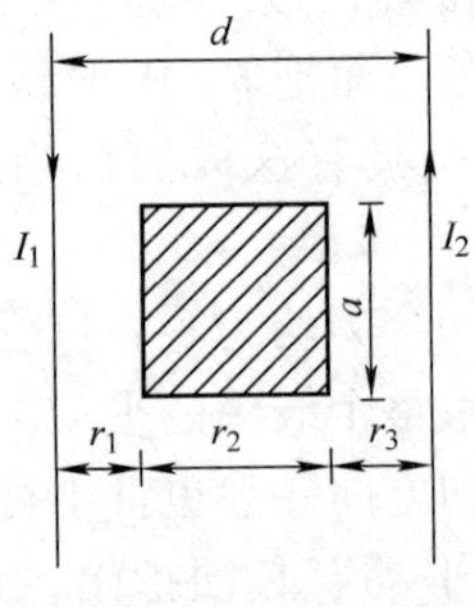

图 5-33 习题 5-7 图

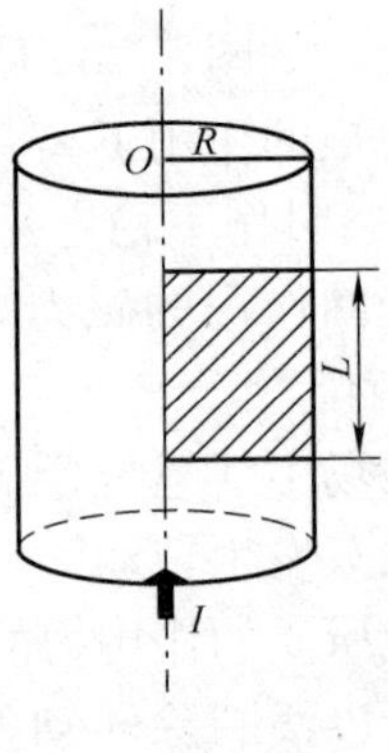

图 5-34 习题 5-8 图

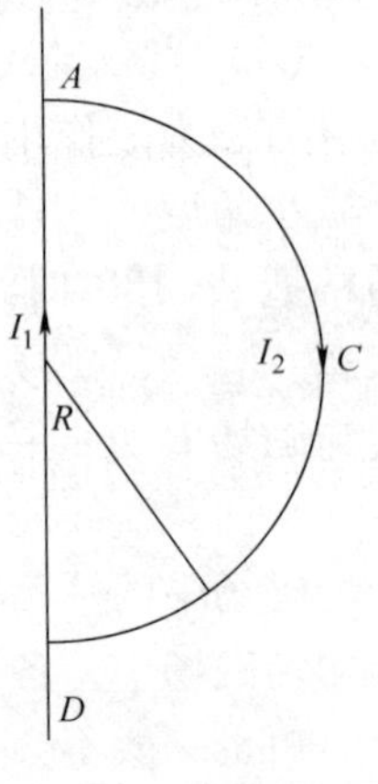

图 5-35 习题 5-10 图

第 6 章 磁场中的磁介质

前面讨论了真空中磁场的规律，在实际应用中，常需要了解物质受磁场影响的规律。由于物质的分子（或原子）中都存在着运动的电荷，所以当物质放到磁场中时，其中的运动电荷将受到磁力的作用而使物质处于一种特殊的状态中，处于这种特殊状态的物质又会反过来影响磁场的分布。本章将讨论物质和磁场相互影响的规律，值得指出的是，本章所述研究磁介质的方法，包括一些物理量的引入和规律的介绍，都和研究电介质的方法十分类似，几乎可以“平行地”对照说明。

6.1 磁介质对磁场的影响

在考虑物质受磁场的影响或它对磁场的影响时，物质统称为**磁介质**。磁介质对磁场的影响可以通过实验观察出来。最简单的方法是做一个长直螺线管，先让管内是真空或空气（见图 6-1a），沿导线通入电流 I，测出此时管内的磁感应强度的大小。然后使管内充满某种磁介质材料（见图 6-1b），保持电流 I 不变，再测出此时管内磁介质内部的磁感应强度的大小。以 B_0 和 B 分别表示管内为真空和充满磁介质时的磁感应强度，则实验结果显示出二者的数值不同，它们的关系可以表示为

$$B = \mu_r B_0 \tag{6-1}$$

式中，μ_r 叫磁介质的**相对磁导率**，它随磁介质的种类或状态的不同而不同（见表 6-1）。有的磁介质的 μ_r 是略小于 1 的常数，这种磁介质叫**抗磁质**；有的磁介质的 μ_r 是略大于 1 的常数，这种磁介质叫**顺磁质**。这两种磁介质对磁场的影响很小，一般技术中常不考虑它们的影响。还有一种磁介质，它的 μ_r 比 1 大得多，且还随 B 的大小发生变化，这种磁介质叫**铁磁质**。铁磁质对磁场的影响很大，在电工技术中有广泛的应用。

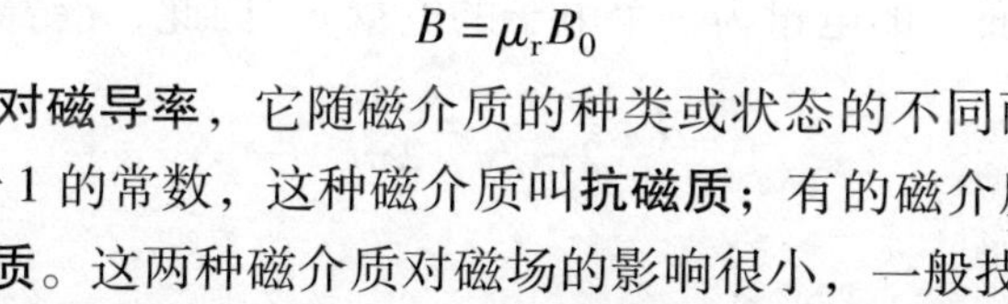

图 6-1　磁介质对磁场的影响

为什么磁介质对磁场产生影响？这要由磁介质受磁场的影响而发生的改变来说明。这就涉及磁介质的微观结构，下面我们来说明这一点。

表 6-1　几种磁介质的相对磁导率

磁介质种类		相对磁导率
抗磁质 $\mu_r<1$	铋（293K）	$1-16.6\times10^{-5}$
	汞（293K）	$1-2.9\times10^{-5}$
	铜（293K）	$1-1.0\times10^{-5}$
	氢（气体）	$1-3.98\times10^{-5}$
顺磁质 $\mu_r>1$	氧（液体，90K）	$1+769.9\times10^{-5}$
	氧（气体，293K）	$1+344.9\times10^{-5}$
	铝（293K）	$1+1.65\times10^{-5}$
	铂（293K）	$1+26\times10^{-5}$
铁磁质 $\mu_r\gg1$	纯铁	5×10^{5}（最大值）
	硅钢	7×10^{5}（最大值）
	坡莫合金	1×10^{5}（最大值）

6.2　原子的磁矩

在原子内，核外电子有绕核的轨道运动，同时还有自旋，核也有自旋运动。这些运动都形成微小的圆电流。我们知道，一个小圆电流所产生的磁场或它受磁场的作用都可以用它的磁偶极矩（简称磁矩）来说明。以 I 表示电流，以 S 表示圆面积，则一个圆电流的磁矩为

$$m=IS\boldsymbol{e}_n$$

式中，$\boldsymbol{e}_n$ 为圆面积的正法线方向的单位矢量，它与电流流向满足右手螺旋关系。

下面我们用一个简单的模型来估算原子内电子轨道运动的磁矩的大小。假设电子在半径为 r 的圆周上以恒定的速率 v 绕原子核运动，则轨道运动的周期就是 $2\pi r/v$。由于每个周期内通过轨道上任一“截面”的电量为一个电子的电量 e，因此，沿着圆形轨道的电流就是

$$I=\frac{e}{2\pi r/v}=\frac{ev}{2\pi r}$$

而电子轨道运动的磁矩为

$$m=IS=\frac{ev}{2\pi r}\pi r^2=\frac{evr}{2\pi} \tag{6-2}$$

由于电子轨道运动的角动量 $L=m_e vr$，所以此轨道磁矩还可表示为

$$m=\frac{e}{2m_e}L \tag{6-3}$$

上面用经典模型推出了电子的轨道磁矩和它的轨道角动量的关系，量子力学理论也给出同样的结果。式（6-3）不但对单个电子的轨道运动成立，而且对一个原子内所有电子的总轨道磁矩和总角动量也成立。量子力学给出的总轨道角动量是量子化的，即它的值只可能是

$$L=m\hbar,\ m=0,1,2,\cdots \tag{6-4}$$

再据式（6-3）可知，原子电子轨道总磁矩也是量子化的。例如氧原子的总轨道角动量的一个可能值是 $L=\hbar=1.05\times10^{-34}\,\text{J}\cdot\text{s}$，相应的轨道总磁矩就是

$$m=\frac{e}{2m_e}\hbar=9.27\times10^{-24}\text{J}\cdot\text{T}^{-1}$$

电子在轨道运动的同时，还具有自旋运动——内禀（固有）自旋。电子内禀自旋角动量 s 的大小为 $\hbar/2$。它的内禀自旋磁矩为

$$m_B=\frac{e}{m_e}s=\frac{e}{2m_e}\hbar=9.27\times10^{-24}\text{J}\cdot\text{T}^{-1} \tag{6-5}$$

这一磁矩称为**玻尔磁子**。

原子核也有磁矩，但都小于电子磁矩的千分之一。所以通常计算原子的磁矩时只计算它的电子的轨道磁矩和自旋磁矩的矢量和也就足够精确了，但有的情况下要单独考虑核磁矩，如核磁共振技术。

在一个分子中有许多电子和若干个原子核，一个分子的磁矩是其中所有电子的轨道磁矩和自旋磁矩以及原子核的自旋磁矩的矢量和。有些分子在正常情况下，其磁矩的矢量和为零。由这些分子组成的物质就是抗磁质；有些分子在正常情况下其磁矩的矢量和具有一定的值，这个值叫分子的固有磁矩，由这些分子组成的物质就是顺磁质。铁磁质是顺磁质的一种特殊情况，它们的原子内电子之间还存在一种特殊的相互作用，使它们具有很强的磁性。表 6-2列出了几种原子的磁矩的大小。

表 6-2　几种原子的磁矩

原子	磁矩/J·T^{-1}	原子	磁矩/J·T^{-1}
H	9.27×10^{-24}	Na	9.27×10^{-24}
He	0	Fe	20.4×10^{-24}
Li	9.27×10^{-24}	Ce^{3+}	19.8×10^{-24}
O	13.9×10^{-24}	Yb^{3+}	37.1×10^{-24}
Ne	0		

当顺磁质放入磁场中时，其分子的固有磁矩就要受到磁场的力矩的作用，且力矩力图使分子的磁矩的方向转向与外磁场方向一致。由于分子的热运动的阻碍，各个分子的磁矩的这种取向不可能完全整齐。外磁场越强，分子磁矩排列得越整齐，正是这种排列使它对原磁场发生了影响。

严格来讲，式（6-4）的量子化值指的是角动量沿空间某一方向（实际上总是外加磁场的方向）的分量，式（6-5）关于自旋磁矩的意义也如此。

抗磁质的分子没有固有磁矩，但为什么也能受磁场的影响并进而影响磁场呢？这是因为抗磁质的分子在外磁场中产生了和外磁场方向相反的感生磁矩的缘故。

可以证明，在外磁场作用下，一个电子的轨道运动和自旋运动以及原子核的自旋运动都会发生变化，因而都在原有磁矩 m_0 的基础上产生一附加磁矩 Δm，而且不管原有磁矩的方向如何，所产生的附加磁矩的方向都是和外加磁场方向相反的。对抗磁质分子来说，尽管在没有外加磁场时，其中所有电子以及原子核的磁矩的矢量和为零，因而没有固有磁矩；但是在加上外磁场后，每个电子和原子核都会产生与外磁场方向相反的附加磁矩。这些方向相同的附加磁矩的矢量和就是一个分子在外磁场中产生的感生磁矩。

在实验室通常能获得的磁场中，一个分子所产生的感生磁矩要比分子的固有磁矩小到5个数量级以下。就是由于这个原因，虽然顺磁质的分子在外磁场中也要产生感生磁矩，但和

它的固有磁矩相比，其效果是可以忽略不计的。

感生磁矩产生过程的一种经典理论解释如下。

以电子的轨道运动为例。如图6-2b、c所示，电子做轨道运动时，具有一定的角动量，以 $\boldsymbol{L}$ 表示此角动量，它的方向与电子运动的方向有右手螺旋关系。电子的轨道运动使它也具有磁矩 $\boldsymbol{m}$。由于电子带负电，这一磁矩的方向和它的角动量 $\boldsymbol{L}$ 的方向相反。

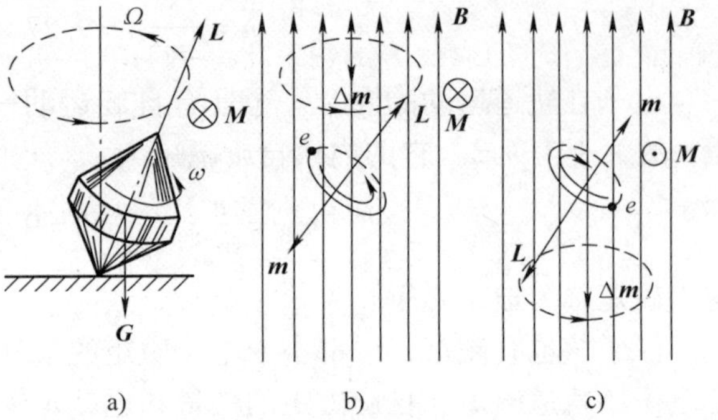

图6-2　电子轨道运动在磁场中的进动与附加磁矩

当分子处于磁场中时，其电子的轨道运动要受到力矩的作用，这一力矩为 $\boldsymbol{M}=\boldsymbol{m}\times\boldsymbol{B}$。在图6-2b所示的时刻，电子轨道运动所受的磁力矩方向垂直于纸面向里。具有角动量的运动物体在力矩作用下是要发生进动的，正如图6-2a中的转子在重力矩的作用下，它的角动量要绕竖直轴按逆时针方向（俯视）进动一样。在图6-2b中做轨道运动的电子，由于受到力矩的作用，它的角动量 $\boldsymbol{L}$ 也要绕与磁场 $\boldsymbol{B}$ 平行的轴按逆时针方向（迎着 $\boldsymbol{B}$ 看）进动。与这一进动相应，电子除了原有的轨道磁矩 $\boldsymbol{m}$ 外，又具有了一个附加磁矩 Δm，此附加磁矩的方向正好与外磁场 $\boldsymbol{B}$ 的方向相反。对于图6-2c所示的沿相反方向做轨道运动的电子，它的角动量 $\boldsymbol{L}$ 与轨道磁矩 $\boldsymbol{m}$ 的方向都与图6-2b中的电子的相反。相同方向的外磁场将对电子的轨道运动产生相反方向的力矩 $\boldsymbol{M}$。这一力矩也使得角动量 $\boldsymbol{L}$ 沿与 $\boldsymbol{B}$ 平行的轴进动，进动的方向仍然是逆时针（迎着 $\boldsymbol{B}$ 看）的，因而所产生的附加磁矩 $\Delta\boldsymbol{m}$ 也和外磁场 $\boldsymbol{B}$ 的方向相反。因此，不管电子轨道运动方向如何，外磁场对它的力矩的作用总是要使它产生一个与外磁场方向相反的附加磁矩。对电子和原子核的自旋，外磁场也产生相同的效果。

6.3　磁介质的磁化

一块顺磁质放到外磁场中时，它的分子的固有磁矩要沿着磁场方向取向（见图6-3a）；一块抗磁质放到外磁场中时，它的分子要产生感生磁矩（见图6-3b）。考虑和这些磁矩相对应的小圆电流，可以发现在磁介质内部各处总是有相反方向的电流流过，它们的磁作用就相互抵消了。但在磁介质表面上，这些小圆电流的外面部分未被抵消，它们都沿着相同的方向流通，这些表面上的小电流的总效果相当于在介质圆柱体表面上有一层电流流过。这种电流叫**束缚电流**，也叫**磁化电流**。在图6-3中，其面电流密度用 $\boldsymbol{j}'$ 表示。它是分子内的电荷运动一段段接合而成的，不同于金属中由自由电子定向运动形成的传导电流。对比之下，金属中的传导电流（以及其他由电荷的宏观移动形成的电流）可称作**自由电流**。

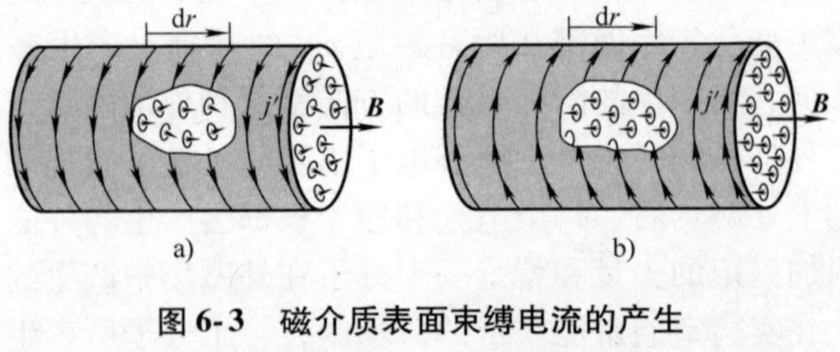

图6-3　磁介质表面束缚电流的产生

a）顺磁质　b）抗磁质

由于顺磁质分子的固有磁矩在磁场中定向排列或抗磁质分子在磁场中产生了感生磁矩，因而在磁介质的表面上出现束缚电流的现象叫**磁介质的磁化**。顺磁质的束缚电流的方向与磁介质中外磁场的方向满足右手螺旋关系，它产生的磁场要加强磁介质中的磁场。抗磁质的束缚电流的方向与磁介质中外磁场的方向满足左手螺旋关系，它产生的磁场要减弱磁介质中的磁场。这就是两种磁介质对磁场影响不同的原因。

磁介质磁化后，在一个小体积内的各个分子的磁矩的矢量和都将不再是零。顺磁质分子的固有磁矩排列得越整齐，它们的矢量和就越大。抗磁质分子所产生的感生磁矩越大，它们的矢量和也越大。因此可以用单位体积内分子磁矩的矢量和表示磁介质磁化的程度。单位体积内分子磁矩的矢量和叫磁介质的**磁化强度**。以 $\sum \boldsymbol{m}_i$ 表示宏观体积元 V 内的磁介质的所有分子的磁矩的矢量和，以 $\boldsymbol{M}$ 表示磁化强度，则有

$$\boldsymbol{M} = \frac{\sum \boldsymbol{m}_i}{\Delta V} \tag{6-6}$$

式中，$\boldsymbol{m}_i$ 表示在体积为 ΔV 的磁介质中的第 i 个分子的磁矩。

在国际单位制中，磁化强度的单位是安每米，符号为 $\mathrm{A \cdot m^{-1}}$，它的量纲和面电流密度的量纲相同。

顺磁质和抗磁质的磁化强度都随外磁场的增强而增大。实验证明，在一般的实验条件下，各向同性的顺磁质或抗磁质（以及铁磁质在磁场较弱时）的磁化强度都和外磁场 $\boldsymbol{B}$ 成正比，其关系可表示为

$$\boldsymbol{M} = \frac{\mu_r - 1}{\mu_0 \mu_r}\boldsymbol{B} \tag{6-7}$$

式中，μ_r 即磁介质的相对磁导率。（比例式写成这种特殊复杂的形式是由于历史的原因）

由于磁介质的束缚电流是磁介质磁化的结果，所以束缚电流和磁化强度之间一定存在着某种定量关系。下面我们来求这一关系。

考虑磁介质内部一长度元 $\mathrm{d}\boldsymbol{r}$。它和外磁场 $\boldsymbol{B}$ 的方向之间的夹角为 θ。由于磁化，分子磁矩要沿 $\boldsymbol{B}$ 的方向排列，因而等效分子电流的平面将转到与 $\boldsymbol{B}$ 垂直的方向。设每个分子的分子电流为 i，它所环绕的圆周半径为 a，则与 $\mathrm{d}\boldsymbol{r}$ 铰链的（即套住 $\mathrm{d}\boldsymbol{r}$ 的）分子电流的中心都将位于以 $\mathrm{d}\boldsymbol{r}$ 为轴线、πa^2 为底面积的斜柱体内（见图 6-4）。以 n 表示单位体积内的分子数，则与 $\mathrm{d}\boldsymbol{r}$ 铰链的总分子电流为

$$\mathrm{d}I' = n\pi a^2 \mathrm{d}r\cos\theta i$$

由于 $\pi a^2 i = m$，为一个分子的磁矩，nm 为单位体积内分子磁矩的矢量和的大小，亦即磁化强度 $\boldsymbol{M}$ 的大小，所以有

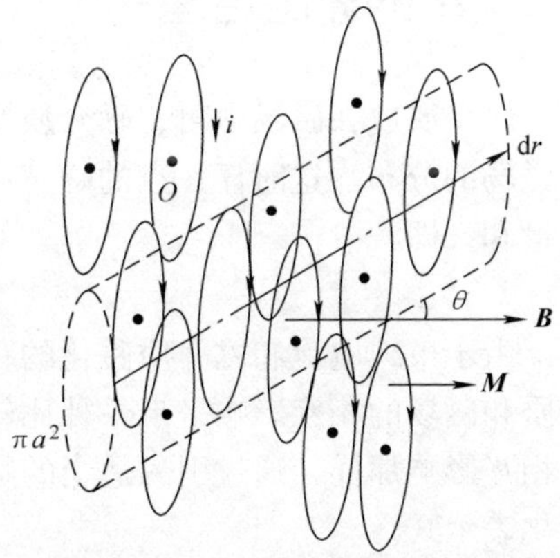

图 6-4　分子电流与磁化强度

$$\mathrm{d}I' = M\cos\theta \mathrm{d}r = \boldsymbol{M} \cdot \mathrm{d}\boldsymbol{r} \tag{6-8}$$

如果 $\mathrm{d}\boldsymbol{r}$ 正好是磁介质表面上沿表面的一个长度元 $\mathrm{d}\boldsymbol{l}$，则 $\mathrm{d}I'$ 将表现为面束缚电流。$\mathrm{d}I'/\mathrm{d}l$ 称作面束缚电流密度。以 j' 表示面束缚电流密度，则由式（6-8）可得

$$j' = \frac{dI'}{dl} = \frac{dI'}{dr} = M\cos\theta = M_l \tag{6-9}$$

即面束缚电流密度等于该表面处磁介质的磁化强度沿表面的分量。当 $\theta=0$，即 $\boldsymbol{M}$ 与表面平行时（见图6-5，并参看图6-3），则

$$j' = M \tag{6-10}$$

$\boldsymbol{j}'$方向与 $\boldsymbol{M}$ 垂直。考虑到方向，式（6-10）可以写成

$$\boldsymbol{j}' = \boldsymbol{M} \times \boldsymbol{e}_{\mathrm{n}} \tag{6-11}$$

其中 $\boldsymbol{e}_{\mathrm{n}}$ 为磁介质表面的外正法线方向的单位矢量。

现在来求在磁介质内与任意闭合路径 L（见图6-6）铰链的（或闭合路径 L 包围的）总束缚电流。它应该等于与 L 上各长度元铰链的束缚电流的积分，即

$$I' = \oint_L dI' = \oint_L \boldsymbol{M} \cdot d\boldsymbol{r} \tag{6-12}$$

这一公式说明，闭合路径 L 所包围的总束缚电流等于磁化强度沿该闭合路径的环流。

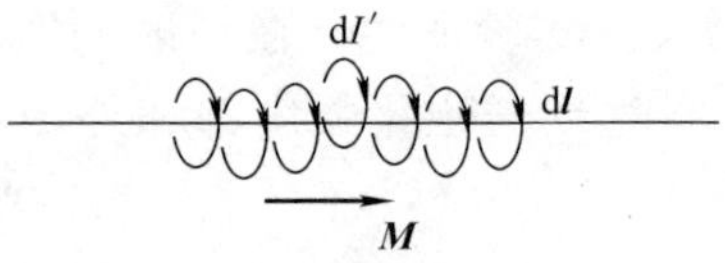

图6-5　面束缚电流

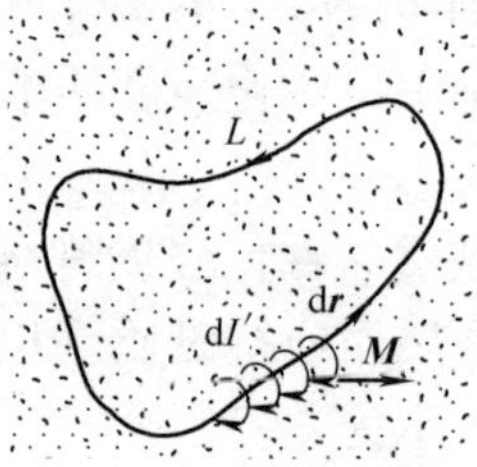

图6-6　与闭合路径铰链的束缚电流

非均匀磁介质放在外磁场中时，磁介质内部还可以产生体束缚电流。

6.4　H 的环路定理

磁介质放在磁场中时，磁介质受磁场的作用要产生束缚电流，这束缚电流又会反过来影响磁场的分布。这时任一点的磁感应强度 $\boldsymbol{B}$ 应是自由电流的磁场 $\boldsymbol{B}_0$ 和束缚电流的磁场 $\boldsymbol{B}'$的矢量和，即

$$\boldsymbol{B} = \boldsymbol{B}_0 + \boldsymbol{B}' \tag{6-13}$$

由于束缚电流和磁介质磁化的程度有关，而磁化的程度又取决于磁感应强度 $\boldsymbol{B}$，所以磁介质和磁场的相互影响呈现一种比较复杂的关系。这种复杂关系也可以像研究电介质和电场的相互影响那样，通过引入适当的物理量而加以简化。下面就通过安培环路定理来导出这种简化表示式。

如图6-7 所示，载流导体和磁化了的磁介质组成的系统可视为由一定的自由电流 I_0 和束缚电流 $I'(j')$ 分布组成的电流系统。设所有电流产生的磁场为 $\boldsymbol{B}$，由安培环路定理［式（5-12）］可知，对任一闭合路径 L，则

$$\oint_L \boldsymbol{B} \cdot d\boldsymbol{r} = \mu_0 \sum (I_{0\mathrm{in}} + I'_{\mathrm{in}})$$

将式（6-12）的 I'代入此式中的 I'_{in}，移项后可得

$$\oint_L \left(\frac{\boldsymbol{B}}{\mu_0} - \boldsymbol{M}\right) \cdot \mathrm{d}\boldsymbol{r} = \sum I_{0\mathrm{in}} \tag{6-14}$$

在此，引入一辅助物理量表示积分号内的合矢量，叫作**磁场强度**，并以 $\boldsymbol{H}$ 表示，即定义

$$\boldsymbol{H} = \frac{\boldsymbol{B}}{\mu_0} - \boldsymbol{M} \tag{6-15}$$

则式（6-14）就可简洁地表示为

$$\oint_L \boldsymbol{H} \cdot \mathrm{d}\boldsymbol{r} = \sum I_{0\mathrm{in}} \tag{6-16}$$

式（6-16）说明，沿任一闭合路径磁场强度的环路积分等于该闭合路径所包围的自由电流的代数和。这一关系叫 **$\boldsymbol{H}$ 的环路定理**，也是电磁学的一条基本定律。在无磁介质的情况下 $\boldsymbol{M}=0$，式（6-16）还原为式（5-12）。

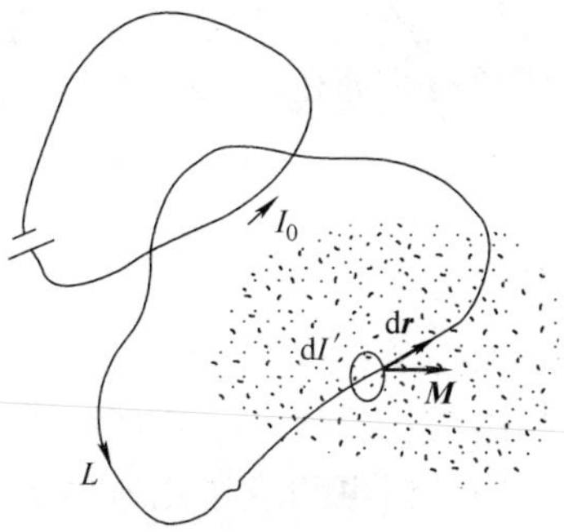

图 6-7　$\boldsymbol{H}$ 的环路定理

将式（6-7）的 $\boldsymbol{M}$ 代入式（6-15），可得

$$\boldsymbol{H} = \frac{\boldsymbol{B}}{\mu_0\mu_{\mathrm{r}}} \tag{6-17}$$

还常用 μ 代表 $\mu_0\mu_{\mathrm{r}}$，即

$$\mu = \mu_0\mu_{\mathrm{r}}$$

式中，μ 称之为磁介质的**磁导率**，它的单位与 μ_0 相同。这样，式（6-17）还可以写成

$$\boldsymbol{H} = \frac{\boldsymbol{B}}{\mu} \tag{6-18}$$

这也是一个点点对应的关系，即在各向同性的磁介质中，某点的磁场强度等于该点的磁感应强度除以该点磁介质的磁导率，二者的方向相同。

在国际单位制中，磁场强度的单位为安每米，符号为 $\mathrm{A \cdot m^{-1}}$。式（6-16）和式（6-17）［或式（6-18）］是计算有磁介质存在时的磁场的常用公式。一般是根据自由电流的分布先利用式（6-16）求出 $\boldsymbol{H}$ 的分布，然后再利用式（6-17）求出 $\boldsymbol{B}$ 的分布。

由式（6-17）和式（6-7）得 $\boldsymbol{M}=(\mu_{\mathrm{r}}-1)\boldsymbol{H}$。令 $\mu_{\mathrm{r}}-1=\chi_{\mathrm{m}}$，则有 $\boldsymbol{M}=\chi_{\mathrm{m}}\boldsymbol{H}$。这就是磁化强度和磁场的关系式的一种简单形式。$\chi_{\mathrm{m}}$ 叫磁介质的**磁化率**，对顺磁质、抗磁质来说，它就是表 6-1 中 u_{r} 值的“尾数”。

6.5　铁磁质

铁、钴、镍和它们的一些合金、稀土族金属（在低温下）以及一些氧化物（如用来做磁带的 $\mathrm{CrO_2}$ 等）都具有明显而特殊的磁性。首先是它们的相对磁导率 μ_{r} 都比较大，而且随磁场的强弱发生变化；其次是它们都有明显的磁滞效应。下面简单介绍铁磁质的特性。

用实验研究铁磁质的性质时通常把铁磁质试样做成环状，外面绕上若干匝线圈（见图 6-8）。线圈中通入电流后，铁磁质就被磁化。当该励磁电流为 I 时，环中的磁场强度为

$$H = \frac{NI}{2\pi r}$$

式中，N 为环上线圈的总匝数；r 为环的平均半径。这时环内的 B 可以用另外的方法测出，

于是可得一组对应的 H 和 B 的值，改变电流 I，可以依次测得许多组 H 和 B 的值［由于磁化强度 M 和 H、B 有一定的关系（式（6-14）），所以也就可以求得许多组 H 和 M 的值］，这样就可以绘出一条关于试样的 $H-B$（或 $H-M$）关系曲线以表示试样的磁化特点。这样的曲线叫**磁化曲线**。

这里讨论的是恒定电流的情况对于变化的电流，式（6-15）等号右侧还需要加上位移电流项 $\frac{\mathrm{d}}{\mathrm{d}t}\int_S \boldsymbol{D}\cdot \mathrm{d}\boldsymbol{S}$。

如果从试样完全没有磁化开始，逐渐增大电流，从而逐渐增大 H，那么所得的磁化曲线叫起始磁化曲线，一般如图 6-9 所示。H 较小时，B 随 H 成正比地增大。H 再稍大时 B 就开始急剧地但也约成正比地增大，接着增大变慢，当 H 到达某一值后再增大时，B 就几乎不再随 H 增大而增大了。这时铁磁质试样到达了一种磁饱和状态，它的磁化强度 M 达到了最大值。

根据 $\mu_r = B/\mu_0 H$，可以求出不同 H 值时的 μ_r 值，随 H 变化的关系曲线也对应地画在图 6-9中。

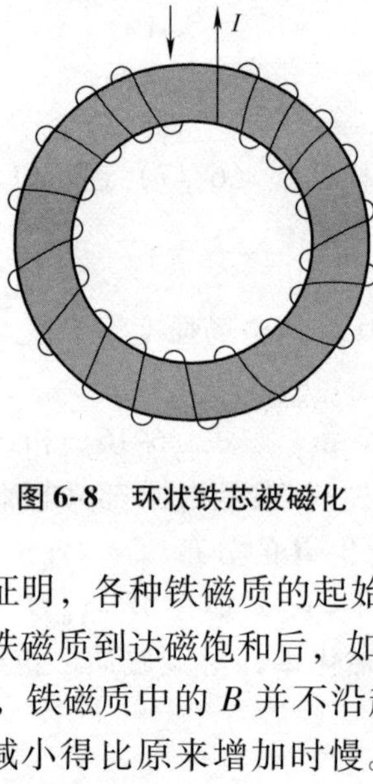

图 6-8　环状铁芯被磁化

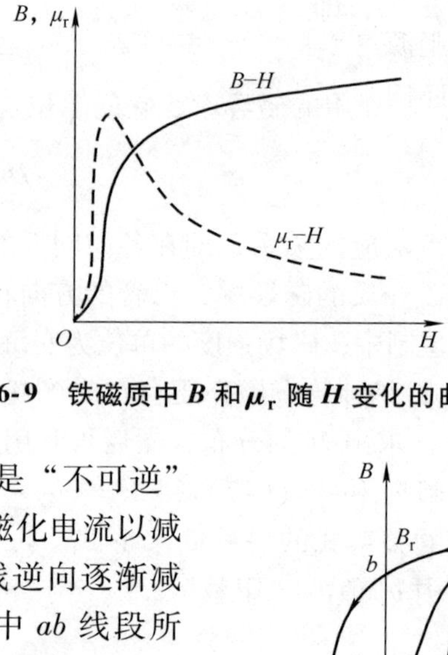

图 6-9　铁磁质中 B 和 μ_r 随 H 变化的曲线

实验证明，各种铁磁质的起始磁化曲线都是“不可逆”的，即当铁磁质到达磁饱和后，如果慢慢减小磁化电流以减小 H 的值，铁磁质中的 B 并不沿起始磁化曲线逆向逐渐减小，而是减小得比原来增加时慢。如图 6-10 中 ab 线段所示，当 $I=0$，因而 $H=0$ 时，B 并不等于 0，而是还保持一定的值。这种现象叫**磁滞效应**。H 恢复到零时铁磁质内仍保留的磁化状态叫剩磁，相应的磁感应强度常用 B_r 表示。

要想把剩磁完全消除，必须改变电流的方向并逐渐增大这反向的电流（见图 6-10 中 bc 段）。当 H 增大到 $-H$ 时，$B=0$。这个使铁磁质中的 B 完全消失的 H_c 值叫铁磁质的矫顽力。

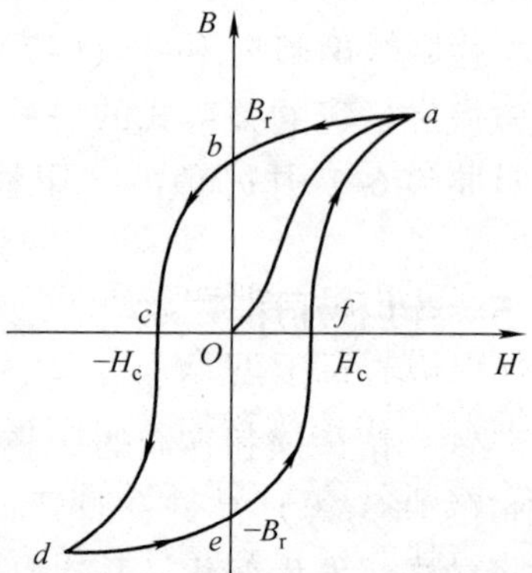

图 6-10　磁滞回线

再增大反向电流以增加 H，可以使铁磁质达到反向的磁饱和状态（cd 段）将反向电流逐渐减小到零，铁磁质会达到 B_r 所代表的反向剩磁状态（de 段）。把电流改回原来的方向并逐渐增大，铁磁质又会经过 H 表示的状态而回到原来的饱和状态（efa 段）。这样，磁化曲线就形成了一个闭合曲线，这一闭合曲线叫**磁滞回线**。由磁滞回线可以看出，铁磁质的磁化状态并不能由励磁电流或 H 值单值地确定，它还取决于该铁磁质此前的磁化历史。

不同的铁磁质的磁滞回线的形状不同，表示它们各具有不同的剩磁和矫顽力 H_c。纯铁、硅钢、坡莫合金（含铁、镍）等材料的 H 很小，因而磁滞回线比较瘦（见图 6-11a），这些材料叫软磁材料，常用作变压器和电磁铁的铁芯。碳钢、钨钢、铝镍钴合金（含 Fe、Al、Ni、Co、Cu）等材料具有较大的矫顽力 H_c，因而磁滞回线显得胖（见图 6-11b），它们一旦磁化后对外加的较弱磁场有较大的抵抗力，或者说它们对于其磁化状态有一定的“记忆能力”，这种材料叫硬磁材料，常用来作永久磁体、记录磁带或电子计算机的记忆元件。

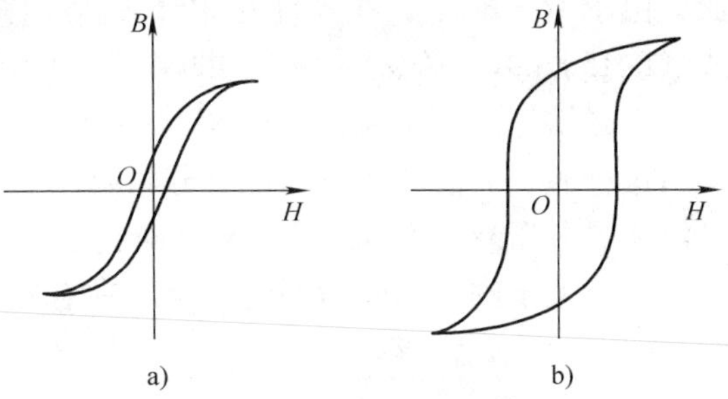

图 6-11　磁滞回线

a）软磁材料　b）硬磁材料

实验指出，当温度高达一定程度时，铁磁材料的上述特性将消失而成为顺磁质。这一温度叫居里点。几种铁磁质的居里点如下：铁为 1040K，钴为 1390K，镍为 63K。

铁磁性的起源可以用“磁畴”理论来解释。在铁磁体内存在着无数个线度约为 10^{-4}m 的小区域，这些小区域叫磁畴（见图 6-12）。在每个磁畴中，所有原子的磁矩全都向着同一个方向排列整齐了。在未磁化的铁磁质中，各磁畴的磁矩的取向是无规则的，因而整块铁磁质在宏观上没有明显的磁性。当在铁磁质内加上外磁场并逐渐增大时，其磁矩方向和外加磁场方向相近的磁畴逐渐扩大，而方向相反的磁畴逐渐缩小。最后当外加磁场大到一定程度后，所有磁畴的磁矩方向也都指向同一个方向了，这时铁磁质就达到了磁饱和状态。磁滞现象可以用磁畴的畴壁很难按原来的形状恢复来说明。

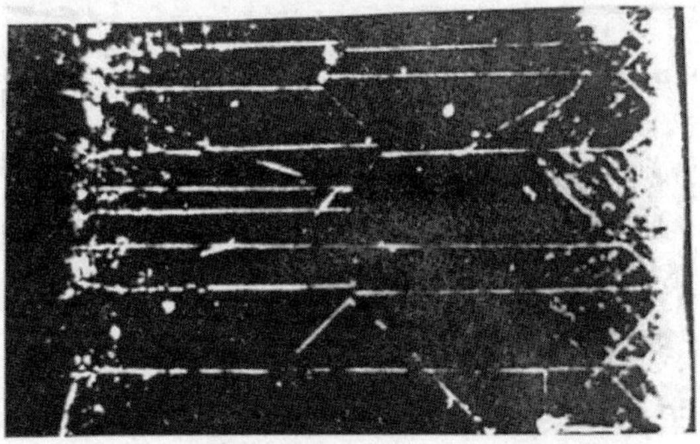

图 6-12　铁磁质内的磁畴（线度 0.1 ~ 0.3mm）

实验指出，把铁磁质放到周期性变化的磁场中被反复磁化时，它要变热。变压器或其他交流电磁装置中的铁芯在工作时由于这种反复磁化发热而引起的能量损失叫磁滞损耗或“铁损”。单位体积的铁磁质反复磁化一次所发的热和这种材料的磁滞回线所围的面积成正比。因此在交流电磁装置中，利用软磁材料如硅钢作铁芯是相宜的。

有趣的是，某些电介质，如钛酸钡（$BaTiO_3$）、铌酸钠（$NaNbO_3$）具有类似铁磁性的电性，因而叫铁电体。它们的特点是相对介电常数 ε_r 很大（$10^2 \sim 10^4$），而且随外加电场改变；电极化过程也具有类似铁磁体磁化过程的电滞现象，D（或 P）和 E 也有电滞回线表示的与电极化历史有关的现象。铁电现象也只在一定温度范围内发生，例如钛酸钡的居里点为 125℃。这种性质可以用铁电材料内有电畴存在来解释。铁电材料也有许多特殊的用途。

永磁体是仍保留着一定的磁化状态的铁磁体。考虑一根永磁体棒，设它均匀磁化，磁化

强度为 M（见图 6-13a），前方即 N 极，后方即 S 极。这种磁化状态相当于束缚电流沿磁棒表面流通。这正像一个通有电流的螺线管那样，磁感应强度的分布如图 6-13b 所示。在磁棒外面，由于 $\boldsymbol{H}=\boldsymbol{B}/\mu_0$，在各处 $\boldsymbol{H}$ 和 $\boldsymbol{B}$ 的方向都一致。在磁棒内部，$\boldsymbol{H}$ 还和 $\boldsymbol{M}$ 有关。根据定义式（6-15），$\boldsymbol{H}=\boldsymbol{B}/\mu_0-\boldsymbol{M}$，如图 6-13c 所示，$\boldsymbol{H}$ 线则不同程度地和 $\boldsymbol{B}$ 线反向。图 6-13c 还显示，磁铁棒的两个端面（磁极）好像是 H 线的“源”，于是可以引入“磁荷”的概念来说明这种源：N 极端面可以说是分布有“正磁荷”，$\boldsymbol{H}$ 线由它发出（向磁棒内外）；S 极端面可以说是分布有“负磁荷”，$\boldsymbol{H}$ 线向它汇集。正是基于这种想象的磁荷的“存在”，早先建立了一套关于磁场的磁荷理论，至今在有些论述电磁场的文献中还在应用这种理论来讨论问题。

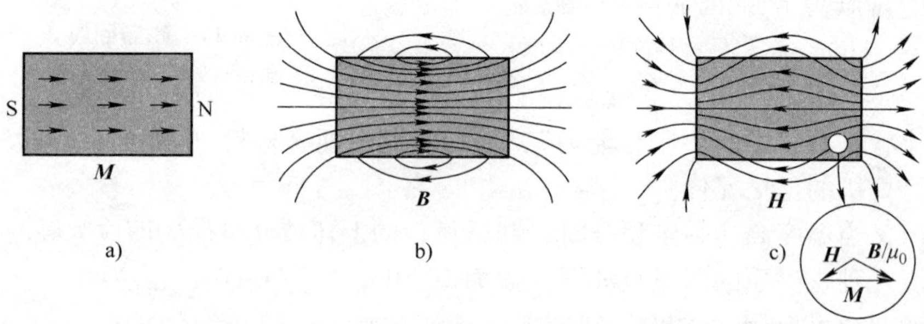

图 6-13　永磁体棒的磁化强度（$\boldsymbol{M}$）、磁感应强度（$\boldsymbol{B}$）和磁场强度（$\boldsymbol{H}$）的分布

习　题

6-1　在铁晶体中，每个原子有两个电子的自旋参与磁化过程，一根磁针按长 8.5cm、宽 1.0cm，厚 0.02cm 的铁片计算，设其中有关电子的自旋都排列整齐了，已知铁的密度是 $7.8\text{g}\cdot\text{cm}^{-3}$，摩尔质量是 $55.85\text{g}\cdot\text{mol}^{-1}$，问：

（1）这根磁针的磁矩多大？

（2）当这根磁针垂直于地磁场放置时，它受的磁力矩多大？设地磁场为 $0.52\times10^{-4}\text{T}$；

（3）当这根磁针与上述地磁场逆平行地放置时，它的磁场能多大？

6-2　螺绕环中心周长 $l=10\text{cm}$，环上线圈匝数 $N=20$，线圈中通有电流 $I=0.1\text{A}$，

（1）求管内的磁感应强度 $\boldsymbol{B}_0$ 和磁场强度 $\boldsymbol{H}_0$；

（2）若管内充满相对磁导率 $\mu_r=4200$ 的磁介质，求管内的 $\boldsymbol{B}$ 和 $\boldsymbol{H}$；

（3）求磁介质内由导线中电流产生的 $\boldsymbol{B}$ 和由磁化电流产生的 $\boldsymbol{B}$。

6-3　一铁制的螺绕环，其平均圆周长 30cm，截面积为 9cm^2，在环上均匀绕以 300 匝导线。当绕组内的电流为 0.032A 时，环内磁通量为 $2\times10^{-6}\text{Wb}$。试计算：

（1）环内的磁通量密度（即磁感应强度）；

（2）磁场强度；

（3）磁化面电流（即面束缚电流）密度；

（4）环内材料的磁导率和相对磁导率；

（5）铁芯内的磁化强度。

6-4　在铁磁质磁化特性的测量实验中，设所用的环形螺线管上共有 1000 匝线圈，平均半径为 15.0cm，当通有 2.0A 电流时，测得环内磁感应强度 $B=1.0\text{T}$，求：

（1）螺绕环铁芯内的磁场强度 H；

（2）该铁磁质的磁导率 μ 和相对磁导率 μ_r；

（3）已磁化的环形铁芯的面束缚电流密度。

6-5　图 6-14 是退火纯铁的起始磁化曲线。用这种铁做芯的长直螺线管的导线中通入 6.0A 的电流时，管内产生 1.2T 的磁场。如果抽出铁芯，要使管内产生同样的磁场，需要在导线中通入多大电流？

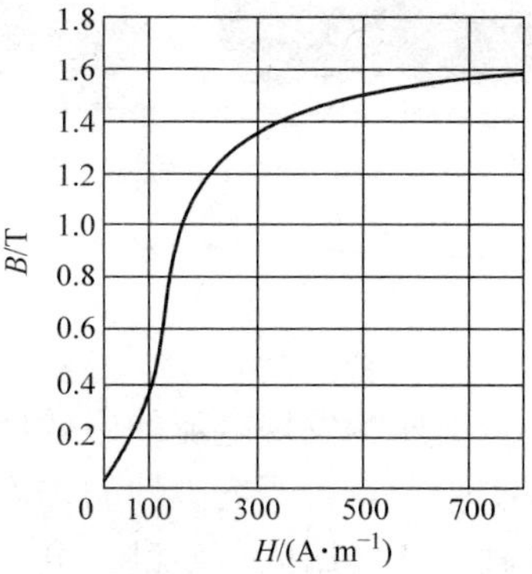

图 6-14　习题 6-5 图

6-6　如果想用退火纯铁作铁芯做一个每米 800 匝的长直螺线管，而在管中产生 1.0T 的磁场，导线中应通入多大的电流？（参照图 6-14 的 B-H 图线）

6-7　某种铁磁材料具有矩形磁滞回线（称矩形材料），如图 6-15a 所示。反向磁场一旦超过矫顽力，磁化方向就立即反转。矩形材料的用途是制作电子计算机中存储元件的环形磁芯。图 6-15b 所示为一种这样的磁芯，其外直径为 0.8mm，内直径为 0.5mm，高为 0.3mm。这类磁芯由矩形铁氧体材料制成。若磁芯原来已被磁化，方向如图 6-15b 所示，要使磁芯的磁化方向全部翻转，导线中脉冲电流 i 的峰值至少应多大？设磁芯矩形材料的矫顽力 $H = 2\text{A}\cdot\text{m}^{-1}$。

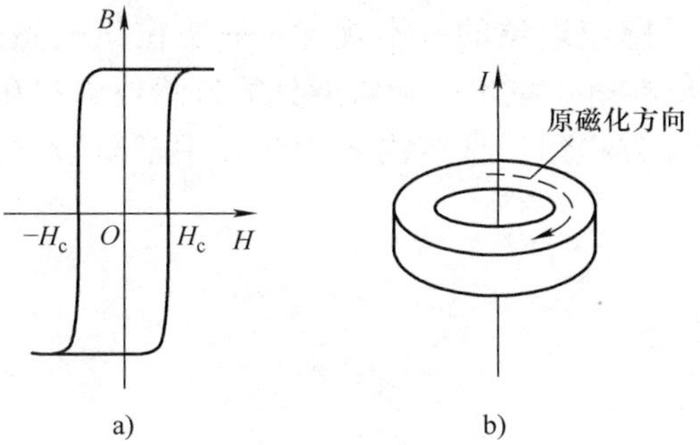

图 6-15　习题 6-7 图

6-8　铁环的平均周长为 61cm，空气隙长 1cm，环上线圈总数为 1000 匝。当线圈中电流为 1.5A 时，空气隙中的磁感应强度 B 为 0.18T。求铁芯的 μ 值。（忽略空气隙中磁感线的发散）

6-9　一个利用空气间隙获得强磁场的电磁铁如图 6-16 所示。铁芯中心线的长度 $l_1 = 500\text{mm}$，空气隙长度 $l_2 = 20\text{mm}$，铁芯是相对磁导率 $\mu_r = 5000$ 的硅钢。要在空气隙中得到 $B = 3\text{T}$ 的磁场，求绕在铁芯上的线圈的安匝数 NI。

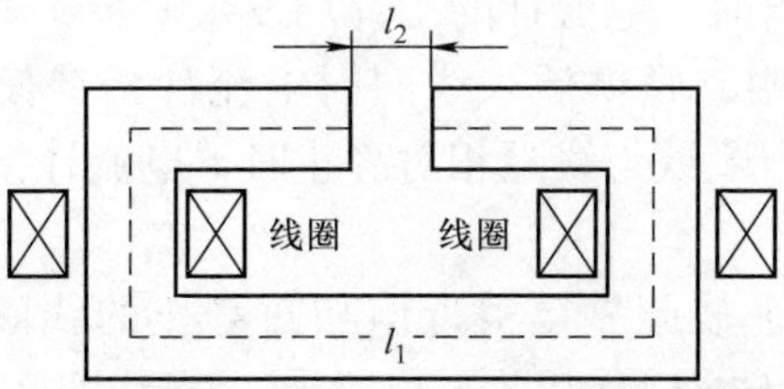

图 6-16　习题 6-9 图

6-10　某电钟里有一铁芯线圈，已知铁芯的磁路长 14.4cm，空气隙宽 2.0mm，铁芯横截面积为 0.60cm^2，铁芯的相对磁导率 $\mu_r = 1600$。现在要使通过空气隙的磁通量为 $4.8\times10^{-6}\text{Wb}$，求线圈电流的安匝数 NI。若线圈两端电压为 220V，线圈消耗的功率为 20W，求线圈的匝数 N。

第 7 章 电磁感应

奥斯特发现电流的磁效应后，人们自然会想到，磁能不能生电呢？在 1831 年，法拉第在实验上获得了突破性的进展，发现了电磁感应现象，为揭示电与磁之间的内在联系奠定了基础。从实用的角度讲，电磁感应现象促使了现代电力工业、电工和电子技术、无线电技术建立和发展，为人类广泛利用电磁能开辟了道路。从理论角度讲，电磁感应现象全面揭示了电和磁的联系，阐明了变化磁场能够激发电场，变化电场能够激发磁场，为麦克斯韦电磁场理论的建立奠定了坚实的基础。

本章我们首先讨论电磁感应现象的基本规律——法拉第电磁感应定律，包括动生电动势、感生电动势，然后介绍在电工技术中经常遇到的自感现象和互感现象，进而讨论磁场的能量，最后介绍了麦克斯韦方程组。这些内容大多在中学阶段都已讲到，本章将进行深入的、系统的讨论。

7.1 电磁感应定律

7.1.1 电磁感应现象

电磁感应定律是建立在广泛的实验基础上的。1831 年 8 月 29 日，法拉第首次发现随时间变化的电流附近的闭合回路中有感应电流产生。兴奋之余，他又进行了大量的科学实验，用不同的方法证实了电磁感应现象的存在及其规律。下面我们选取几个表明电磁感应现象的实验，并说明产生这些现象的条件。

（1）取如图 7-1 所示的线圈 A，使它的两端与电流计 G 连成一个闭合的回路。当将一磁铁插入线圈或从线圈中抽出时，电流计的指针均发生偏转，表明线圈中有电流通过，这种电流称为**感应电流**。实验表明，磁铁插入线圈时电流计指针偏转的方向（感应电流方向）与磁铁抽出线圈时的相反；当磁铁与线圈相对静止时，电流计指针并不动；二者相对运动速度越大，感应电流也越大。

（2）如图 7-2 所示，两个彼此靠得很近但相对静止的线圈，线圈 1 和电流计相连接，线圈 2 与一个直流电源、变阻器 R 及开关 K 相连接。当线圈 2 中的电路接通、断开的瞬间或者改变变阻器的阻值时，均可以观察到电流计指针发生偏转，即在线圈 1 中出现感应电流。实验表明：只有线圈 2 中的电流发生变化时，才能在线圈 1 中出现感应电流。

（3）如图 7-3 所示，将一根与电流计连成闭合回路的金属棒 AB 放置在磁铁的两极之间，当棒 AB 在磁铁之间垂直于磁场和棒长方向运动时，电流计的指针就会发生偏转，这

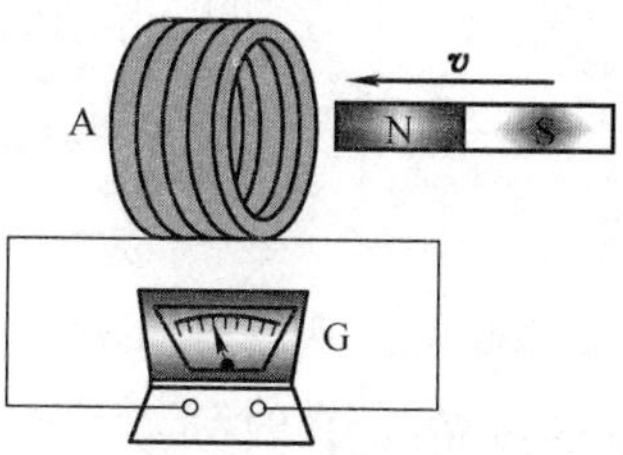

图 7-1 磁铁相对于线圈运动出现电磁感应现象

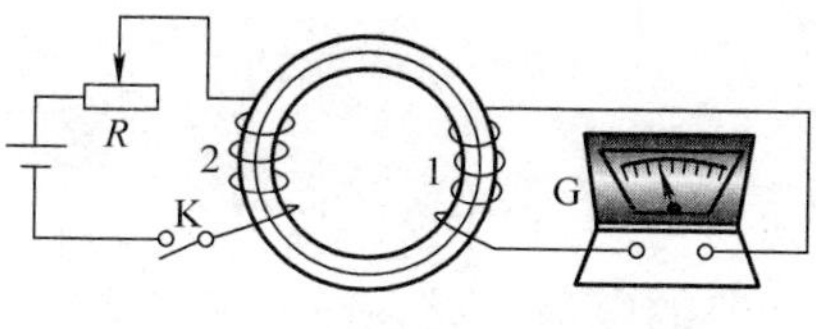

图 7-2 线圈 2 的电流改变时在线圈 1 中出现电磁感应现象

说明在回路中出现了感应电流，棒 AB 运动得越快，回路中的感应电流就越大。

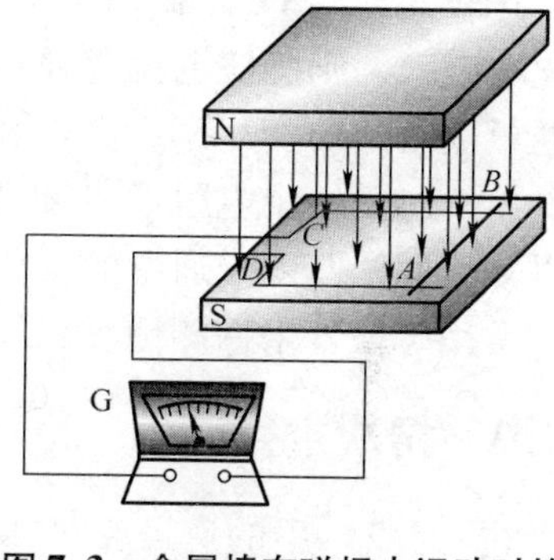

图 7-3 金属棒在磁场中运动时的电磁感应现象

实验（1）、（2）的共同特点是：产生感应电流的线圈所在处的磁场发生了变化，导致回路中磁通量发生了变化。在实验（3）中，磁场是均匀恒定的，棒 AB 的运动只是使它和电流计连成的回路面积发生了变化，导致回路磁通量发生了变化。它们在本质上具有共同的因素：穿过回路所围成的面积内的磁通量发生了变化。这里要强调的是，关键不是磁通量本身，而是磁通量的变化，才是引起电磁感应现象的必要条件。于是，有如下结论：当穿过一个闭合导体回路所包围的面积内的磁通量发生变化时，不管这种变化是由什么原因引起的，在导体回路中就会产生感应电流。这种现象就称为电磁感应现象。在回路中出现电流，表明回路中有电动势存在，这种在回路中由于磁通量的变化而引起的电动势，叫作**感应电动势**。

值得一提的是，产生感应电动势是电磁感应的本质，即不管回路是否闭合，只要回路所围面积内的磁通量发生变化，都会产生感应电动势；若回路闭合，则会产生感应电流，反之不产生感应电流。

7.1.2 法拉第电磁感应定律

法拉第电磁感应定律可以表述为：当穿过闭合回路所围面积的磁通量发生变化时，不论这种变化是什么原因引起的，回路中都会产生感应电动势，且此感应电动势正比于磁通量对时间变化率的负值，即

$$\varepsilon = -\frac{\mathrm{d}\Phi}{\mathrm{d}t} \tag{7-1}$$

式中，负号表示了感应电动势的方向，它是楞次定律的数学表现，这个内容将在楞次定律中讨论。

应该指出，式（7-1）中的 Φ 是穿过回路所围面积的磁通量，如果回路是有 N 匝密绕线圈组成的，而穿过每匝线圈的磁通量都是 Φ，那么通过 N 匝密绕线圈的磁通量则为 $\Psi = N\Phi$，叫作磁链。因此，电磁感应定律可以写成

$$\varepsilon = -\frac{\mathrm{d}\Psi}{\mathrm{d}t} \tag{7-2}$$

设闭合回路的电阻为 R，则由闭合回路欧姆定律 $\varepsilon = IR$ 及式（7-1），可以得到回路中感应电流为

$$I = -\frac{1}{R}\frac{\mathrm{d}\Phi}{\mathrm{d}t} \tag{7-3}$$

利用式（7-3）以及 $I = \mathrm{d}q/\mathrm{d}t$，可以计算出在时间间隔 $\Delta t = t_2 - t_1$ 内，由于电磁感应的缘故流过回路的电荷。设在时刻 t_1 穿过回路所围面积的磁通量为 Φ_1，在时刻 t_2 穿过回路所围面积的磁通量为 Φ_2，于是在 Δt 时间间隔内，通过回路的感应电荷为

$$q = \int_{t_1}^{t_2} I\mathrm{d}t = -\frac{1}{R}\int_{\Phi_1}^{\Phi_2}\mathrm{d}\Phi = \frac{1}{R}(\Phi_1 - \Phi_2) \tag{7-4}$$

比较式（7-3）和式（7-4）可以看出，感应电流与回路中磁通量随时间的变化率有关，变化率越大，则感应电流越强；但是，感应电荷量则只与回路中磁通量的变化量有关，而与磁通量随时间的变化率无关。在计算感应电荷时，式（7-4）取绝对值。从式（7-4）还可以看出，对于给定电阻 R 的闭合回路来说，如果从实验中测出流过回路的电荷量 q，那么就可以知道此回路内磁通量的变化。这就是磁强计的设计原理，在地质勘探和地震检测等部门中，常用磁强计来探测地球磁场的变化。

7.1.3 楞次定律

式（7-2）中的负号反映感应电动势的方向与磁通量变化之间的关系。在判定感应电动势的方向时，需先规定导体回路 L 的绕行正方向，回路的正法线 $\boldsymbol{e}_\mathrm{n}$ 方向与回路绕行方向满足右手螺旋关系，如图 7-4所示。

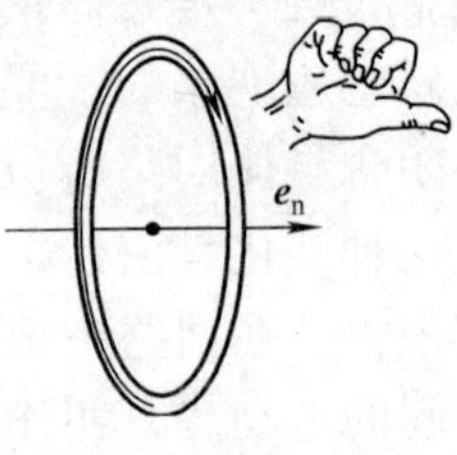

图 7-4 回路正法线方向的确定

对图 7-5a 的情况，磁通量 Φ 为正值。这时，穿过回路的磁通量增大，即 $\mathrm{d}\Phi > 0$，则 $\varepsilon < 0$，这表明此时感应电动势（感生电流）的方向和回路 L 的绕行正方向相反。对图 7-5b 的情况，穿过回路的磁通量减小，即 $\mathrm{d}\Phi < 0$，则 $\varepsilon > 0$，这表明此时感应电动势（感生电流）的绕行方向和 L 的绕行方向相同。

再看图 7-3 所举的例子，当导线棒 AB 向右平移时，电流计的指针将向某一方向偏转。选取回路的绕行方向为 $ABCDA$，则此回路所包围的面积的正法线 $\boldsymbol{e}_\mathrm{n}$ 与磁感应强度 $\boldsymbol{B}$ 的方向相反，穿过此回路面积的磁通量为负值，即 $\Phi < 0$。当导体棒 AB 向右平移时，回路面积增大，因而穿过回路的磁通量 Φ 的增量为负值，所以 $\mathrm{d}\Phi/\mathrm{d}t < 0$。根据电磁感应定律定义式（7-1），这时 $\varepsilon > 0$，即回路中感应电动势 ε 的方向与回路的绕行方向 $ABCDA$ 相同。若导体棒 AB 中有电流通过，它就要受到安培力的作用，根据安培定律可知磁场力的方向向左，阻碍导线向右运动。相应的，若导体棒 AB 向左移动，由类似分析可知，在回路中也要引起感应电流，但其方向与前述绕行方向相反，所以导体棒 AB 所受的安培力向右，它阻碍导线向左运动。

就磁通量来说，上述导体棒 AB 在磁场中移动时，也会引起穿过回路的磁通量的增加（或减少），从而在回路中建立起感应电动势和感应电流。而感应电流自身的磁场穿过回路面积的磁通量，又总是抵消（或补偿）原磁场磁通量的增加（或减少）。

综上，可以得出以下规律：闭合回路中感应电流的方向，总是使得它所激发的磁场来阻

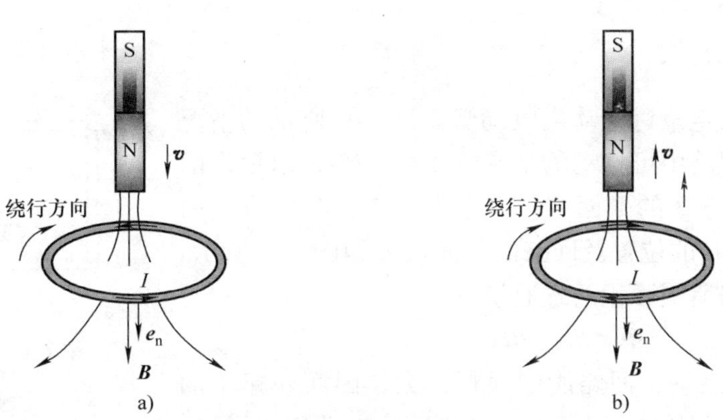

图 7-5　ε 的方向与 Φ 变化的关系
a）Φ 增大时　b）Φ 减小时

止引起感应电流的磁通量的变化（增加或减少）。或者也可以这样表述：当穿过闭合导线回路所包围面积的磁通量发生变化时，在回路中就会有感应电流，此感应电流的方向总是使它自己的磁场穿过回路面积的磁通量，去抵消引起感应电流的磁通量的改变。这就是**楞次定律**。值得注意的是，楞次定律强调的是“补偿”或者“反抗”磁通量的变化，而不是说感应电流所激发的磁场要反抗原来的磁场！

楞次定律实际上是能量守恒定律的一种体现。在图 7-3 所述实验中，由于电磁感应，在磁场中运动的导体棒 *AB* 所受的安培力，其作用总是反抗导体棒 *AB* 运动的，因此，要移动导体棒 *AB* 就需要外力对它做功，这样就把某种形式的能量（如机械能）转化为其他形式的能量（如电能）。假如感应电流的方向不是楞次定律所规定的方向，那么感应电流所产生的作用，不是反抗导体棒的运动而是帮助导体棒运动，那么，只要导体棒获得一个很小的初速度，它就会越来越快得运动下去，它就会做出无穷大的功来，这显然不符合能量守恒定律。电磁感应定律（7-1）中的负号，正是表明了电磁感应现象和能量守恒定律之间的必然联系，感应电流的方向遵从楞次定律的事实也表明楞次定律就是能量守恒定律在电磁感应现象中的应用。

7.2　动生电动势和感生电动势

法拉第电磁感应定律告诉我们，只要通过回路所围面积内的磁通量发生变化，回路中就会产生感应电动势。由磁通量定义式 $\Phi = \oint_S \boldsymbol{B} \cdot \mathrm{d}\boldsymbol{S}$ 可以看出，穿过回路所围面积 S 的磁通量由磁感应强度、回路面积的大小以及面积在磁场中的取向等三个因素决定，因此，使磁通量改变的方法是多样的。从本质上，可以归纳为两类：一类是磁场保持不变，导体回路或者导体在磁场中运动，由此产生的电动势称为**动生电动势**，如上一节中提到的实验（3）；另外一类是导体回路不动，磁场发生改变，由此产生的电动势称为**感生电动势**，如上一节中提到的实验（1）、(2)。在本节中，我们将分别讨论这两种感应电动势的本质以及电磁感应定律在各种特殊情形中的应用。

7.2.1 动生电动势

现在我们就来定量讨论动生电动势。图 7-6 所示的情况下，设矩形导体回路中可移动的金属棒 AB 长为 l，以恒定的速度$\boldsymbol{v}$在垂直于磁场 $\boldsymbol{B}$ 的平面内，沿垂直于它自身的方向向右平移，金属棒 AB 的位置及回路的几何尺寸如图 7-6 所示。某时刻，穿过回路所围面积的磁通量为

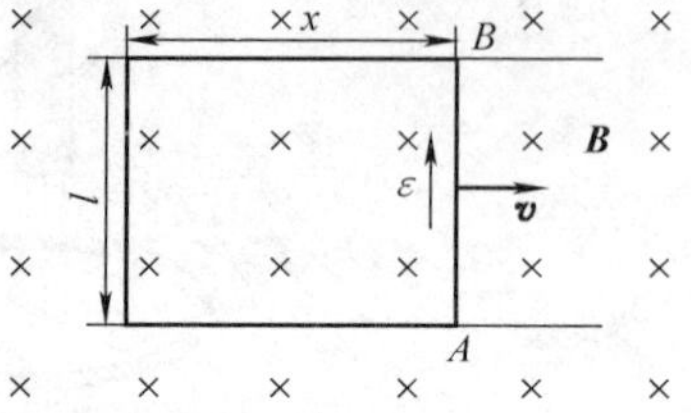

图 7-6 动生电动势

$$\Phi = BS = Blx$$

随着棒 AB 的运动，回路所围面积扩大，因而回路中的磁通量发生变化。利用式（7-1）可计算感应电动势的值为

$$|\varepsilon| = \frac{\mathrm{d}\Phi}{\mathrm{d}t} = \frac{\mathrm{d}(Blx)}{\mathrm{d}t} = Blv \tag{7-5}$$

根据楞次定律，可以判断此感应电动势的方向为逆时针方向。由于其他边都未动，所以动生电动势应归因于导体棒 AB 的运动，因而只在棒内产生。回路中感应电动势的方向为逆时针方向，说明在导体棒 AB 中的动生电动势方向应沿 A（电势低端）指向 B（电势高端），如图 7-6 所示。

在图 7-7 中，当导体棒 OP 以速度$\boldsymbol{v}$向右运动时，棒内的自由电子被带着以同一速度$\boldsymbol{v}$向右运动，因而每个电子都受到洛伦兹力$\boldsymbol{F}_{\mathrm{m}}$的作用，于是有

$$\boldsymbol{F}_{\mathrm{m}} = -e\boldsymbol{v}\times\boldsymbol{B}$$

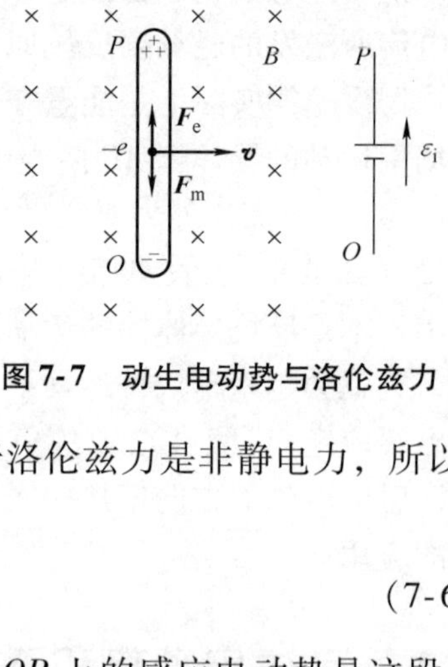

图 7-7 动生电动势与洛伦兹力

式中，$-e$ 为电子的电量。洛伦兹力$\boldsymbol{F}_{\mathrm{m}}$的方向与$\boldsymbol{v}\times\boldsymbol{B}$ 的方向相反，由 P 指向 O，它驱使电子沿导线由 P 向 O 移动，致使 O 端积累了负电荷，P 端积累了正电荷，从而在导体棒内部形成了内建电场。当作用在电子上的静电场力$\boldsymbol{F}_{\mathrm{e}}$与洛伦兹力$\boldsymbol{F}_{\mathrm{m}}$相平衡时，$O$、$P$ 两端便具有稳定的电势差。由于洛伦兹力是非静电力，所以，如以 $\boldsymbol{E}_{\mathrm{k}}$表示非静电场的电场强度，则有

$$\boldsymbol{E}_{\mathrm{k}} = \frac{\boldsymbol{F}_{\mathrm{m}}}{-e} = \boldsymbol{v}\times\boldsymbol{B} \tag{7-6}$$

$\boldsymbol{E}_{\mathrm{k}}$的方向与$\boldsymbol{v}\times\boldsymbol{B}$ 的方向相同。根据电动势定义，导体棒 OP 上的感应电动势是这段导体内非静电力作用的表现。在磁场中运动的导体棒 OP 中产生的电动势为

$$\varepsilon_{\mathrm{i}} = \int_{OP}\boldsymbol{E}_{\mathrm{k}}\cdot\mathrm{d}\boldsymbol{l} = \int_{OP}(\boldsymbol{v}\times\boldsymbol{B})\cdot\mathrm{d}\boldsymbol{l} \tag{7-7}$$

考虑到$\boldsymbol{v}$与 $\boldsymbol{B}$ 垂直，且矢积$\boldsymbol{v}\times\boldsymbol{B}$ 的方向与导体元 $\mathrm{d}\boldsymbol{l}$ 方向相同，并且$\boldsymbol{v}$与 $\boldsymbol{B}$ 均为恒矢量，所以上式变为

$$\varepsilon_{\mathrm{i}} = \int_0^l vB\mathrm{d}l = vBl \tag{7-8}$$

这个结果与式（7-5）完全一致，这表明形成动生电动势的实质是运动电荷受洛伦兹力的结果。

在一般情况下，磁场可以不均匀，导线在磁场中运动时各部分的速度也可以不同，在 $\mathrm{d}l$ 段产生的动生电动势应为

$$d\varepsilon_i = \boldsymbol{E}_k \cdot d\boldsymbol{l} = (\boldsymbol{v} \times \boldsymbol{B}) \cdot d\boldsymbol{l} \tag{7-9}$$

那么运动导体棒内总的动生电动势就应该为

$$\varepsilon_i = \int_l (\boldsymbol{v} \times \boldsymbol{B}) \cdot d\boldsymbol{l}$$

例7-1 一根长为 L 的铜棒，在磁感应强度为 $\boldsymbol{B}$ 的均匀磁场中，以角速度 ω 在与磁场方向垂直的平面上绕棒的一端 O 做匀速转动，如图7-8所示，试求在铜棒两端产生的感应电动势。

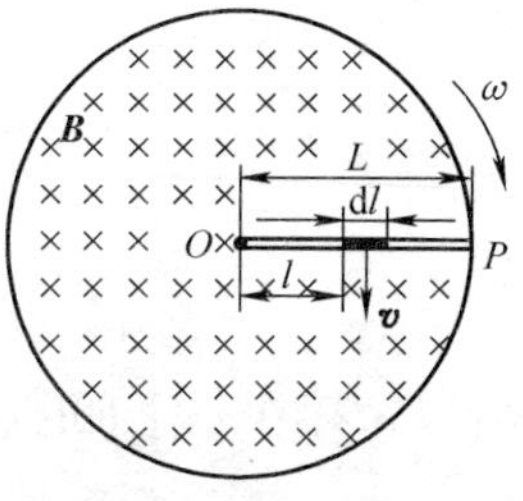

图7-8 均匀磁场中旋转铜棒的动生电动势 例7-1图

解：在铜棒上取极小的一段线元 $d\boldsymbol{l}$，其速度为$\boldsymbol{v}$，并且$\boldsymbol{v}$、$\boldsymbol{B}$、$d\boldsymbol{l}$ 相互垂直，于是，由式（7-9）得 $d\boldsymbol{l}$ 两端的动生电动势为

$$d\varepsilon_i = (\boldsymbol{v} \times \boldsymbol{B}) \cdot d\boldsymbol{l} = Bv\,dl$$

把铜棒看成是由许多长度为 dl 的线元组成的，每一线元的线速度$\boldsymbol{v}$都与 $\boldsymbol{B}$ 垂直，且 $v = \omega l$。于是铜棒两端之间的动生电动势为各线元的动生电动势之和，即

$$\varepsilon_i = \int_l (\boldsymbol{v} \times \boldsymbol{B}) \cdot d\boldsymbol{l}$$

动生电动势的方向按如下方法确定：

矢积$\boldsymbol{v} \times \boldsymbol{B}$ 的方向为沿着 OP 方向，其大小 $B\omega l$；而 $d\boldsymbol{l}$ 也是沿着 OP 方向的，所以，矢量 $\boldsymbol{v} \times \boldsymbol{B}$ 和 $d\boldsymbol{l}$ 的方向是相同的，二者的标积为 $B\omega l dl$，所以有

$$\varepsilon_i = \int_l d\varepsilon_i = \int_0^L B\omega l\,dl = \frac{1}{2}B\omega L^2$$

积分结果为正，所以，动生电动势的方向由 O 指向 P，O 端带负电，电势低，P 端带正电，电势高。

例7-2 如图7-9所示，导线矩形框的平面与磁感应强度为 $\boldsymbol{B}$ 的均匀磁场相垂直。在此矩形框上，有一质量为 m，长为 l 的可移动的细导体棒 MN；矩形框还接有一个电阻 R，其值比导线的电阻大很多。若开始时（即 $t = 0$），细导体棒以初速度$\boldsymbol{v}_0$ 沿如图所示的矩形框运动，试求棒的速率随时间变化的函数关系。

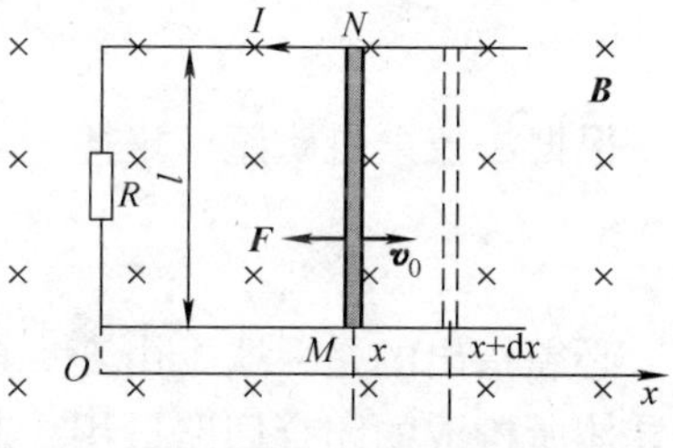

图7-9 导体棒在均匀磁场中的运动 例7-2图

解：建立如图所示的坐标轴，棒的初速度$\boldsymbol{v}_0$ 的方向与 Ox 轴正方向相同。由动生电动势定义式（7-9），可得棒中的动生电动势为 $\varepsilon = Blv$，其方向由棒的 M 端指向 N 端，所以矩形导线框中的感应电流为逆时针方向绕行，其值为 $I = \varepsilon/R = Blv/R$。同时，由安培定律定义式（5-28），可得作用在棒上的安培力 $\boldsymbol{F}$ 的大小为

$$F = BIl = \frac{B^2l^2v}{R}$$

而 $\boldsymbol{F}$ 的方向则沿着 Ox 轴负方向。根据牛顿第二定律，棒的运动方程为

$$F = ma = m\frac{dv}{dt} = -\frac{B^2l^2v}{R}$$

所以

$$\frac{\mathrm{d}v}{v} = -\frac{B^2 l^2}{mR}\mathrm{d}t$$

根据题意，$t=0$ 时，$v=v_0$，并且 B、l、m、R 均为常量，故而有

$$\int_{v_0}^{v} \frac{\mathrm{d}v}{v} = \int_0^t -\frac{B^2 l^2}{mR}\mathrm{d}t$$

即

$$\ln\frac{v}{v_0} = -\frac{B^2 l^2}{mR}t$$

所以，棒在 t 时刻的速率为

$$v = v_0 \mathrm{e}^{-\frac{B^2 l^2}{mR}t}$$

7.2.2　感生电动势　感生电场

通过第 7.1 节的实验（1）、（2），我们已经看到，当导线回路不动，而磁通量的变化完全是由磁场的变化所引起时，导线回路内也将产生感应电动势——感生电动势。

由于回路并没有运动，产生感生电动势的非静电力不再是洛伦兹力。麦克斯韦分析了这个事实后，提出了一个新的观点，他认为，变化的磁场在其周围激发了一种电场，这种电场称为**感生电场**，用符号$\boldsymbol{E}_\mathrm{k}$表示。感生电场与静电场一样都对电荷有力的作用，它们之间的不同之处是：静电场存在于静止电荷周围的空间内，感生电场则是由变化的磁场所激发，不是由电荷所激发；静电场的电场线始于正电荷、终于负电荷，而感生电场的电场线则是闭合的。当闭合导线处在变化的磁场中时，感生电场作用于导体中的自由电荷，从而在导线中引起感生电动势和感应电流。由电动势的定义式（7-7），在一个导体回路 l 中产生的感生电动势为

$$\varepsilon_\mathrm{i} = \oint_l \boldsymbol{E}_\mathrm{k}\cdot\mathrm{d}\boldsymbol{l} \tag{7-10a}$$

根据法拉第电磁感应定律

$$\varepsilon_\mathrm{i} = \oint_l \boldsymbol{E}_\mathrm{k}\cdot\mathrm{d}\boldsymbol{l} = -\frac{\mathrm{d}\Phi}{\mathrm{d}t} \tag{7-10b}$$

必须指出的是，这个由麦克斯韦感生电场的假设而得到的感生电动势的表达式，不只对由导体所构成的闭合回路适用，甚至对真空也同样适用。这就是说，只要穿过空间内某一闭合回路所围面积的磁通量发生变化，那么此闭合回路上的感生电动势总是等于感生电场$\boldsymbol{E}_\mathrm{k}$沿该闭合回路的环流。

由此，可以进一步说明感生电场的性质。我们知道，静电场是一种保守场，沿任意闭合回路静电场的电场强度环流恒为零，即 $\oint_l \boldsymbol{E}\cdot\mathrm{d}\boldsymbol{l} = 0$。而感生电场与静电场不同，它沿任意闭合回路的环流一般不为零，即 $\oint_l \boldsymbol{E}_\mathrm{k}\cdot\mathrm{d}\boldsymbol{l} = -\frac{\mathrm{d}\Phi}{\mathrm{d}t}$。这就是说，感生电场不是保守场，其电场线是闭合的曲线。由于静电场的电场线是有头有尾的，而感生电场的电场线是闭合的，故感生电场也称为有旋电场或涡旋电场。

由于磁通量

$$\Phi = \oint_S \boldsymbol{B} \cdot \mathrm{d}\boldsymbol{S}$$

所以，式（7-10）也可以表示为

$$\varepsilon_i = \oint_l \boldsymbol{E}_k \cdot \mathrm{d}\boldsymbol{l} = -\frac{\mathrm{d}}{\mathrm{d}t}\int_S \boldsymbol{B} \cdot \mathrm{d}\boldsymbol{S}$$

若闭合回路是静止的，那么它所围的面积 S 也不随时间变化，则上式可表示为

$$\varepsilon_i = \oint_l \boldsymbol{E}_k \cdot \mathrm{d}\boldsymbol{l} = -\int_S \frac{\partial \boldsymbol{B}}{\partial t} \cdot \mathrm{d}\boldsymbol{S} \tag{7-11}$$

式中，$\partial\boldsymbol{B}/\partial t$ 是闭合回路所围面积内某点的磁感应强度随时间的变化率。式（7-11）表明，只要存在着变化的磁场，就一定会有感生电场，而且$\partial\boldsymbol{B}/\partial t$ 与 $\boldsymbol{E}_k$ 在方向上应遵守左手螺旋关系。

例 7-3　如图 7-10 所示，有一个半径为 r、电阻为 R 的细圆环，放在与细圆环所围的平面垂直的均匀磁场中，设磁场的磁感应强度随时间 t 的变化规律为 $\mathrm{d}B/\mathrm{d}t=k$，为一常量。求圆环上感应电流的值。

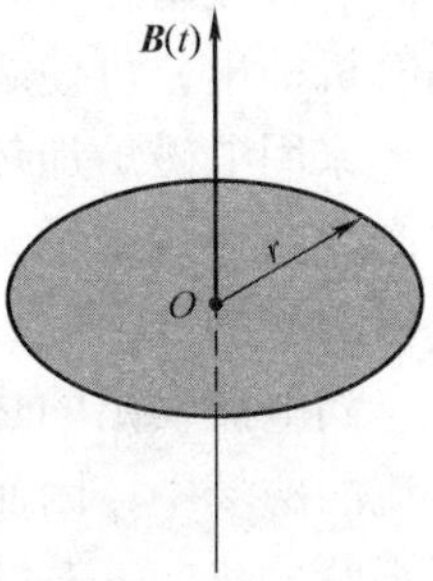

图 7-10　圆盘的感应电流　例 7-3 图

解：由题意，在细圆环所包围的区域内存在变化的磁场，因此在此圆环上必有感应电动势。根据式（7-11）可得，圆环上的感应电动势的大小为

$$\varepsilon_i = \oint \boldsymbol{E}_k \cdot \mathrm{d}\boldsymbol{l} = -\int_S \frac{\partial \boldsymbol{B}}{\partial t} \cdot \mathrm{d}\boldsymbol{S}$$

由于磁感应强度随时间的变化量 $\mathrm{d}\boldsymbol{B}$ 垂直于圆环平面，并且 $\mathrm{d}B/\mathrm{d}t=k$为一常量，而 $S=\pi r^2$，故上式为

$$\varepsilon_i = \frac{\mathrm{d}B}{\mathrm{d}t}\int_S \mathrm{d}S = \frac{\mathrm{d}B}{\mathrm{d}t}\pi r^2 = k\pi r^2$$

所以

$$I = \frac{\varepsilon_i}{R} = k\frac{\pi r^2}{R}$$

7.2.3　涡电流

一些电器设备中常常遇到大块的金属体在磁场中运动，或者处在变化着的磁场中，此时在金属体内就会产生感应电流，这个电流在金属体内自成闭合回路，称为涡电流。涡电流在工程技术中有广泛的应用，下面对涡电流的产生和应用做一粗略介绍。

如图 7-11 所示，当绕在一圆形铁芯上的线圈中通有交变电流时，穿过铁芯内与磁场垂直的平面磁通量的变化率（感应电动势）正比于外加交变电流的频率，所以涡电流 I' 与外加交变电流的频率成正比，涡电流 I' 所产生的焦耳热是与 I'^2 成正比的，因此涡电流产生的焦耳热将与外加交变电流的频率平方成正比。当我们使用频率高达几百赫兹乃至几千赫兹的交变电流时，铁芯内由于涡电流将放出巨大的热量，这就是感应加热的原理。

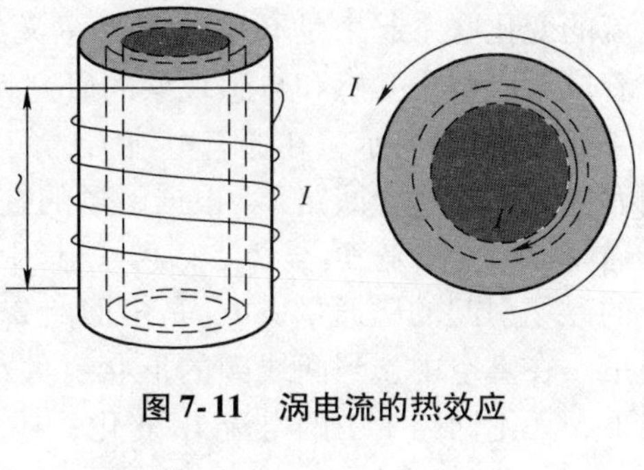

图 7-11　涡电流的热效应

工厂中冶炼合金时常用的工频感应炉如图 7-12 所示，就是利用待冶炼的金属块中涡电流产生的热量使金属块融化的。用涡电流加热有很多优点，这种方法是在物料内部各处同时加热，而不是把热量从外层逐层传导进去。用这种方法加热还可以把被熔金属和坩埚放到真空室中，使金属不致在高温下氧化。在冶金工业中熔化活泼的或难熔的金属（比如钛、铌、钼等）和冶炼特殊合金，都常用这种方法。再比如一些需要在高度真空下制作的电子器件，如电子管、示波管、显像管等，在抽成真空时，被置于高频磁场内，其中的金属部分隔着玻璃管子也能加热，温度升高后，吸附在金属表面的少量残存气体被释放出来，由抽气机抽出，可使之达到更高的真空度。

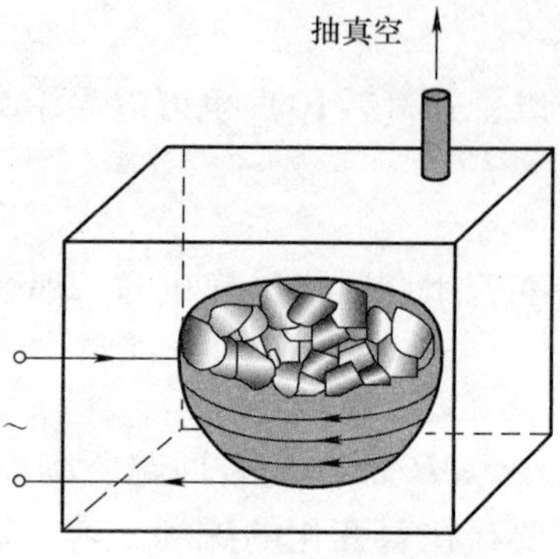

图 7-12　工频感应炉示意图

家用电磁炉加热时，炉体本身并不发热，在炉内有一线圈，当接通交流电时，在炉体周围产生交变的磁场，当金属容器放在炉上时，在容器上产生涡电流，使容器发热，达到加热食物的目的。

涡电流发出的热量在某些时候是很有害的，例如，变压器和电机中的铁芯由于处在交变电流的磁场中，因而在铁芯内部要出现涡电流，使铁芯发热，这样不仅浪费了电能，而且由于不断发热，铁芯的温度就会升高，引起导线间绝缘材料性能的下降。当温度过高时，绝缘材料就会被烧坏，使变压器或电机损坏，造成事故。因此，对变压器、电机这类设备，应当尽量减少涡流。为此，电机和变压器中的铁芯都是用一片片彼此绝缘的硅钢片叠合而成。这样，虽然穿过整个铁芯的磁通量不变，但对每一片硅钢片来说，穿过它的磁通量变化率就相应减小，因而小片里的感应电动势就减小，而涡电流也就减小了。减小涡电流的另一种措施是选择电阻率较高的材料作铁芯。电机、变压器的铁芯用硅钢片而不用铁片的原因之一就是前者的电阻率比后者要大得多。对于高频器件，如收音机中的磁性天线、中频变压器等，由于线圈中电流变化的频率很高，为了减少涡流损耗，采用电阻率很高的半导体材料（铁氧体）作磁芯。这样不仅可以使涡流损耗大大降低，而且由于铁氧体具有高磁导率，还可以把这些器件做得很小。

7.3　自感和互感

在实际电路中，磁场的变化常常是由于电流的变化引起的，因此，把感应电动势直接和电流的变化联系起来是有重要实际意义的，在电工、无线电技术中有着广泛应用。互感和自感现象的研究就是要找出这方面的规律。

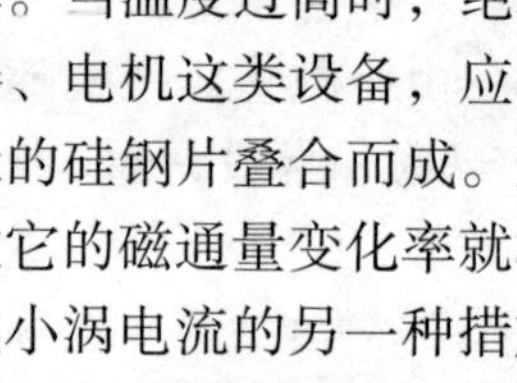

图 7-13　两相邻的载流闭合回路

如图 7-13 所示，在通有电流 I_1 的闭合回路 1 的附近，有另一个通有电流 I_2 的闭合回路 2。根据磁场的叠加原理，穿过闭合回路 1 的磁通量 Φ_1 应该是 $\Phi_1 = \Phi_{11} + \Phi_{12}$。其中，$\Phi_{11}$ 是由回路 1 中的电流 I_1 的磁场引起的磁通量，Φ_{12} 是由回路 2 中的电流 I_2 的磁场引起的磁通量。在真空中，当两线圈的形状、大小和相对位置均不改变的情况下，无论回路 1 中的电流 I_1 变化，还是回路 2 中的电流 I_2 变化，

都会使得 Φ_1 发生变化。我们把由于回路 1 中的电流 I_1 的变化在 1 中引起的电动势称作**自感电动势**，这个现象称作自感现象。把由于回路 2 中的电流 I_2 的变化在 1 中引起的电动势称作**互感电动势**，这个现象称作互感现象。下面分别讨论这两种电动势。

7.3.1 自感 自感电动势

如图 7-14 所示，真空中的一个长直螺线管，通有电流 I。根据毕奥－萨伐尔定律，此电流在空间任意一点的磁感应强度都与电流 I 成正比，因此，穿过回路本身所围面积的磁通量也与电流 I 成正比，即

$$\Phi = LI \tag{7-12}$$

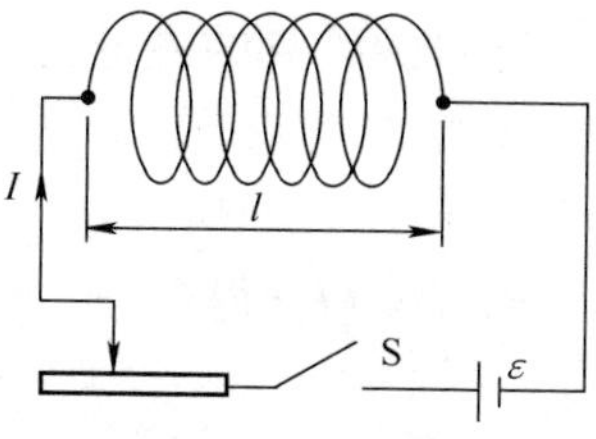

图 7-14 自感现象

当回路是由 N 匝线圈构成时，式（7-12）应改写为

$$\Psi = N\Phi = LI \tag{7-13}$$

式中，系数 L 叫回路的**自感系数**，简称**自感**。实验表明，自感的大小与回路的几何形状、匝数等因素有关，是一个由回路自身特征决定的电路参数，真空时是一个常数。

根据法拉第电磁感应定律，当线圈中的电流变化时，在 N 匝线圈中产生的自感电动势为

$$\varepsilon_L = -\frac{d\Psi}{dt} = -L\frac{dI}{dt} \tag{7-14}$$

式中的负号是楞次定律的数学表示，它指出，自感电动势将反抗回路中电流的变化：当线圈回路中的电流变大即 $dI/dt>0$ 时，$\varepsilon_L<0$，即自感电动势与原来电流方向相反；反之，当线圈回路中的电流减小即 $dI/dt<0$ 时，$\varepsilon_L>0$，即自感电动势与原来电流方向相同。由此可知，自感电动势的方向总是要使它阻碍回路本身电流的变化。而自感系数 L 则体现了回路的产生自感电动势反抗电流改变的能力。

在国际单位制中，自感系数的单位是亨利，其符号是 H，它表示，当一个线圈中的电流为 1A 时，穿过这个线圈的磁通量为 1Wb，线圈的自感就是 1H。

通常情况下，自感由实验测定，只是某些简单的情形才能由定义式计算出来。

在工程技术和日常生活中，自感现象的应用是很广泛的，如日光灯上的镇流器就是实例。但在有些情况下，自感现象会带来危害，必须采取措施予以防止。例如，无轨电车行驶时，若路面不平，车顶上的受电弓由于车身颠簸，有时会短时间脱离电网而使电路突然断开，这时由于自感而产生的自感电动势，会在电网与受电弓之间形成一较高的电压，常常使空气隙被“击穿”而导电，以致在空气处产生电弧，对电网有很大的损坏作用。又如，电极和强力电磁铁，在电路中都相当于自感很大的线圈，因此，在断开电流的瞬间，会在电路中出现暂态的过大电流，造成事故。为了减少这种危害，一般都是先增加电阻使电流较小，然后再断开电路。所以，大电流电力系统中的开关都附有“灭弧”装置。

例 7-4 在真空中有一长直密绕螺线管，长为 l，横截面积为 S，线圈的总匝数为 N，试求其自感系数。

解：对于长直螺线管，当有电流 I 通过时，可以把管内的磁场近似看作是均匀的，由例 5-5 可知，其磁感应强度为

$$B = \frac{\mu_0 NI}{l}$$

$\boldsymbol{B}$ 的方向可看成与螺线管的轴线平行。因此，穿过螺线管每一匝线圈的磁通量都等于

$$\Phi = BS = \frac{\mu_0 N}{l} I\ S$$

穿过螺线管的磁链为

$$\Psi = N\Phi = \frac{\mu_0 N^2}{l} I\ S$$

由 $\Psi = LI$，得

$$L = \frac{N\Phi}{I} = \frac{\mu_0 N^2}{l} S$$

设螺线管单位长度上线圈的匝数为 n，螺线管的体积为 V，有 $n = N/l$ 和 $V = lS$，故上式为

$$L = \mu_0 n^2 V$$

可见，欲获得较大自感的螺线管，通常采用较细导线制成的绕组，以增加单位长度上的匝数 n。另外，从这个例子可以看出，螺线管的自感值只与其自身的条件有关。

7.3.2　互感　互感电动势

如图 7-15 所示，有两个固定的闭合回路 1 和 2，当其中的电流随时间变化时，在另一个线圈中就会引起互感电动势。这两个回路通常称为互感耦合回路。

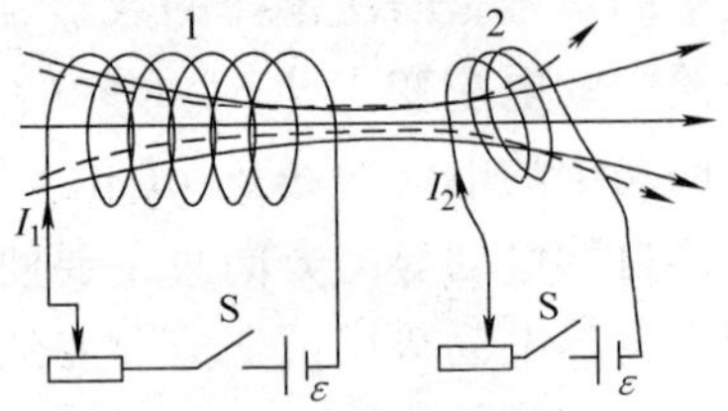

图 7-15　互感现象

若回路 1 通有电流 I_1，所激发的磁场穿过回路 2 的全通量为 Ψ_{21}。根据毕奥－萨伐尔定律，在空间的任意一点，I_1 所建立的磁场的磁感应强度，都正比于 I_1，因此，I_1 的磁场穿过线圈 2 的全磁通 Ψ_{21} 也必然正比于 I_1，所以有

$$\Psi_{21} = M_{21} I_1 \tag{7-15}$$

式中，M_{21} 是比例系数。

同理，如果回路 2 中的电流 I_2 随时间变化，则在回路 1 中也会产生全磁通 Ψ_{12}，它应该与 I_2 成正比，即

$$\Psi_{12} = M_{12} I_2 \tag{7-16}$$

式中，M_{12} 是比例系数。

实验表明，比例系数 M_{21} 和 M_{12} 取决于两个线圈的几何形状、相对位置以及它们各自的匝数等参数，所以把它们称作两线圈的**互感系数**，简称**互感**。真空中，当两线圈的几何形状、相对位置及它们各自的匝数等参数确定时，M_{21} 和 M_{12} 是相等的，可用 M 表示，即 $M = M_{12} = M_{21}$。由法拉第电磁感应定律，可以得到

$$\varepsilon_{21} = -\frac{\mathrm{d}\Psi_{21}}{\mathrm{d}t} = -M\frac{\mathrm{d}I_1}{\mathrm{d}t} \tag{7-17}$$

和

$$\varepsilon_{12} = -\frac{d\Psi_{12}}{dt} = -M\frac{dI_2}{dt} \tag{7-18}$$

从上两式中可以看出，当一个线圈中的电流随时间的变化率一定时，互感越大，则在另一个线圈中引起的互感电动势就越大，反之，互感电动势就越小。所以，互感是表明相互感应强弱的物理量，或者这说是两个电路耦合程度的量度。

在国际单位制中，互感系数的单位也是亨利（H）。

例7-5 如图7-16所示，有两个长度均为l、半径分别为r_1和r_2($r_1 < r_2$)、匝数分别为N_1和N_2的同轴长直螺线管，试计算它们的互感系数。

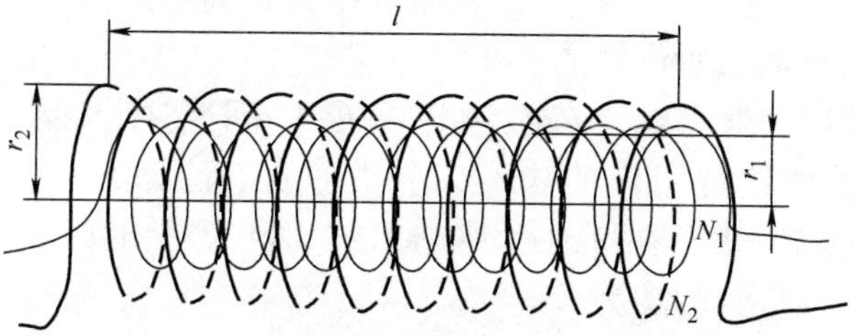

图7-16 螺线管互感系数的计算 例7-5图

解：由题意可知，两个同轴长直螺线管是半径不等的密绕螺线管，它们的形状、大小和相对位置均固定不动。我们可以先设想：在某一螺线管内通以电流I，再求出穿过另一螺线管的全磁通Ψ_m，然后按照互感的定义式$M = \Psi_m/I$，求出它们的互感。

按照以上分析，设有电流I_1通过半径为r_1的螺线管，此螺线管内的磁感应强度为

$$B_1 = \mu_0 \frac{N_1}{l} I_1 = \mu_0 n_1 I_1 \tag{1}$$

应该注意，考虑到螺线管是密绕的，所以在两螺线管之间的区域内，磁感应强度为零。于是，通过半径为r_2的螺线管的磁链为

$$\Psi_2 = N_2 \Phi_{21} = N_2 B_1 (\pi r_1^2) = n_2 I B_1 (\pi r_1^2)$$

把式（1）代入，有

$$\Psi_m = \mu_0 n_1 n_2 l (\pi r_1^2) I_1$$

由式（7-15），可得

$$M_{21} = \mu_0 n_1 n_2 l (\pi r_1^2) \tag{2}$$

我们还可以设通过半径为r_2的螺线管的电流为I_2，从而来计算互感系数M_{12}。当电流I_2通过半径为r_2的螺线管时，在此螺线管内的磁感应强度为

$$B_2 = \mu_0 = \frac{N_2}{l} I_2 = \mu_0 n_2 I_2$$

而通过半径为r_1的螺线管的磁链为

$$\Psi_{12} = N_1 \Phi_{12} = \mu_0 n_1 n_2 l \pi r_1^2 I_2$$

同样，由式（7-16）可得

$$M_{12} = \mu_0 n_1 n_2 l \pi r_1^2 \tag{3}$$

从式（2）、式（3）可以看出，不仅$M_{12} = M_{21} = M$，而且对两个大小、形状、相对位置

给定的同轴密绕长直螺线管来说，它们的互感是确定的。

7.4 磁场的能量

在电流激发磁场的过程中，是要供给能量的，所以磁场也应该具有能量。为此，我们可以仿照研究静电场能量的方法来讨论磁场的能量。

在图 7-17 所示的实验中，当开关 S 断开后，灯泡 A 要逐渐变暗，经历一段时间再熄灭。我们知道，当开关断开后，电源将不再给灯泡提供能量了，但是灯泡却没有马上熄灭，这说明自感线圈为灯泡 A 提供了能量，或者说，有能量以磁场的形式储存在自感线圈中，这种能量叫作磁能。

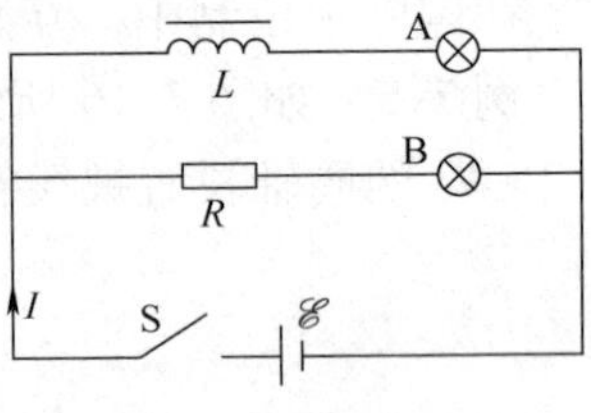

图 7-17　自感线圈的能量

自感系数为 L 的线圈中通有电流 I 时所储存的磁能应该等于这个电流消失时，自感电动势所做的功。这个功可如下计算。以 i 表示某时刻的电流，$i\mathrm{d}t$ 表示在灯泡逐渐变暗的过程中某一时间 $\mathrm{d}t$ 内通过灯泡的电荷量，则在这段时间内自感电动势做的功为

$$\mathrm{d}W = \varepsilon_{\mathrm{L}} i\mathrm{d}t = -L\frac{\mathrm{d}i}{\mathrm{d}t}i\mathrm{d}t = -Li\mathrm{d}i$$

电流由 I 逐渐减小到零时，自感电动势所做的功为

$$W = \int \mathrm{d}W = \int_I^0 -Li\mathrm{d}i = \frac{1}{2}LI^2$$

因此，自感系数为 L 的自感线圈通有电流 I 时所具有的磁能就是

$$W_{\mathrm{m}} = \frac{1}{2}LI^2 \tag{7-19}$$

我们知道，磁场的性质是用磁感应强度来描述的，既然如此，那么磁场的能量也可以用磁感应强度来表示。为简单起见，我们以长直螺线管为例来讨论。考虑真空中的一个长直螺线管，在例 7-4 中，已经求出长直螺线管的自感系数为 $L=\mu_0 n^2 V$。当螺线管中通有电流 I 时，螺线管中磁场的磁感应强度为 $B=\mu_0 nI$，把它们代入式（7-19），可得螺线管内的**磁场能量**为

$$W_{\mathrm{m}} = \frac{1}{2}LI^2 = \frac{1}{2}\mu_0 n^2 V\left(\frac{B}{\mu_0 n}\right)^2 = \frac{B^2}{2\mu_0}V$$

上式表明，磁场能量与磁感应强度、磁场所占体积有关。由于螺线管的磁场集中于环管内，其体积就是 V，并且管内磁场基本上是均匀的，所以，单位体积磁场的能量 w_{m} 为

$$w_{\mathrm{m}} = \frac{W_{\mathrm{m}}}{V} = \frac{B^2}{2\mu_0} \tag{7-20}$$

w_{m} 被称为**磁场能量密度**，其单位为 $\mathrm{J\cdot m^{-3}}$。式（7-20）表明，真空中磁场能量密度与磁感应强度的二次方成正比。式（7-20）虽然是从一个特例中推出的，但是可以证明它对磁场普遍有效。利用它可以求得真空中某一磁场所储存的能量为

$$W_{\mathrm{m}} = \int w_{\mathrm{m}}\mathrm{d}V = \int \frac{B^2}{2\mu_0}\mathrm{d}V \tag{7-21}$$

式（7-21）的积分应遍及整个磁场分布的空间。

7.5 麦克斯韦方程组

7.5.1 位移电流 全电流安培环路定理

我们曾讨论了在恒定电流磁场中的安培环路定理

$$\oint_l \boldsymbol{H} \cdot \mathrm{d}\boldsymbol{l} = I = \int_S \boldsymbol{j} \cdot \mathrm{d}\boldsymbol{S}$$

这个定理表明，磁场强度沿任一闭合回路的环流等于此闭合回路所围传导电流的代数和。在非恒定电流的情况下，这个定律是否仍然适用呢？为讨论这个问题，我们可以先从电流连续性的问题谈起。

在一个不含有电容器的闭合电路中，通常传导电流是连续的。这就是说，在任一时刻，流过导体上某一截面的电流与流过其他任何截面的电流是相等的。但在含有电容器的电路中情况就不同了。无论电容器被充电还是放电，传导电流都不能在电容器的两极板之间流过，这时传导电流不连续了。

如图 7-18a 所示，电容器在放电过程中，电路导线中的电流 I 是非恒定电流、它随时间而变化。如图 7-18b 所示，若在极板 A 的附近取一个闭合同路 L，则以此回路 L 为边界可作两个曲面 S_1 和 S_2，其中 S_1 与导线相交，S_2 在两极板之间，不与导线相交；S_1 和 S_2 构成一个闭合曲面。现以曲面 S_1 作为衡量有无电流穿过 L 所包围面积的依据，则因为它与导线相交，故知穿过 L 所围面积（即 S_1 面）的电流为 I，所以由安培环路定理有

$$\oint_l \boldsymbol{H} \cdot \mathrm{d}\boldsymbol{l} = I$$

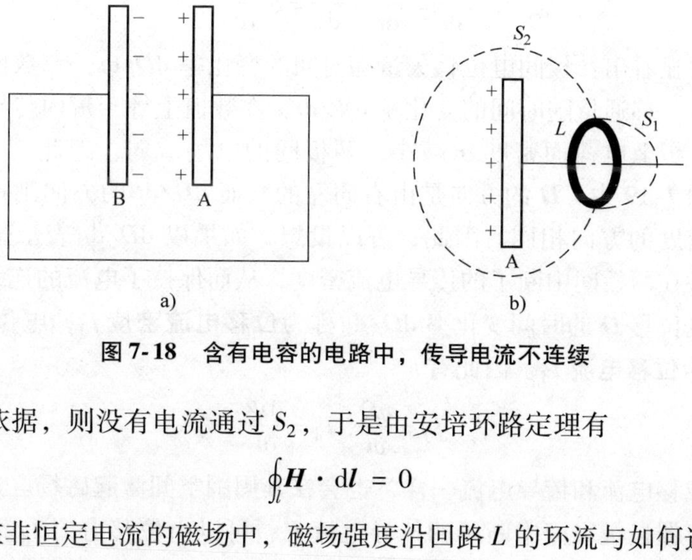

图 7-18 含有电容的电路中，传导电流不连续

而若以曲面 S_2 为依据，则没有电流通过 S_2，于是由安培环路定理有

$$\oint_l \boldsymbol{H} \cdot \mathrm{d}\boldsymbol{l} = 0$$

这就突出表明，在非恒定电流的磁场中，磁场强度沿回路 L 的环流与如何选取以闭合回路 L 为边界的曲面有关。选取不同的曲面，环流有不同的值。这说明，在非恒定电流的情况下，安培环路定理是不适用的，必须寻求新的规律。

在科学史上，解决这类问题一般有两条途径：一是在大量实验事实的基础上，提出新概念，建立与实验事实相符合的新理论；二是在原有理论的基础上，提出合理的假设，对原有

的理论做必要的修正，使矛盾得到解决，并用实验检验假设的合理性。而在科学发展的一定阶段上，往往遵循第二条途径。麦克斯韦提出位移电流的假设，就是为修正安培环路定理，使之也适合非恒定电流的情形。

在图 7-19 所示的电容器放电电路中，设某一时刻电容器的板 A 上有电荷 $+q$，其电荷面密度为 $+\sigma$；板 B 上有电荷 $-q$，其电荷面密度为 $-\sigma$。当电容器放电时，设正电荷由板 A 沿导线向板 B 流动，则在 $\mathrm{d}t$ 时间内通过电路中任一截面的电荷为 $\mathrm{d}q$，而这个 $\mathrm{d}q$ 也就是电容器极板上失去（或获得）的电荷。所以，极板上电荷对时间的变化率 $\mathrm{d}q/\mathrm{d}t$ 也就是电路中的传导电流。若板的面积为 S，则极板内的传导电流为

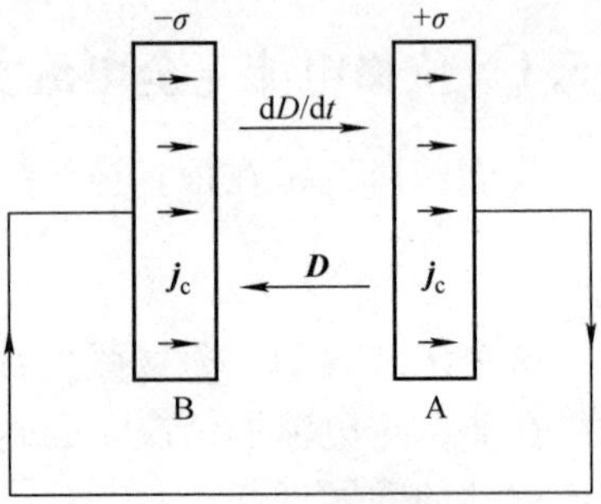

图 7-19　位移电流

$$I_c = \frac{\mathrm{d}q}{\mathrm{d}t} = \frac{\mathrm{d}(S\sigma)}{\mathrm{d}t} = S\frac{\mathrm{d}\sigma}{\mathrm{d}t}$$

传导电流密度为

$$j_c = \frac{\mathrm{d}\sigma}{\mathrm{d}t}$$

至于在电容器两极板之间的空间（真空或电介质）中，由于没有自由电荷的移动，传导电流为零，即对整个电路来说，传导电流是不连续的。

但是，在电容器的放电过程中，极板上的电荷面密度 σ 随时间变化的同时，两板间电场中电位移的大小 $D=\sigma$ 和电位移通量 $\Psi=SD$ 也随时间而变化。它们随时间的变化率分别为

$$\frac{\mathrm{d}D}{\mathrm{d}t} = \frac{\mathrm{d}\sigma}{\mathrm{d}t},\ \frac{\mathrm{d}\Psi}{\mathrm{d}t} = S\frac{\mathrm{d}\sigma}{\mathrm{d}t}$$

从上述结果可以明显看出：板间电位移矢量随时间的变化率 $\mathrm{d}\boldsymbol{D}/\mathrm{d}t$，在数值上等于板内传导电流密度；板间电位移通量随时间的变化率 $\mathrm{d}\Psi/\mathrm{d}t$，在数值上等于板内传导电流。并且当电容器放电时，由于板上电荷面密度 σ 减小，两板间的电场减弱，因此，$\mathrm{d}\boldsymbol{D}/\mathrm{d}t$ 的方向与 $\boldsymbol{D}$ 的方向相反。在图 7-19 中，$\boldsymbol{D}$ 的方向是由右向左的，而 $\mathrm{d}\boldsymbol{D}/\mathrm{d}t$ 的方向则是由左向右的，恰与板内传导电流密度的方向相同。因此，可以设想，如果以 $\mathrm{d}\boldsymbol{D}/\mathrm{d}t$ 表示某种电流密度，那么，它就可以代替在两板间中断了的传导电流密度，从而保持了电流的连续性。

麦克斯韦把电位移 $\boldsymbol{D}$ 的时间变化率 $\mathrm{d}\boldsymbol{D}/\mathrm{d}t$ 称为**位移电流密度 $\boldsymbol{j}_d$**；电位移通量 Ψ 的时间变化率 $\mathrm{d}\Psi/\mathrm{d}t$ 称为**位移电流** I_d。因此有

$$\boldsymbol{j}_d = \frac{\partial \boldsymbol{D}}{\partial t},\ I_d = \frac{\mathrm{d}\Psi}{\mathrm{d}t}$$

麦克斯韦并假设位移电流和传导电流一样，也会在其周围空间激起磁场。这样，在有电容器的电路中，在电容器极板表面中断了的传导电流 I_c，可以由位移电流 I_d 继续下去，两者一起构成电流的连续性。

就一般性质来说，麦克斯韦认为电路中可同时存在传导电流 I_c 和位移电流 I_d，那么它们之和 $I_s = I_c + I_d$ 叫作全电流，全电流在任意电路中总是连续的。于是，在一般情况下，安培环路定理可修正为

$$\oint_l \boldsymbol{H} \cdot \mathrm{d}\boldsymbol{l} = I_\mathrm{s} = I_\mathrm{c} + I_\mathrm{d} \tag{7-22a}$$

或

$$\oint_l \boldsymbol{H} \cdot \mathrm{d}\boldsymbol{l} = \int_S \left(\boldsymbol{j}_\mathrm{c} + \frac{\partial \boldsymbol{D}}{\partial t}\right) \cdot \mathrm{d}\boldsymbol{S} \tag{7-22b}$$

这就表明，磁场强度 H 沿任意闭合回路的环流等于穿过此闭合回路所围曲面的全电流，这就是**全电流安培环路定理**。从式（7-22a）可以看出，传导电流和位移电流所激发的磁场都是有旋磁场。所以，麦克斯韦关于位移电流假设的实质就是认为变化的电场要激发有旋磁场。应当强调指出，在麦克斯韦的位移电流假设基础上所导出的结果，都与实验符合得很好。

7.5.2 麦克斯韦电磁场方程的积分形式

至此，我们先后介绍了麦克斯韦关于有旋电场和位移电流这两个假设。前者指出变化的磁场要激发有旋电场，后者则指出变化的电场要激发磁场。这两个假设揭示了电场和磁场之间的内在联系：存在变化电场的空间必存在变化磁场，同样，存在变化磁场的空间也必存在变化电场。这就是说，变化电场和变化磁场是密切地联系在一起的，它们构成一个统一的电磁场整体。这就是麦克斯韦关于电磁场的基本概念。

在研究电现象和磁现象的过程中，我们曾分别得出静止电荷激发的静电场和恒定电流激发的恒定磁场的一些基本方程，即

（1）静电场的高斯定理

$$\oint_S \boldsymbol{D} \cdot \mathrm{d}\boldsymbol{S} = \int_V \rho \mathrm{d}V = q$$

（2）静电场的环路定理

$$\oint_l \boldsymbol{E} \cdot \mathrm{d}\boldsymbol{l} = 0$$

（3）磁场的高斯定理

$$\oint_S \boldsymbol{B} \cdot \mathrm{d}\boldsymbol{S} = 0$$

（4）安培环路定理

$$\oint_l \boldsymbol{H} \cdot \mathrm{d}\boldsymbol{l} = \int_S \boldsymbol{j} \cdot \mathrm{d}\boldsymbol{S} = I_\mathrm{c}$$

麦克斯韦在引入有旋电场和位移电流两个重要概念后，将静电场的环路定理修改为

$$\oint_l \boldsymbol{E} \cdot \mathrm{d}\boldsymbol{l} = -\frac{\mathrm{d}\Phi}{\mathrm{d}t} = -\int_S \frac{\partial \boldsymbol{B}}{\partial t} \cdot \mathrm{d}\boldsymbol{S}$$

将安培环路定理修改为

$$\oint_l \boldsymbol{H} \cdot \mathrm{d}\boldsymbol{l} = I_\mathrm{c} + I_\mathrm{d} = \int_S \left(\boldsymbol{j}_\mathrm{c} + \frac{\partial \boldsymbol{D}}{\partial t}\right) \cdot \mathrm{d}\boldsymbol{S}$$

使它们能适用于一般的电磁场。麦克斯韦还认为静电场的高斯定理和磁场的高斯定理不仅适用于静电场和恒定磁场，也适用于一般的电磁场。于是，由此得到电磁场的四个基本方程，即

$$\oint_S \boldsymbol{D} \cdot \mathrm{d}\boldsymbol{S} = \int_V \rho \mathrm{d}V = q \tag{7-23}$$

$$\oint_l \boldsymbol{E} \cdot \mathrm{d}\boldsymbol{l} = -\int_S \frac{\partial \boldsymbol{B}}{\partial t} \cdot \mathrm{d}\boldsymbol{S} \tag{7-24}$$

$$\oint_S \boldsymbol{B} \cdot \mathrm{d}\boldsymbol{S} = 0 \tag{7-25}$$

$$\oint_l \boldsymbol{H} \cdot \mathrm{d}\boldsymbol{l} = \int_S \left(\boldsymbol{j}_c + \frac{\partial \boldsymbol{D}}{\partial t}\right) \cdot \mathrm{d}\boldsymbol{S} \tag{7-26}$$

这四个方程就是**麦克斯韦方程组的积分形式**。

应当指出，除上述积分形式的麦克斯韦方程组外，还相应地有四个微分形式的方程组，这里不做介绍。

麦克斯韦方程组的形式既简洁又优美，全面地反映了电场和磁场的基本性质，并把电磁场作为一个整体，用统一的观点阐明了电场和磁场之间的联系，从理论上预言了电磁波的存在。因此，麦克斯韦方程组是对电磁场基本规律所做的总结性、统一性的简明而完美的描述。麦克斯韦电磁理论的建立是 19 世纪物理学发展史上又一个重要的里程碑。正如爱因斯坦所说："这是自牛顿以来物理学所经历的最深刻和最有成果的一项真正观念上的变革。"所以人们常称麦克斯韦是电磁学领域中的牛顿。

令人遗憾的是，麦克斯韦英年早逝，生前未能见证电磁波的发现及其日新月异的应用。他建立的上述方程组被现代人认为是历史上最重要、最有用的科学公式之一。有点巧合的是，在伟大的物理学家麦克斯韦因病逝世的 1879 年，另一位伟大的物理学家爱因斯坦诞生了。

习　题

7-1　一竖直放置的通有电流 $I=5\mathrm{A}$ 的长直导线（电流方向向上），旁边有一水平放置的导线段 AB（A 为近端，B 为远端），长 $a=20\mathrm{cm}$，距长直导线的距离 $d=10\mathrm{cm}$。当它沿平行于长直导线方向以速度 $v=10\mathrm{m/s}$ 向上平移时，导线中感应电动势多大？A、B 哪端电势高？

7-2　载有电流的 I 长直导线附近，放一导体半圆环 MeN，半圆环与长直导线共面，且端点 MN 的连线与长直导线垂直。半圆环的半径为 b，环心 O 与导线相距 a，如图 7-20 所示，设半圆环以速度 $\boldsymbol{v}$平行导线平移，求半圆环内感应电动势的大小和方向。

7-3　如图 7-21 所示，一长直导线中通有电流 $I=I_0\mathrm{e}^{-t/\tau}$，式中，$I_0$、$\tau$ 均为常量，在长直导线旁放置一边长为 a 的正方形线圈，线圈平面与直导线在同一平面内，线圈靠近直导线的一边，离直导线的距离同样为 a，求任意瞬时线圈中的感应电动势的大小。

7-4　如图 7-22 所示，两个半径分别为 R 和 r 的同轴圆形线圈相距 x，且 $R \gg r$，$x \gg R$。若大线圈通有电流 I 而小线圈沿 x 轴方向以速度$\boldsymbol{v}$运动，试求 $x=NR$ 时（N 为正数）小线圈回路中产生的感应电动势的大小。

7-5　两同轴长直螺线管，大管套着小管，半径分别为 a 和 b，长为 L（$L>a$，$a>b$），匝数分别 N_1 和 N_2，求互感系数 M。

7-6　一圆形线圈 A 由 50 匝细线绕成，其面积为 $4\mathrm{cm}^2$，放在另一个匝数等于 100 匝、半径为 20cm 的圆形线圈 B 的中心，两线圈同轴。设线圈 B 中的电流在线圈 A 所在处激发的磁场可看作是均匀的，求两线圈的互感。

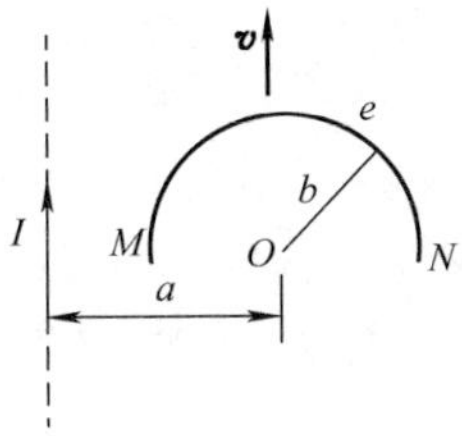

图 7-20　习题 7-2 图

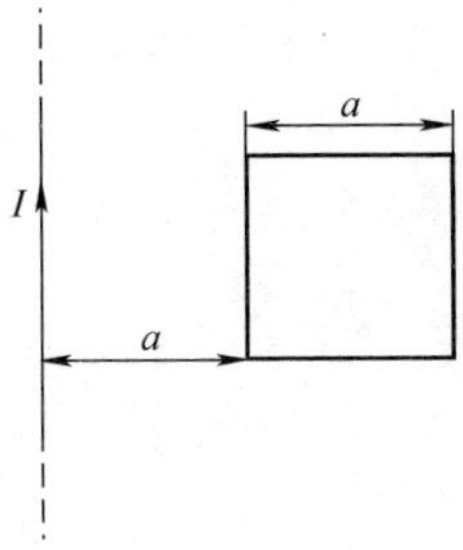

图 7-21　习题 7-3 图

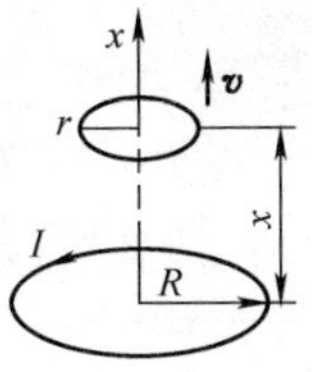

图 7-22　习题 7-4 图

7-7　匝数为 N 的矩形线圈长为 a，宽为 b，置于均匀磁场 $\boldsymbol{B}$ 中。线圈以角速度 ω 旋转，如图 7-23 所示，当 $t=0$ 时线圈平面处于纸面，且 AC 边向外，DE 边向里。设回路正向为 $ACDEA$，求任一时刻线圈内感应电动势。

7-8　如图 7-24 所示，直角三角形金属框架 abc 放在均匀磁场中，磁场 $\boldsymbol{B}$ 平行于 ab 边，bc 的长度为 l。当金属框架绕 ab 边以匀角速度 ω 转动时，求 abc 回路中的感应电动势 ε 和 a、c 两点的电势差 $V_a - V_c$。

7-9　一根长度为 L 的铜棒，在均匀磁场 $\boldsymbol{B}$ 中以匀角速度绕通过其一端的定轴旋转着，$\boldsymbol{B}$ 的方向垂直铜棒转动的平面，如图 7-25 所示。设 $t=0$ 时，铜棒与 Ob 成 $<\theta$ 角（b 为铜棒转动的平面上的一个固定点），求在任一时刻 t 这根铜棒两端之间的感应电动势。

7-10　在一通有电流 I 的无限长直导线所在平面内，有一半径为 r、电阻为 R 的导线小圆环，环心到直线距离为 a，且 $a \gg r$，如图 7-26 所示，当直导线电流被切断后，求沿导线小圆环流过的电荷。

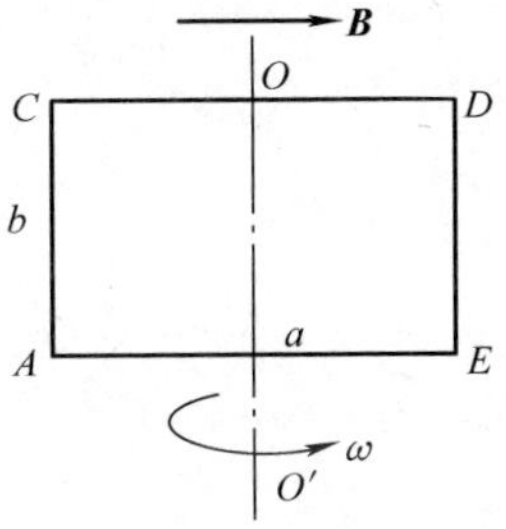

图 7-23　习题 7-7 图

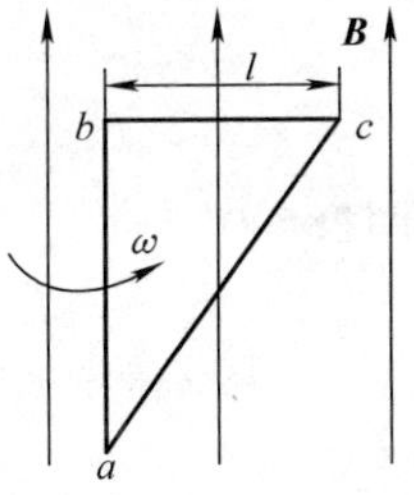

图 7-24　习题 7-8 图

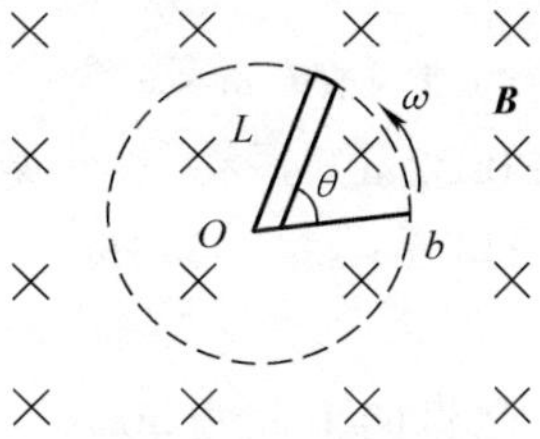

图 7-25　习题 7-9 图

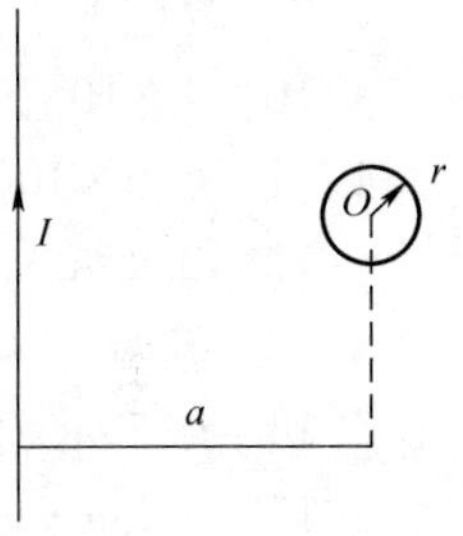

图 7-26　习题 7-10 图

习题参考答案

1-1　超过，400m

1-2　会，$46\text{km}\cdot\text{h}^{-1}$

1-3　36.3s

1-4　(1) $17.2\text{m}\cdot\text{s}^{-1}$；(2) $23.0\text{m}\cdot\text{s}^{-1}$

1-5　(1) $y=x^2-8$，曲线略

(2) 位置：$2i-4j$，$4i+8j$；速度：$2i+8j$，$2i+16j$；加速度：$8j$，$8j$

1-6　(1) $74.6\text{km}\cdot\text{h}^{-1}$；(2) 24cm；(3) $22.3\text{m}\cdot\text{s}^{-1}$

1-7　(1) 269m；(2) 空气阻力影响

1-8　不能，12.3m

1-9　两炮弹可能在空中相碰；速率至少为 $45.6\text{m}\cdot\text{s}^{-1}$

1-10　4×10^5

1-11　$6.6\times10^{15}\text{Hz}$，$9.1\times10^{22}\text{m}\cdot\text{s}^{-2}$

1-12　$0.25\text{m}\cdot\text{s}^{-2}$；$0.32\text{m}\cdot\text{s}^{-2}$，与 v 夹角为 $128°40'$

1-13　$374\text{m}\cdot\text{s}^{-1}$，$314\text{m}\cdot\text{s}^{-1}$，$343\text{m}\cdot\text{s}^{-1}$

1-14　0.59s，2.06m

1-15　$36\text{km}\cdot\text{h}^{-1}$，竖直向下偏西 $30°$

1-16　$917\text{km}\cdot\text{h}^{-1}$，西偏南 $40°56'$；$917\text{km}\cdot\text{h}^{-1}$，东偏北 $40°56'$

2-1　(1) $\dfrac{\mu_s m_g}{\cos\theta-\mu_s\sin\theta}$，$\dfrac{\mu_k m_g}{\cos\theta-\mu_k\sin\theta}$；(2) $\arctan\dfrac{1}{\mu_s}$

2-2　(1) 3.32N，3.75N；(2) $17.0\text{m}\cdot\text{s}^{-2}$

2-3　(1) $6.76\times10^4\text{N}$；(2) $1.56\times10^4\text{N}$

2-4　39.3m

2-5　19.4N

2-6　(1) $\dfrac{1}{m+m_2}\left[F-\dfrac{m_1m_2}{m_1+m_2}g\right]$；(2) $(m_1+m_2+m)\dfrac{m_2}{m_1}g$

2-7　(1) $1.88\times10^3\text{N}$，635N；(2) $66.0\text{m}\cdot\text{s}^{-1}$

2-8　$\dfrac{v_0R}{R+v_0\mu_k t}$，$\dfrac{R}{\mu_k}\ln\left(1+\dfrac{v_0u_kt}{R}\right)$

2-9　(1) 0.56×10^5，2.80×10^5；(2) 1.97×10^4，2.01t；(3) $4.6\times10^{-16}\text{N}$

2-10　534

2-11 $\omega^2[m_1L_1+m_2(L_1+L_2)]$, $\omega^2m_2(L_1+L_2)$

2-12 $2.9\text{m}\cdot\text{s}^{-1}$

2-13 $7.4\times10^{-2}\text{rad}\cdot\text{s}^{-1}$，沿转动半径向外

2-14 略

3-1 (1) 13.1s^{-2}；(2) 390

3-2 (1) 8.6s^{-1}；(2) $9\pi e^{-\frac{t}{2}}\text{s}^{-2}$；(3) 5.87

3-3 (1) $\dfrac{J}{c}\ln2$；(2) $\dfrac{J\omega_0}{4\pi c}$

3-4 10.8s

3-5 $mR^2\left(\dfrac{gt^2}{2h}-1\right)$

3-6 $0.136\text{kg}\cdot\text{m}^2$

3-7 $\dfrac{3}{2}mR^2$

3-8 $\dfrac{7}{5}mR^2$

3-9 略

3-10 (1) 2.45m；(2) 39.2N

3-11 $a_1=\dfrac{m_1R-m_2r}{J_1+J_2+m_1R^2+m_2r^2}gR$，$a_2=\dfrac{m_1R-m_2r}{J_1+J_2+m_1R^2+m_2r^2}gr$

$F_{T1}=\dfrac{J_1+J_2+m_2r^2+m_2Rr}{J_1+J_2+m_1R^2+m_2r^2}m_1g$，$F_{T2}=\dfrac{J_1+J_2+m_1R^2+m_1Rr}{J_1+J_2+m_1R^2+m_2r^2}m_2g$

3-12 (1) $\dfrac{m_2g-m_1g\sin\theta-\mu m_1g\cos\theta}{m_1+m_2+\dfrac{J}{r^2}}$

(2) $F_{T1}=\dfrac{m_1m_2g(1+\sin\theta+\mu\cos\theta)+(\sin\theta+\mu\cos\theta)m_1g\dfrac{J}{r^2}}{m_1+m_2+\dfrac{J}{r^2}}$

$F_{T2}=\dfrac{m_1m_2g(1+\sin\theta+\mu\cos\theta)+m_2g\dfrac{J}{r^2}}{m_1+m_2+\dfrac{J}{r^2}}$

3-13 $3.14\times10^{-2}\text{N}$

3-14 (1) 1.13s；(2) 6.80m

3-15 (1) $\dfrac{2}{3}\mu mgR$；(2) $\dfrac{3\omega R}{4\mu g}$

3-16 $\dfrac{\omega^2R^2}{2g}$；$\left(\dfrac{1}{2}m'-m\right)R^2\omega$

3-17 29.1s^{-1}

3-18　$\omega_1 = \dfrac{J_1\omega_0 r_2^2}{J_1 r_2^2 + J_2 r_1^2}$；$\omega_2 = \dfrac{J_1\omega_0 r_1 r_2}{J_1 r_2^2 + J_2 r_1^2}$

3-19　略

3-20　$0.8\pi\ \mathrm{s}^{-1}$

4-1　$2.41\times10^3\ \mathrm{V\cdot m^{-1}}$

4-2　证明略

4-3　（1）$E=0$，$V=\dfrac{\sigma}{2\varepsilon_0}(R_2-R_1)$

（2）$E=\dfrac{\sigma x}{2\varepsilon_0}\left(\dfrac{1}{\sqrt{R_1^2+x^2}}-\dfrac{1}{\sqrt{R_2^2+x^2}}\right)$，$V= =\dfrac{\sigma x}{2\varepsilon_0}\left(\sqrt{R_2^2+x^2}-\sqrt{R_1^2+x^2}\right)$

4-4　$E=\dfrac{\sigma}{2\pi\varepsilon_0}\ln\dfrac{a+b}{a}$

4-5　（1）$q_1=2\times10^{-7}\mathrm{C}$，$q_2=1\times10^{-7}\mathrm{C}$；（2）$2.26\times10^3\mathrm{V}$

4-6　$\sigma_A=\dfrac{q_A+q_B}{2S}$，$\sigma_B=\dfrac{q_A-q_B}{2S}$

4-7　$E=\dfrac{\lambda}{2\pi\varepsilon_0 r}$　$U=\dfrac{\lambda}{2\pi\varepsilon_0}\ln\dfrac{b}{r}$

4-8　$\dfrac{Q_1}{4\pi\varepsilon_0 r}+\dfrac{Q_2}{4\pi\varepsilon_0 R_2}$

4-9　$\dfrac{3\sqrt{3}qQ}{4\pi\varepsilon_0 a}$

4-10　$\dfrac{q^2}{2\varepsilon_0 S}$

5-1　$\dfrac{\sqrt{2}\mu_0 I}{4\pi a}$

5-2　$1.73\times10^{-4}\mathrm{T}$

5-3　$\pi R^2 B\cos\alpha$

5-4　$8\times10^{-5}\mathrm{N\cdot m^{-1}}$

5-5　$\dfrac{9\sqrt{3}\mu_0 I}{4\pi n}$

5-6　$\dfrac{\mu_0 I}{2\pi b}\ln2$

5-7　（1）$4\times10^{-5}\mathrm{T}$ 方向向外；（2）$2\ln3\times10^{-6}\mathrm{Wb}$

5-8　$\dfrac{\mu_0 n}{4\pi}$

5-9　$3.46\times10^{-4}\mathrm{N}$

5-10　$\dfrac{\mu_0 I_1 I_2}{2}$

6-1　（1）$0.27\mathrm{A\cdot m^2}$；（2）$1.4\times10^{-5}\mathrm{N\cdot m}$；（3）$1.4\times10^{-5}\mathrm{J}$

6-2　（1）$2.5\times10^{-5}\mathrm{T}$，$20\mathrm{A\cdot m^{-1}}$；（2）$0.11\mathrm{T}$，$20\mathrm{A\cdot m^{-1}}$；（3）$2.5\times10^{-5}\mathrm{T}$，$0.11\mathrm{T}$

6-3 (1) 2×10^{-2}T; (2) 32A·m^{-1}; (3) 1.6×10^{4}A·m^{-1}; (4) 6.3×10^{-4}H·m^{-1}, 5.0×10^{2}; (5) 1.6×10^{4}A·m^{-1}

6-4 (1) 2.1×10^{3}A·m^{-1}; (2) 4.7×10^{-4}H·m^{-1}, 3.8×10^{2}; (3) 8.0×10^{5}A·m^{-1}

6-5 2.6×10^{4}A

6-6 0.21A

6-7 3.1mA

6-8 1.3×10^{3}

6-9 4.9×10^{4}安匝

6-10 133安匝, 1.46×10^{3}匝

7-1 1.099×10^{-5}V, A端电势高

7-2 $\frac{\mu_0 Iv}{2\pi}\ln\frac{a+b}{a-b}$, $N\to M$

7-3 $\frac{\mu_0 I_0 a}{2\pi\tau}\ln 2 e^{-\frac{t}{\tau}}$

7-4 $\frac{3\mu_0 I\pi r^2 vN}{2R^2(1+N^2)^{s/2}}$

7-5 $\frac{\mu_0 N_1 N_2 \pi b^2}{L}$

7-6 6.28μH

7-7 $abNB\omega\cos\omega t$

7-8 $\varepsilon=0$, $V_a-V_c=-\frac{1}{2}B\omega l^2$

7-9 $\frac{1}{2}\omega L^2 B$

7-10 $\frac{\mu_0 I r^2}{2aR}$

参考文献

[1] 马文蔚，解希顺，周雨青．大学物理：下册［M］．5 版．北京：高等教育出版社，2013.
[2] 东南大学等七所工科院校．物理学：上册［M］．4 版．北京：高等教育出版社，1999.
[3] 王亚民，渊小春，班丽瑛．大学物理［M］．西安：西北工业大学出版社，2011.
[4] 方华为，薛霞．大学物理［M］．武汉：华中师范大学出版社，2019.
[5] 李甲科．大学物理［M］．西安：西安交通大学出版社，2008.
[6] 胡盘新，汤毓骏．普通物理学简明教程：上册［M］．北京：高等教育出版社，2003.
[7] 程守洙，江之永．普通物理学：第 2 册［M］．5 版．北京：高等教育出版社，1998.
[8] 陈晨，邵雅斌．大学物理：上册［M］．北京：北京邮电大学出版社，2016.
[9] 张三慧．大学物理学［M］．3 版．北京：清华大学出版社，2011.
[10] 赵近芳，王登龙．大学物理：下册［M］．5 版．北京：北京邮电大学出版社，2017.
[11] 陈晨，邵雅斌．大学物理：下册［M］．北京：北京邮电大学出版社，2016.